EDA技术
教学做一体化教程

主　编　张永锋

副主编　李双喜

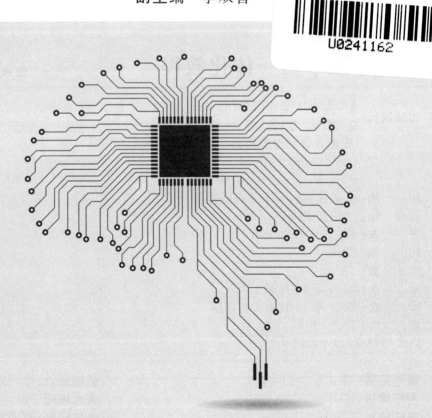

北京师范大学出版集团
BEIJING NORMAL UNIVERSITY PUBLISHING GROUP
安徽大学出版社

内容简介

本书以 QuartusⅡ 和 ModelSim 软件为平台,以 Verilog-1995 和 Verilog-2001 语言标准为依据,通过 27 个项目对 EDA 技术、Verilog HDL 硬件描述语言、FPGA 在显示器件中的应用等做了系统、完整的阐述。本书可作为应用型本科院校 EDA 技术、CPLD/FPGA 应用设计、数字系统设计、可编程逻辑器件应用等课程的教学用书,也可作为电子设计爱好者的自学用书。

图书在版编目(CIP)数据

EDA 技术教学做一体化教程/张永锋主编. —合肥:安徽大学出版社,2021.12
ISBN 978-7-5664-2278-1

Ⅰ.①E… Ⅱ.①张… Ⅲ.①电子电路—电路设计—计算机辅助设计—高等学校—教材 Ⅳ.①TN702.2

中国版本图书馆 CIP 数据核字(2021)第 169425 号

EDA 技术教学做一体化教程

张永锋 主编

出版发行:北京师范大学出版集团
　　　　　安 徽 大 学 出 版 社
　　　　　(安徽省合肥市肥西路 3 号 邮编 230039)
　　　　　www. bnupg. com. cn
　　　　　www. ahupress. com. cn
印　　刷:安徽昶颉包装印务有限责任公司
经　　销:全国新华书店
开　　本:184 mm×260 mm
印　　张:22.5
字　　数:422 千字
版　　次:2021 年 12 月第 1 版
印　　次:2021 年 12 月第 1 次印刷
定　　价:78.00 元
ISBN 978-7-5664-2278-1

策划编辑:刘中飞　张明举	装帧设计:李　军
责任编辑:张明举	美术编辑:李　军
责任校对:陈玉婷	责任印制:赵明炎

本书编委会

主　编　张永锋
副主编　李双喜
编　者（以姓氏笔画排序）
　　　　　许会芳　李双喜　张永锋　姚　洁
　　　　　高伟霞　高海涛　韩新风

前　言

目前,可编程逻辑器件(PLD)已广泛应用于数字通信、数字信号处理以及嵌入式系统设计等领域。作为 PLD 的一种硬件描述语言,Verilog HDL 深受用户欢迎。本书以 Verilog HDL 为工具,主要介绍基于 CPLD/FPGA 的 Verilog 应用电路设计。

编者在应用型本科院校从事 EDA 技术课程教学多年,始终坚持教学做一体化的教学方式,即教学中以学生为中心,要求学生学中做、做中学,以增强学生学习的主动性。编者使用过十余种相关教材,然而从学生反馈的情况来看,均难以达到理想的教学效果。编者认为,引起这一问题的主要原因是教材与实际教学情况不匹配。实际教学情况包括学生的基础、学习的自觉性、实验条件、上课环境和教学模式等。许多优秀教材往往由一流大学或研究型高校的教学名师编写而成,其使用对象主要是一流大学的学生。对于一般应用型本科院校学生而言,其学习能力、理解能力等与一流大学的学生相比有一定差距。除此之外,传统教学中理论教学与实践教学对教材编写有不同要求,理实合一的教材相对较少。

为适应教学改革的要求,打造一本适用于一般应用型本科院校且满足理实合一要求的教材,编者总结多年教学成果,采用项目化模式编写,将过程考核贯穿整个教学教程。书中内容编排由易到难,与工程应用实际高度结合,各项目中设置"项目知识要点",可帮助学生盘点学习内容,巩固所学知识。本书强调以学生为中心的"做",各项目中设置"项目实践练习""项目设计性作业"和"项目拓展训练",书后还附有 EDA 技术课程设计性大作业指导,可帮助学生以大作业的形式系统回顾课程内容,提高知识应用能力和创新能力。

由于编者水平有限,若读者在使用过程发现不妥或错误,恳请指正。本书配有教学课件,有需要的读者可与编者联系(13721006564@139.com)。

编　者
2021 年 5 月

目　录

项目 1　Quartus Ⅱ 软件的安装及使用

1.1　教学目的

(1)学会安装 QuartusⅡ软件。

(2)熟悉 QuartusⅡ软件环境。

(3)学习 QuartusⅡ软件的使用方法。

1.2　Quartus Ⅱ 软件的安装

阿尔特立(Altera)公司成立于 1983 年,是世界上首个 PLD 器件供应商。Altera 公司从成立以来一直在行业内保持着领先地位,后于 2015 年 12 月被英特尔(Intel)公司收购。Quartus Ⅱ 设计软件是 Altera 公司提供的 FPGA/CPLD 开发环境,可以在 Windows/Linux 上使用,可实现从设计输入到硬件配置的完整 PLD 设计流程,是 MAX+PLUSⅡ的更新换代产品。Quartus Ⅱ 从 15.1 版开始改名为"Quartus Prime",到 2020 年底最新版本为 Quartus Prime 20.4。Quartus Prime 通常提供 3 种版本:专业版、标准版与精简版,其中专业版和标准版为收费版,精简版为免费版。Quartus Ⅱ 9.0 特别适合初学者使用,Windows 操作系统下的 Quartus Ⅱ 9.0的安装方法如下。

(1)下载安装包后解压,双击"setup.exe"文件进入安装界面,如图 1-1 所示。

图 1-1　Quartus Ⅱ9.0 安装界面

(2)在图 1-1 中单击"Next"进入"License Agreement"界面,如图 1-2 所示。在图 1-2 中要选中接受软件的许可协议,然后点击下面的"Next",进入"Customer Information"界面,如图 1-3 所示。

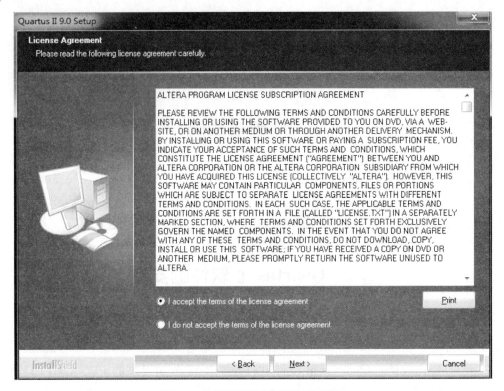

图1-2　选择是否接受协议许可界面

（3）在"Customer Information"界面（图 1-3）中输入客户名和公司名称，然后点击下面的"Next"进入"Choose Destination Location"界面，如图 1-4 所示。

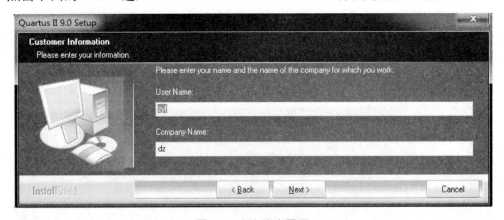

图1-3　客户信息界面

（4）在"Choose Destination Location"界面（图 1-4）中确定 Quartus 软件要安装的目录，可选择默认目录，默认安装在 C 盘的"altera"文件夹（C：\altera）下，也可以通过点击后面的"Browse..."来修改或选择要安装的目录。然后点击下面的"Next"进入"Select Program Folder"界面，如图 1-5 所示。

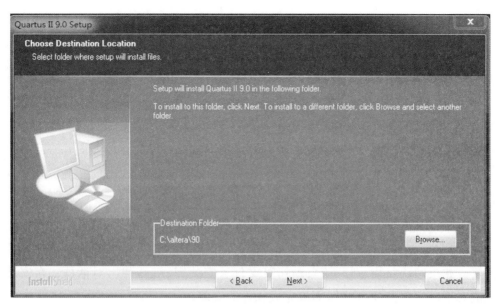

图 1-4　选择安装路径

（5）在"Select Program Folder"界面（图 1-5）中选择要放置程序的文件夹名称，从已经存在的文件夹中选择"Altera"，然后点击下面的"Next"，弹出"Setup Type"界面，如图 1-6 所示。这样选择，安装好以后可以在 Windows 开始菜单程序的"Altera"目录下找到软件的启动程序。

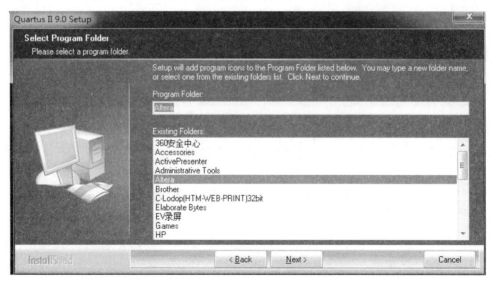

图 1-5　选择要放在 Program 下的目录

（6）在"Setup Type"界面（图 1-6）中点选"Complete"，然后点击下面的"Next"，弹出"Start Copying Files"界面，如图 1-7 所示。

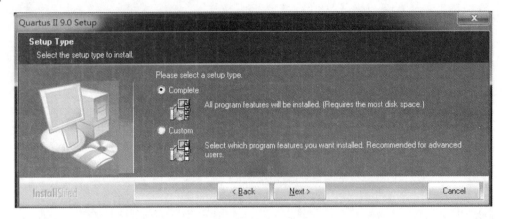

图 1-6　选择安装类型

（7）在"Start Copying Files"界面（图 1-7）中点击下面的"Next"表示确认文件拷贝。如果确认安装，则开始自动拷贝文件。安装完成后，弹出对话框。在安装完成对话框中单击"Finish"，即可完成软件的安装。

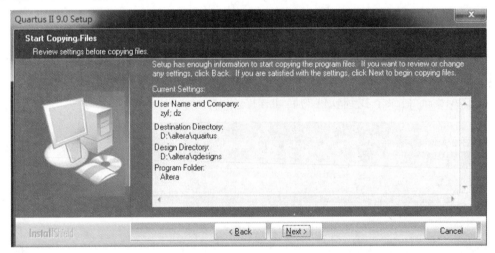

图 1-7　文件拷贝确认

1.3　Quartus Ⅱ 软件的使用

Quartus Ⅱ 9.0 安装后，可通过开始菜单或桌面的快捷图标打开软件，打开后界面如图 1-8 所示。

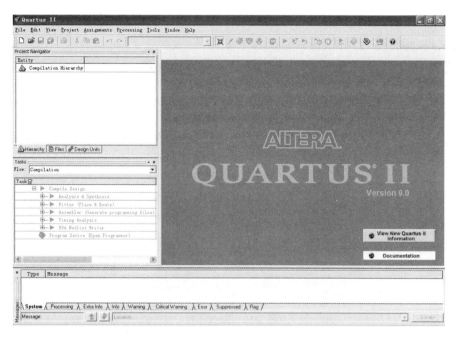

图 1-8　Quartus Ⅱ 9.0 打开后的界面

电路设计在 Quartus 中以工程项目（Quartus Ⅱ Project File）的形式来管理，项目的扩展名为. qpf，同一工程中的文件尽量放在该工程文件夹中，文件夹名不能包含汉字，命名尽量规范以防软件不识别。

Quartus Ⅱ 9.0 软件打开窗口的最上面是主菜单："File"菜单用于工程中文件管理；"Edit"菜单用于编辑；"View"菜单用于查看，如果设计过程中需要关闭或打开一些常用窗口，可通过点击"View→Utility Windows"来管理，如图 1-9 所示；"Project"菜单用于项目管理；"Assignments"菜单用于设置；"Processing"菜单用于编译综合和仿真；"Tools"菜单放置了一些常用的工具；"Window"菜单用于窗口管理；"Help"菜单用于查看帮助信息。主菜单下面是工具栏，放置了主菜单中的一些常用工具。主界面左上方是工程导航窗口，左下方是任务窗口。主界面最下边是信息窗口，综合过程中可能会出现一些错误或警告提示。主界面右侧是工作区。

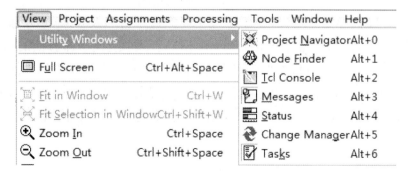

图 1-9　主界面窗口显示管理

利用 Quartus Ⅱ 9.0 进行电路设计一般需要经过五步：建立工程、编写工程设计文件、编译综合调试、仿真验证和下载验证。

【**例 1-1**】 利用 Quartus Ⅱ 9.0 设计一位半加法器。

一、建立工程

如图 1-10 所示，点击"File→New Project Wizard…"，建立新的工程项目，弹出如图 1-11 所示的向导简介。

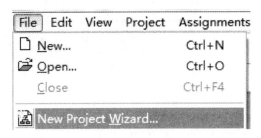

图 1-10　新建工程

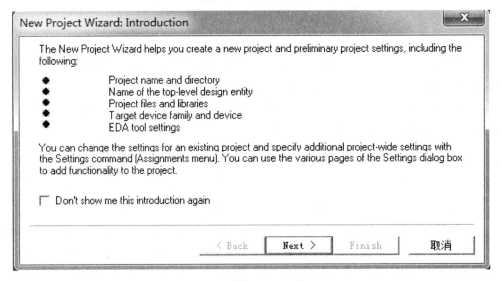

图 1-11　新建工程向导简介

由图 1-11 向导简介可知，新建工程主要完成项目名及目录、顶层设计实体名、项目文件及库、目标器件类型及型号和 EDA 工具设定等 5 个方面的内容。当然，对于已经建好的项目，有些设置如器件型号等也可以通过"Assignments→settings"菜单重新配置。如果不想每次建立工程都出现这样的提示，可以勾选"Don't show me this introduction again"。点击"Next"后会出现如图 1-12 所示界面。

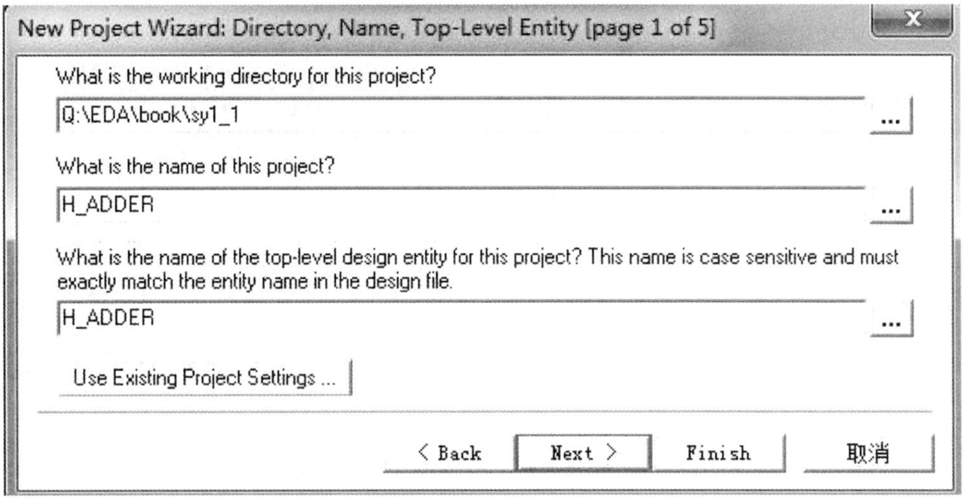

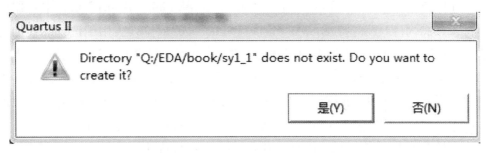

图 1-12 项目目录、名称及顶层设计实体名

在图 1-12 的第 1 个文本输入框中输入项目要存放的目录,可以选择已有的文件夹,也可以直接输入名称。考虑到软件的兼容性,名称最好不包含汉字。在第 2 个文本输入框中输入项目名称,项目名称中可以包含字母、下划线和数字,但要求以字母开头。在第 3 个文本输入框中设置顶层设计实体名。顶层设计实体相当于 C 语言中的主函数,一个工程只能有一个顶层实体。这里顶层实体名自动与项目名匹配。当然,也可以输出不同的名称,但对于初学者而言最好不要改动,选择默认匹配。实体是超高速集成电路硬件描述语言(VHDL)中的概念,在 Verilog 中用模块来称呼它。一个项目可以有多个模块,但顶层模块只能有一个,顶层模块是整个项目的入口模块。设置完成后点击图 1-12 所示对话框中的"Next"会弹出图 1-13 所示对话框。

图 1-13 选择是否生成项目文件夹

如图 1-13 所示,软件提示选择存放项目的目录"Q:/EDA/book/sy1_1"不存在,询问是否需要创建。这里点击"是(Y)",即出现图 1-14 所示对话框。

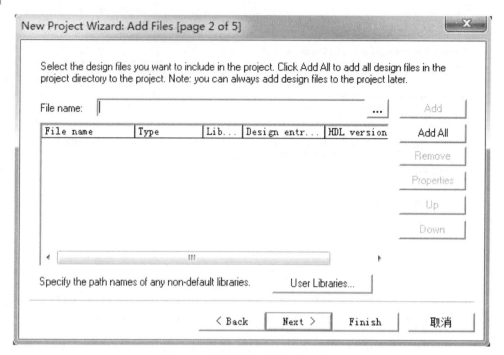

图 1-14　添加文件或用户库至项目

　　图 1-14 所示对话框用于添加文件至项目中。第一次用此软件时,没有文件可以添加,直接点"Next"到下一步。如果有文件要添加,可点击"File name"文本输入框后的"…"查找文件,找到想要添加的文件后点击后面的"Add"添加。如果要添加用户自定义的库,可点击"User Libraries…"添加。

　　图 1-15 为器件选择对话框。打开"Device family"中的"Family"下拉列表,选择器件类型,此处选择"Cyclone"。选择器件类型后,"Available devices"中将显示可以选择的器件型号。可以在右上角"Show in'Available device'list"中对器件的封装方式、引脚数和速度等级进行选择:"Package"下拉列表用于选择器件的封装方式;"Pin count"下拉列表用于选择引脚数,本例选择 240;"Speed grade"下拉列表用于选择速度等级,本例选择 8。筛选后,下方的"Available devices"方框中只剩 2 种器件,本例选择"EP1C6Q240C8",如图 1-15 所示。当然,也可以让软件自动选择一种型号,然后通过菜单"Assignments→Device"去重新设置。选择好器件型号后点击下面的"Next"即出现图 1-16 所示对话框。

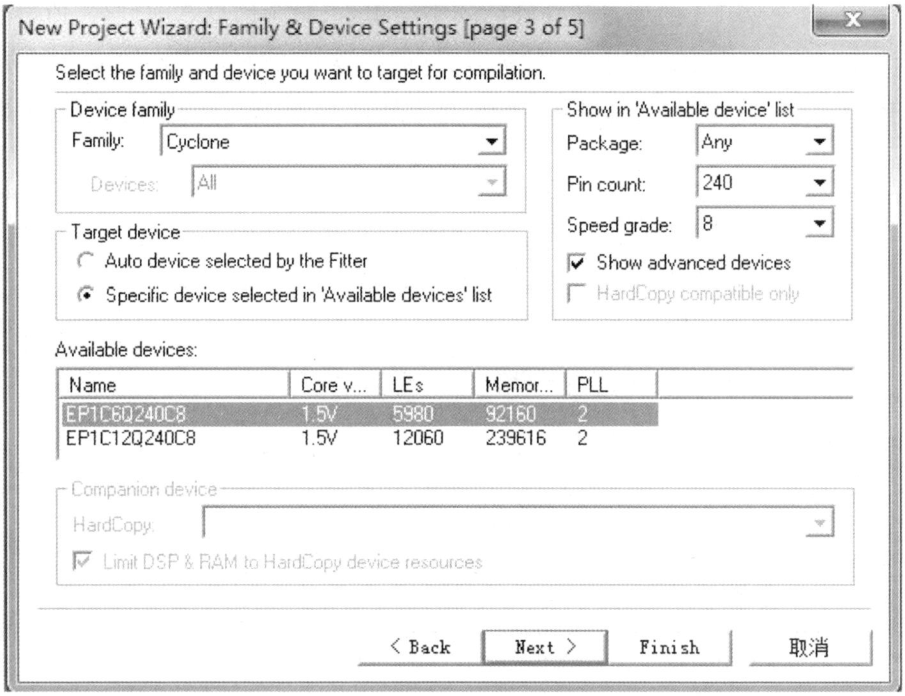

图 1-15　可编程逻辑器件选择对话框

　　图 1-16 所示对话框可用于添加外部 EDA 工具到 Quartus 中。Quartus 可以添加三类 EDA 工具：一是综合工具，它是把代码变成电路的工具；二是仿真工具，它是对代码仿真分析的工具，如 ModelSim；三是时序分析工具。本例不用添加，直接点击下面的"Next"，然后出现图 1-17 所示小结报告。

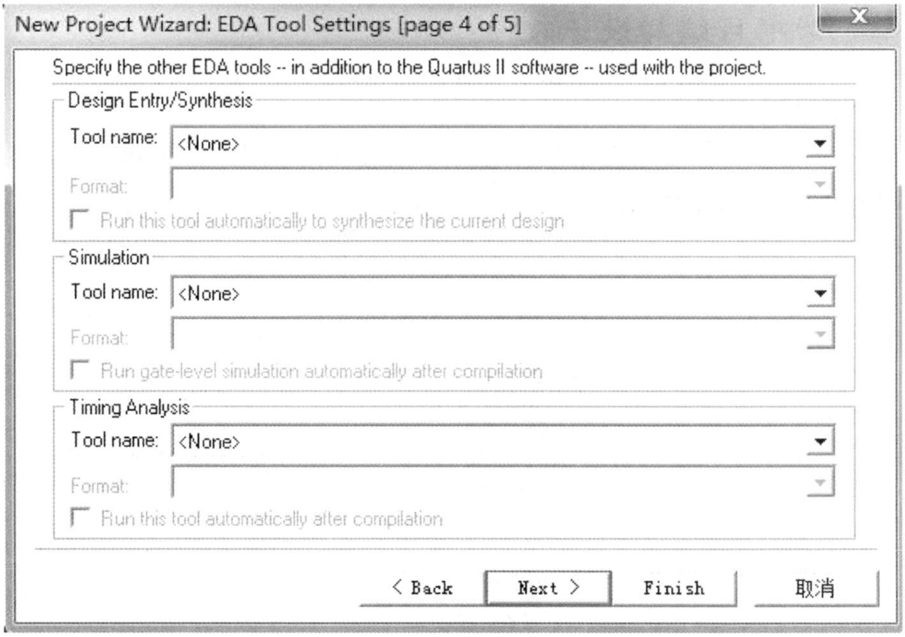

图 1-16　EDA 工具设定

图 1-17 是例 1-1 的项目建立好后的小结报告，包含信息有项目名、顶层实体名、添加文件的数量、添加用户库的数量、器件的类型和型号、添加的综合工具、添加的仿真工具、添加的时序分析工具和工作条件。点击图 1-17 下面的"Finish"即可完成项目建立。

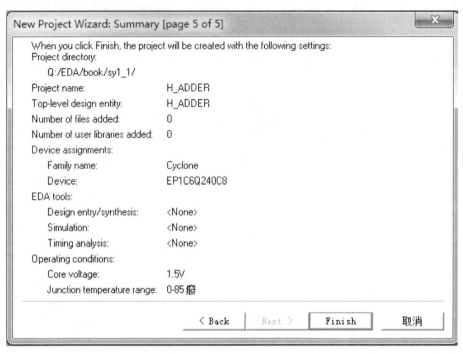

图 1-17　例 1-1 项目建立后的报告

二、为项目编写设计文件

1. 建立设计文件

工程项目创建后，点击菜单"File→New"后会弹出如图 1-18 所示窗口，"Design Files"用于设置设计文件格式，点击前面框中的"＋"，可以看到 8 种供选格式。

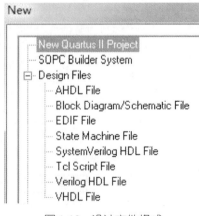

图 1-18　设计文件格式

（1）AHDL File：Altera 硬件描述语言。

（2）Block Diagram/Schematic File：原理图或结构框图。

（3）EDIF File：电子设计交换格式，EDIF 文件是不同 EDA 工具之间传递信息的标准格式文件。

（4）State Machine File：状态机文件。

（5）SystemVerilog HDL File：SV 语言文件。SV 语言建立在 Verilog 语言的基础上，是 IEEE 1364 Verilog-2001 标准的扩展增强，兼容 Verilog 2001，结合了硬件描述语言（HDL）和现代的高层级验证语言（HVL）。

（6）Tcl Script File：Tcl 脚本文件。

（7）Verilog HDL File：Verilog 硬件描述语言文件。

（8）VHDL File：VHDL 语言文件。

这里使用原理图输入设计文件，即在图 1-18 中选择"Block Diagram/Schematic File"，然后会出现如图 1-19 所示原理图编辑界面。原理图输入设计法也称为图形编辑输入法。用 Quartus Ⅱ 原理图输入设计法进行数字系统设计时，只需具备数字逻辑电路的基础知识，即可使用 Quartus Ⅱ 软件提供的 EDA 平台设计数字电路系统。绘制原理图常用的工具如图 1-19 所示，其中最常用的是原理图符号输入工具。

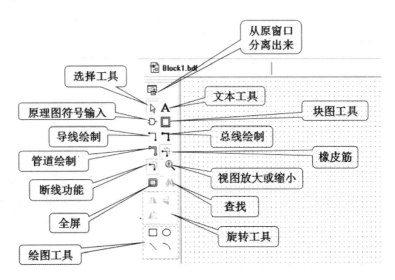

图 1-19　原理图输入设计文件常用工具

2. 放置器件

器件输入界面如图 1-20 左图所示，可以通过以下 3 种方法中的任一种调出：

（1）点击菜单"Edit→Insert Symbol"。

（2）点击原理图符号输入工具。

（3）在图形文件编辑区空白位置双击左键或点击右键后选择"Insert→Symbol…"。

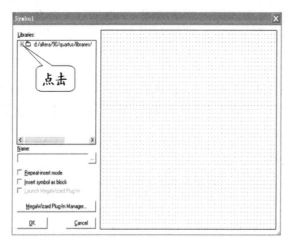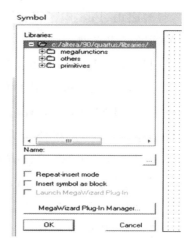

图 1-20　器件输入界面

在图 1-20 左图中点击前面的"＋"后出现右图所示界面，图中有三类器件可选：

（1）megafunctions：宏功能模块库，包含许多可以直接调用的参数化模块，如算法类型、门类型、I/O 类型、存储器等。

（2）others：其他器件库，包含与 MAX＋PLUS 兼容的器件，如编码器、译码器、计数器和寄存器等 74 系列的全部器件。

（3）primitives：基本库，包含 Altera 基本图元，如逻辑门、输入/输出端口、触发器、缓冲器。

点击图 1-20 右图中"primitives"前面框中的"＋"，再点击 logic 前面的"＋"，然后选中"and2"会出现图 1-21 所示界面。"Repeat-insert mode"表示重复插入模式，系统默认勾选此项。如果只放置一个此类器件，则取消勾选此项。点击图 1-21 左下角"OK"确认选择该器件。选择该器件后，在图 1-19 所示右侧界面中用鼠标点击即可添加此器件，如图 1-22 所示。如果选择重复插入模式，则重复点击鼠标可重复插入同类器件。

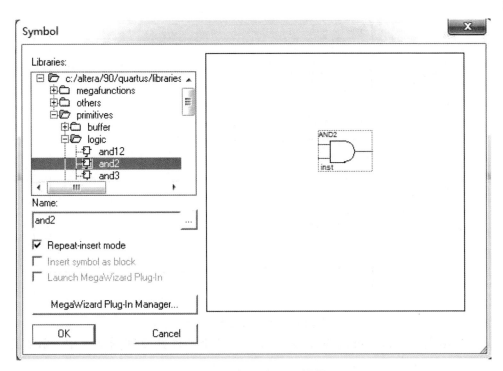

图 1-21　二输入端与门选择界面

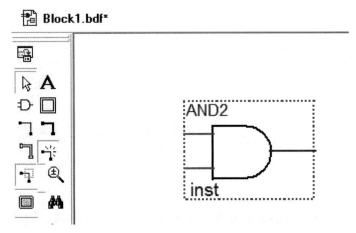

图 1-22　放置二输入端与门

　　使用同样方法,可在图 1-21 的"logic"中选择 xor 器件放置在原理图文件中。

　　同理,点击图 1-21 中"primitives"选择"pin",然后点击"pin"前面的"＋",选择"input"。此处需要放置 2 个,因此需勾选"Repeat-insert mode",如图 1-23 所示。放置该类器件后,点击鼠标右键选择"Cancel"可取消放置。

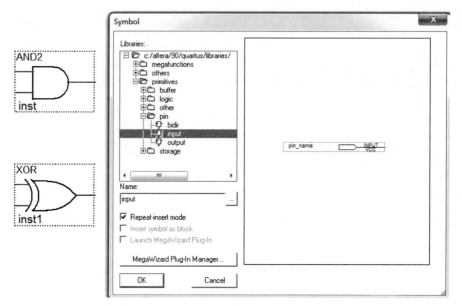

图 1-23　输入端口选择界面

使用同样的方法，可选择"output"，放置 2 个器件到原理图文件中。放置结束后，界面如图 1-24 所示。

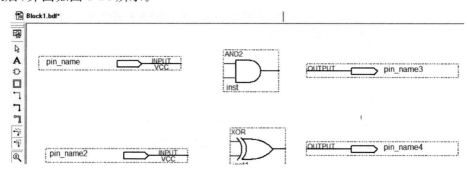

图 1-24　器件放置完成后的界面

3. 连线

器件位置放置好后需要连接起来，可以点击工具栏中的" ⌐ "后连接，也可以直接将鼠标移动到器件连接处，连接完成后如图1-25所示。

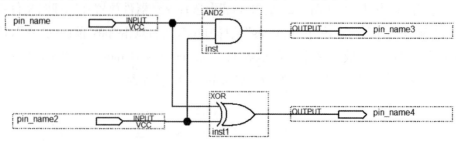

图 1-25　器件连接完成后的界面

4. 器件重命名

器件添加后软件会默认一个名称，如果要修改，可双击器件，或选择器件后点击右键然后选择"Properties"。如双击图 1-25 中"pin_name"输入端，则出现图 1-26 所示对话框，点击"General"选项卡，在"Pin name(s)"后面的文体输入框中输入要改的名称，然后点击"确定"即完成改名。

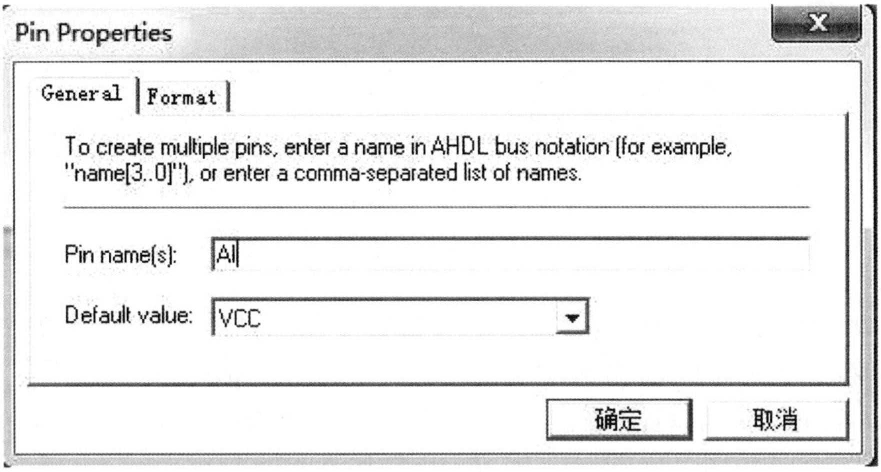

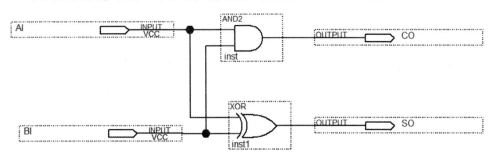

图 1-26　器件改名

按同样方法修改原理图文件的其他器件名称，如图 1-27 所示。

图 1-27　器件改名后

5. 保存设计文件并添加到工程中

保存此文件：点击"💾"工具保存或用菜单"File→Save"保存此设计文件，在"文件名(N)"后面的文本输入框中输入要保存的名称。注意：文件名中不能包含汉字（此处保存文件名为"H_ADDER"），文件名要与图 1-12 中的项目名一致，文件的扩展名为默认的.bdf（原理图类型文件）。勾选"Add file to current project"，将该文件添加到当前工程中，如图 1-28 所示，点击"保存(S)"。

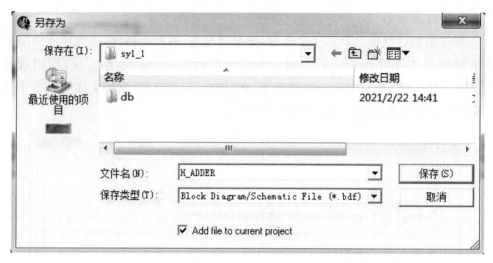

图 1-28　保存设计文件

设计文件添加后，在左上角的工程导航窗口中点击"Files"可以看到相应文件，如图 1-29 左图所示。若保存时未勾选"Add file to current project"将设计文件添加到工程中，可以选中工程导航窗口的 Files 选项卡的"File"点击鼠标右键，然后选择"Add/Remove Files in Project…"，如图 1-29 右图所示，点击后会出现图1-14所示界面，也可以用菜单"Project→Add/Remove Files in Project…"调出图1-14界面，然后再添加文件到项目中。

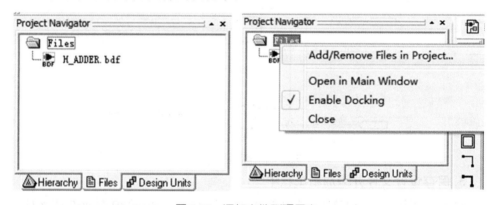

图 1-29　添加文件到项目中

三、编译综合

1. 编译综合前设置

建好的设计文件添加到项目后，要通过编译综合器对其检查，然后再逻辑综合，最终将设计项目综合生成设定的可编程逻辑器件的下载文件或用于分析的文件。一般编译综合前要先对项目的一些参数进行设置，通过菜单"Assignments→Settings"可以打开图 1-30 所示的设置界面。本例使用的原理图设计方案不涉及下载验证，此处设置全部选择默认值即可跳过设置步骤。

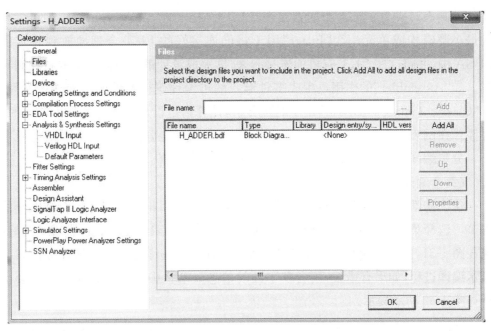

图 1-30　项目设置界面

2. 编译综合

Quartus Ⅱ 9.0 软件中的编译类型有分步编译和全编译两种。

(1) 分步编译。

通过菜单"Processing→Compiler Tool"可调出图 1-31 分步编译界面。

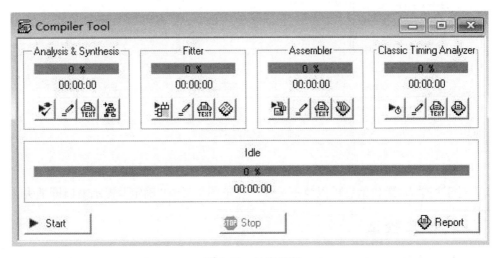

图 1-31　分步编译

从图 1-31 可以看出分步编译有四步：①"Analysis&Synthesis"用于完成分析与综合，可以对电路的逻辑进行检查，最后把用户的设计与可编程器件的硬件联系起来，即把设计转化成与 FPGA/CPLD 的基本结构相映射的网表文件或程序。简单地说，分析与综合就是将用户的原理图、HDL 代码等设计生成门级网表，并把这种网表转换为 FPGA 中的查找表(LUT)结构实现,LUT 是 FPGA 中可编程的最小逻辑构成单元。②"Fitter"用于将已连接好的 LUT 合理地放到特定的 FPGA 中,并将这些 LUT 有机地连接起来,即完成设计逻辑在器件中的布局和布线。③"Assembler"的作用是生成多种形式的可编程逻辑器件的编程映像文件。④"Classic Timing Analyzer"用于时延分析,计算给定设计在给定器件上的延时,并注释在网表文件中,完成设计的时序分析和逻辑性能分析。

　　分步编译也可以从菜单"Processing→Start"中选择。

　　(2)全编译。

　　建议初学者直接用全编译来编译,这样刚开始不用花过多精力去纠结编译的细节。选择菜单"Processing→Start Compilation",或点击工具栏上的"▶"图标,或在图 1-31 中点击"▶Start"可以对工程全编译。全编译过程中左侧任务窗口会显示编译进程,如果有错误,则会在下面的信息显示栏中显示。编译成功后会出现如图 1-32 所示提示。

图 1-32　编译结果

对于初学者,警告信息可以暂不关注。点击图 1-32 中"确定",提示窗口即消失。

四、仿真验证

　　设计电路的功能是否正确,一般先要通过仿真验证,即用软件对设计电路进行模拟测试,然后下载验证,这样做能节省开发成本。Quartus Ⅱ 9.0 软件提供仿真验证功能,但有些版本的 Quartus 软件未提供该功能,这时往往需要借助外部的 HDL 仿真工具如明导(Mentor)公司的 ModelSim 来仿真。

Quartus Ⅱ 9.0可以设置的仿真类型有三类:Functional、Timing 和 Timing using Fast Timing Model。Functional 为功能仿真,只检查设计项目的逻辑功能,不利用器件延时信息。Timing 为时序仿真,将器件延时信息考虑在内,利用器件最差情况下的延时模型验证逻辑特性,更符合系统的实际工作情况。Timing using Fast Timing Model 也是时序仿真,但仿真用的模型与 Timing 不一样,它用的是快速的模型数据。

不管采用哪种类型的仿真,都要在仿真之前建立仿真波形文件。仿真波形文件要对模块的各种输入进行模拟设定,然后运用这种模拟设定去验证电路的输出或中间变量等,以此来判断电路设计是否正确。

1. 建立波形文件

选择菜单"File → New"后,在图 1-33 所示对话框中选择"Verification/Debugging Files"中"Vector Waveform File",然后点击"OK"会出现图 1-34 所示界面。

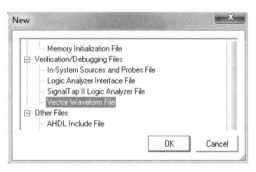

图 1-33　选择新建立波形文件

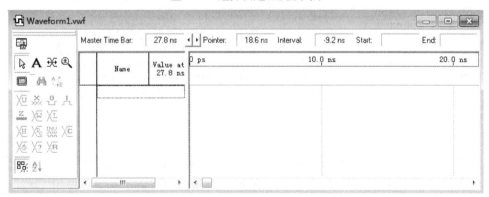

图 1-34　建立的空波形文件

2. 添加节点到波形文件

图 1-34 所示为建好的空波形文件,需要添加电路节点,在图示界面中"Name"栏下的虚框里双击鼠标后出现如图 1-35 所示对话框。

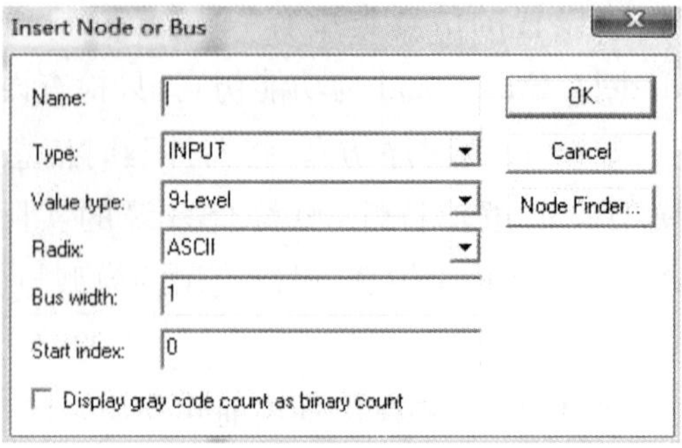

图 1-35　插入节点

在图 1-35 所示对话框中点击"Node Finder…"后会出现如图 1-36 所示界面。图1-36中"Named"下拉列表中"＊"表示任意,"Filter"下拉列表中"Pins：all"表示所有引脚,"Look in"下拉列表中"[H_ADDER]"表示在H_ADDER工程中查找。点击"List"后列出工程中所有的引脚名称,如图1-37所示。

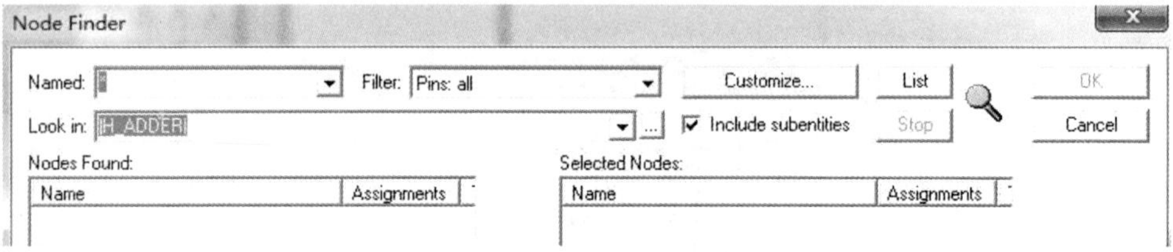

图 1-36　查找节点

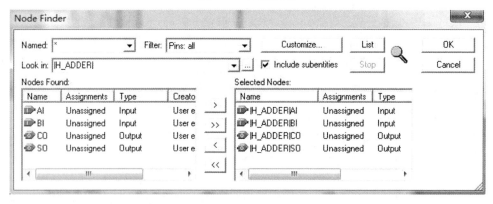

图 1-37　查找到的引脚及选中的引脚

图 1-37 左侧显示的是在当前工程中查找到的所有引脚,右侧显示的是选中准备放入波形文件的引脚。图的中间有四个按钮：选中左边一个引脚用">";选中左边所有引脚用">>";想放弃右边已选中的条目,放弃一个用"<",全部放弃用"<<"。引脚选择完成后点击右上角的"OK"会出现如图 1-38 所示对话框。

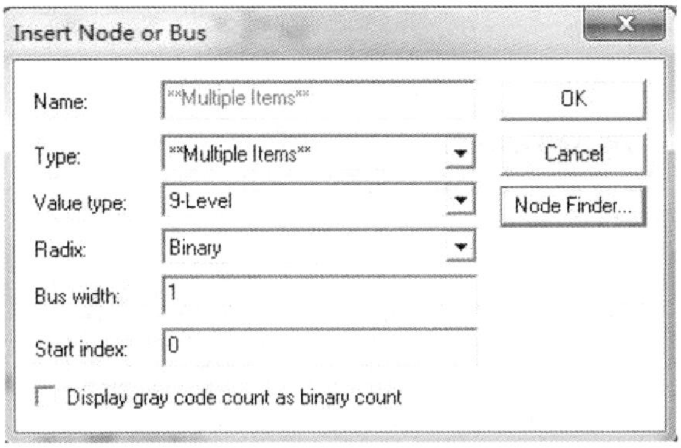

图 1-38　已选择的节点

图 1-38 所示为已选择的节点，可以对其进行设置，如点击"Radix"下拉列表可以选择进制方式，这里选择"Binary"，即所有节点统一选择二进制，当然也可以在波形文件中设置。点击"OK"后会出现如图 1-39 所示界面。

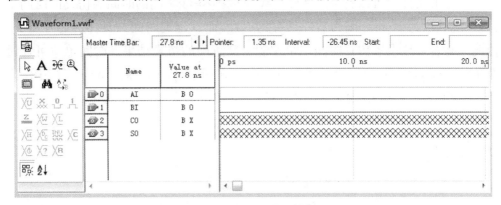

图 1-39　已经添加节点的波形文件

3. 波形文件编辑

（1）设置仿真时间区域。

仿真文件的结束时间可以通过菜单"Edit→End Time"设置，点击后会弹出如图 1-40 所示对话框，在图中"Time"后的输入框中设置仿真结束时间，默认时间为 1 μs。仿真结束时间的设置由电路设计的功能决定，至少得让电路运行一个完整工作周期。本例选择默认值，设置完成后点击"OK"确认。

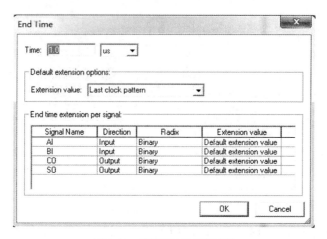

图 1-40　设置仿真结束时间

（2）设置仿真的时间单位。

在波形文件中可以看到一些竖虚线，两条竖虚线之间的时间为仿真的时间单位，系统默认为 10 ns。因为器件具有延迟性，而且延迟时间与具体的芯片有关，因此只有合理地设置仿真时间单位才能得到正确的仿真结果。时间单位可通过菜单“Edit→Grid Size”设置，如图 1-41 所示，在图中“Period”后面的输入框中输入 20.0，后面单位选择 ns，然后点击“OK”，时间单位即变为 20 ns。

图 1-41　设置仿真时间单位

（3）编辑输入波形。

在波形文件中选中一个节点或选中节点的一段时，左边的波形编辑工具即可变为可用状态。各种波形编辑工具的功能如图 1-42 所示。注意：选中节点的一段必须为时间单位的整数倍。

指针	↖ A	添加文本
拖曳选取波形	⬚ ⊕	缩放
全屏	▣	
查找	🔍 🔍	替换
不设初始值	XU X	置不确定状态
置0	∪ ∩	置1
置高阻	Z XW	置弱不确定状态
置低	XL XH	置高
忽略	XG 器	反相
递增	XC XO	设置时钟
设置数据	X? XR	置随机值

图 1-42　仿真波形编辑工具的功能

选中波形文件中的 AI 引脚,然后单击"XC"工具会出现如图1-43所示界面。点击"Counting"选项卡,在"Radix"下拉列表中选择"Binary",即二进制方式。计数开始值为0,结束值为1,增量为1。若选择"Gray code",则表示采用格雷码方式计数。

图 1-43　用计数方式设置 AI 波形

同样用计数方式设置 BI 的波形,但要在图 1-43 中点击"Timing"选项卡,然后在"Multiplied by"后文本框中输入 2,即 2 倍时间单位计数一次,如图 1-44 所示。

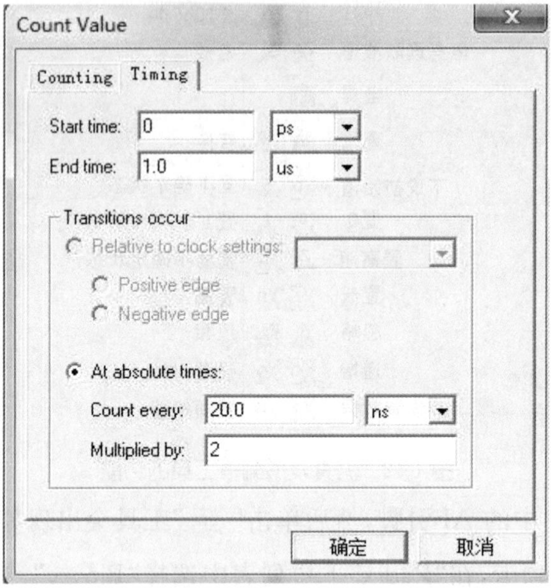

图 1-44　设置 BI 波形

　　设置好的波形文件如图 1-45 所示。波形文件的输入(用于仿真电路输入端口的波形)需要把电路输入的各种可能情况包括进去。输入端口的波形一般可根据真值表来设置,如有 n 个端口,则有 2^n 个输入可能值,这些都要反映在波形文件上。有些输入波形要根据设计的功能要求来设置,如计数器的复位端、时钟端、使能端等。在图 1-45 中,第一个仿真时间单位中 AI 为 0,BI 为 0;第二个仿真时间单位中 AI 为 1,BI 为 0;第三个仿真时间单位中 AI 为 0,BI 为 1;第四个仿真时间单位中 AI 为 1,BI 为 1。这样,波形文件就包含 4 种可能的输入情况。

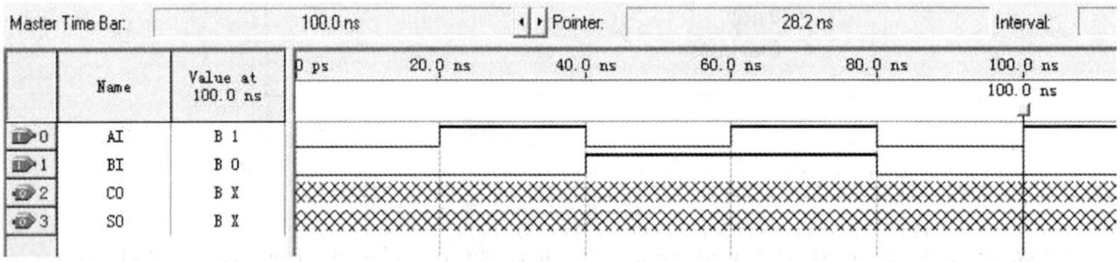

图 1-45　编辑好的波形文件

　　输出端口不需要设置波形,输出端口的波形由输入端口的波形和电路的功能决定,仿真结束后会自动生成。

　　(4)波形文件的保存。

　　编辑好或修改完波形文件后,使用菜单"File→Save"或点击工具栏上的"🖫" 图标对波形文件进行保存。波形文件的名称可以修改,也可以使用默认的名称,保存类型默认为 VWF,即以 . vwf 为扩展名保存,如图 1-46 所示。勾选"Add file to current project",将该文件添加到当前工程中,然后点击"保存(S)"。

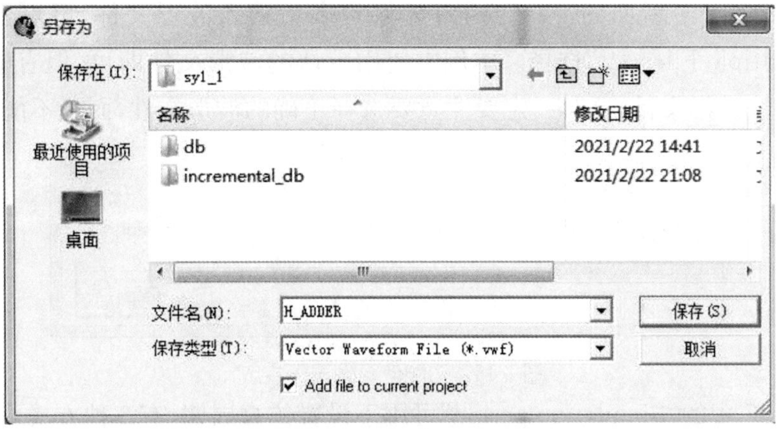

图 1-46　保存波形文件

波形文件保存添加后可以在项目导航栏的"Files"栏中看到,双击文件名可打开相应的波形文件。

4. 功能仿真

仿真前需要设置仿真器,包括模式选择和仿真时间设置等,可通过选择菜单"Processing→Simulator Tool"设置,如图 1-47 所示。

图 1-47 中的"Simulation mode"可用于设置仿真模式,打开下拉列表可以看到有 3 种方式供选择,分别是 Functional、Timing 和 Timing using Fast Timing Model。此处先选择 Functional 方式。注意:进行功能仿真时先要生成功能仿真网表,否则仿真时会报错。点击后面的"Generate Functional Simulation Netlist"生成仿真网表,如生成成功会出现如图 1-48 所示对话框,点击"确定"可关闭该对话框。

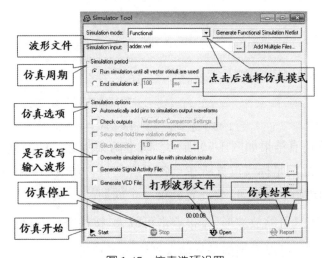

图 1-47　仿真选项设置

图 1-47 中"Simulation input"可用于选择仿真波形文件。如果只用一个输入波形文件，可点击后面的"…"选择；如果是多个输入波形文件，可点击后面的"Add Multiple Files…"选择。本例中使用默认的波形文件即可，但有时可能需要新建多个波形文件，这时一定要注意要选择正确的波形文件，而且不能为空。

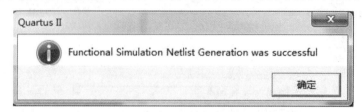

图 1-48　功能仿真网表已生成

图 1-47 中的"Simulation period"可用于设置仿真周期，有 2 种方式可供选择：第一种是以仿真波形文件为准，第二种是自己设置仿真结束时间。本例选第一种或第二种都可以。

图 1-47 中"Simulation options"可用于设置仿真选项，选择默认即可。一般主要设置两项：勾选"Automatically add pins to simulation output waveforms"会自动增加引脚到波形文件，如输出端口没在波形文件中，仿真结束会自动添加进去。勾选"Overwrite simulation input file with simulation results"表示仿真结束后会根据仿真结果改写输入的仿真波形文件。

仿真器设置好后，在图 1-47 中点击"Start"开始仿真，成功后会有提示框弹出。

可以点击图 1-47 中的"Report"查看仿真结果。如果勾选"Overwrite simulation input file with simulation results"，点击"Open"查看，这时会弹出如图 1-49 所示对话框，选择"是(Y)"会重载改写过的波形文件。

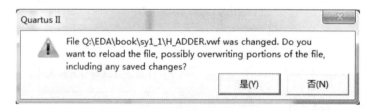

图 1-49　选择是否重载波形文件

例 1-1 功能仿真结果如图 1-50 所示。图中两条竖虚线的时间间隔为 20 ns，波形与 Name 栏之间是标尺位置所在点各引脚的值。仿真结果按 CO＝AI・BI，SO＝AI⊕BI 的逻辑关系验证，要完整验证一个周期。

使用"🔍"工具可缩放波形，直接点击可放大，按住"Shift"键点击可缩小。使用该工具放大波形，可以看到信号从输入到输出无延时。

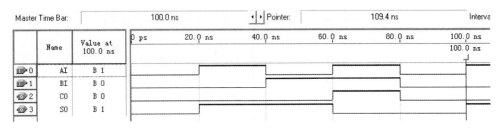

图 1-50　例 1-1 功能仿真波形

5. 时序仿真

时序仿真不用生成仿真网表，编译后在图 1-47 的"Simulation mode"下拉列表中选择"Timing"，然后直接点击"Start"开始仿真，其结果如图 1-51 所示。从图 1-51 中可以看到，输出波形有滞后现象，如 AI 变高电平后，SO 约经 10 ns 才会变为高电平，而且当 AI 从高电平变为低电平、BI 也从低电平变为高电平时，CO 变化的输出滞后于 SO，但这更符合实际情况，因为器件的开通和关断都需要一定的时间。

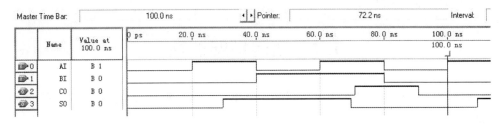

图 1-51　例 1-1 时序仿真波形

项目开发通常是先对设计进行功能仿真，待其满足或接近于满足要求再行时序仿真验证。

1.4　项目实践练习

(1)安装 Quartus 软件。

(2)练习例 1-1，学习 Quartus 软件的使用方法。

1.5　项目设计性作业

根据半减法器的真值表(表 1-1)画出逻辑图，然后用 Quartus 软件完成设计，并行仿真验证。表 1-1 中 CO 为 AI-BI 的借位输出，SO 为 AI-BI 的差值。

表 1-1　半减法器的真值表

输入		输出	
AI	BI	CO	SO
0	0	0	0
0	1	1	1
1	0	0	1
1	1	0	0

1.6　项目知识要点

(1)Quartus Ⅱ 9.0 的安装。

(2)使用原理图设计半加法器。

(3)项目设计流程。

(4)波形文件编辑工具。

1.7　项目拓展训练

(1)借助 Quartus 软件中的"Help"菜单,掌握编辑仿真波形文件时的常用工具。

(2)借助网络和图书资料了解 CPLD/FPGA。

项目 2 全加法器的原理图设计

2.1 教学目的

(1)熟悉 Quartus 软件的使用方法。

(2)学习使用原理图的方法设计全加法器。

(3)学习为项目的端口配置引脚。

(4)学习下载器驱动的安装。

(5)学习设计的下载方法。

(6)熟悉实验仪器。

2.2 全加法器的设计

一、全加法器的概念

例 1-1 是完成两个一位数相加的半加法器,半加法器是没有考虑进位输入的加法器。半加法器的逻辑图如图 2-1 所示,图中 A 和 B 为两个要加的数,S 为加完后的和,C 为加完后进的位,A、B、S 和 C 均为一位。当 A 和 B 为多位时称多位半加法器。A、B 和 S 的位宽一致,C 始终是一位宽度。

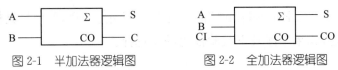

图 2-1 半加法器逻辑图　　　图 2-2 全加法器逻辑图

一位全加法器要考虑处理低位进位,输出本位加完的和与进位。一位全加法器的逻辑图如图 2-2 所示,其中 CI 为低位的进位输入,CO 为本位的进位输出。将一个全加法器的 CI 端始终接到低电平即为一个半加法器,将多个一位全加法器级联可以得到多位全加法器。

二、设计步骤

【例 2-1】 使用原理图设计一位全加法器,仿真验证成功后下载验证。

1. 写出真值表

全加法器的真值表如表 2-1 所示。

表 2-1　全加法器的真值表

输入			输出	
AI	BI	CI	CO	SO
0	0	0	0	0
0	0	1	0	1
0	1	0	0	1
0	1	1	1	0
1	0	0	0	1
1	0	1	1	0
1	1	0	1	0
1	1	1	1	1

根据真值表，可写出逻辑表达式。

$$CO = AI'BICI + AIBI'CI + AIBICI' + AIBICI = \sum m(3,5,6,7) \qquad (2\text{-}1)$$

$$SO = AI'BI'CI + AI'BICI' + AIBI'CI' + AIBICI = \sum m(1,2,4,7) \qquad (2\text{-}2)$$

对以上两式进行化简

$$CO = BICI + AICI + AIBI \qquad (2\text{-}3)$$

$$SO = AI'(BI'CI + BICI') + AI(BI'CI' + BICI)$$
$$= AI'(BI \oplus CI) + AI(BI \oplus CI)'$$
$$= AI \oplus BI \oplus CI \qquad (2\text{-}4)$$

2. 使用 Quartus 搭建电路并行仿真验证

（1）新建工程。

按例 1-1 的方法先建立一工程项目，这里命名为"F_ADDER"，选择器件为 Cyclone Ⅲ 系列的 EP3C40Q240C8N，如图 2-3 所示。FPGA 型号具体选哪一种由实验条件决定，如果不涉及下载验证可随意选择。

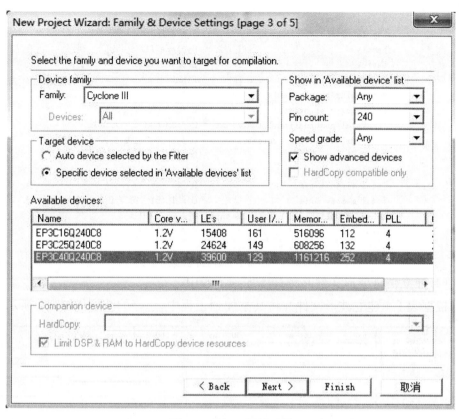

图 2-3 例 2-1 器件选择

（2）建立原理图设计文件并添加到工程中。

建一个原理图文件，命名为"F_ADDER"，按式（2-3）和式（2-4）的逻辑关系建立逻辑图后保存并添加到工程中，如图 2-4 所示。

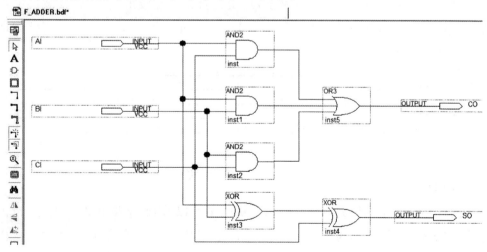

图 2-4 例 2-1 的原理图设计文件

（3）编译工程。

编译完成后小结如图 2-5 所示，从中可以看到器件的硬件资源利用情况。

```
Revision Name                              F_ADDER
Top-level Entity Name                      F_ADDER
Family                                     Cyclone III
Device                                     EP3C40Q240C8
Timing Models                              Final
Met timing requirements                    N/A
Total logic elements                       2 / 39,600 (＜1％)
    Total combinational functions          2 / 39,600 (＜1％)
    Dedicated logic registers              0 / 39,600 (0％)
Total registers                            0
Total pins                                 5 / 129 (4％)
Total virtual pins                         0
Total memory bits                          0 / 1,161,216 (0％)
Embedded Multiplier 9-bit elements         0 / 252 (0％)
Total PLLs                                 0 / 4 (0％)
```

图 2-5   例 2-1 编译完成的小结

（4）建立仿真波形文件并将其添加到工程中。

根据表 2-1 建立波形文件并将其添加到工程中，建好的波形如图 2-6 所示。

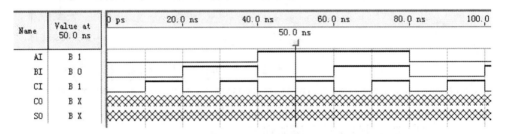

图 2-6   例 2-1 的输入波形

（5）功能仿真验证。

功能仿真前要生成功能仿真网表，还要检查是否有波形文件，以及波形文件是否正确。功能仿真结果如图 2-7 所示，按表 2-1 的逻辑关系验证一个完整周期后即知仿真结果正确。

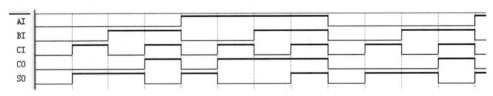

图 2-7   例 2-1 的功能仿真波形图

（6）时序仿真。

时序仿真验证结果如图 2-8 所示。从图中可以看到，结果并不完美，逻辑关系也不好观察。这是因为仿真的精度很高（这里用的是 ns 级别），而且输入变化也是 ns 级别，但实际器件的关断及开通都需要一定时间。在器件的开通和关断期间，器件输入与输出的关系并不一定符合真值表中的逻辑关系。用传统的门电路搭建这样的电路，也会存在这样的问题。

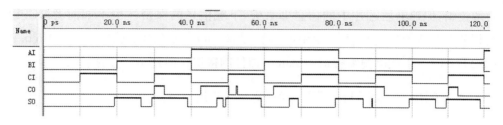

图 2-8　例 2-1 的时序仿真波形一

修改波形文件的输入,加大同一电平输入维持时间后,再进行时序仿真,其仿真结果如图 2-9 所示。从图中可以看出,电路逻辑关系正确,但有毛刺存在,是否需要消除毛刺应视应用场合而定。

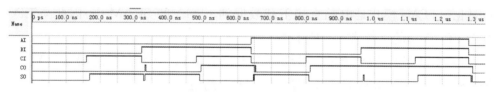

图 2-9　例 2-1 的时序仿真波形二

2.3　设计的下载验证

在大规模可编程逻辑器件出现以前,设计好数字系统后很难更改系统的功能。可编程逻辑器件的出现改变了这一现象,其逻辑功能可由用户对器件编程来确定,而且可以反复编程重写。

一、可编程逻辑器件的擦写方法

可编程逻辑器件目前应用较为广泛的是现场可编程门阵列(FPGA)和复杂可编程逻辑器件(CPLD),目前常见的大规模可编程逻辑器件的编程工艺有三种:

(1)基于电擦除可编程只读存储器(EEPROM)或闪存(Flash 技术)的编程单元。CPLD 一般使用此技术进行编程。CPLD 被编程后改变了电可擦除存储单元中的信息,掉电后可保存。某些 FPGA 也采用 Flash 工艺,如爱特(Actel)的 ProASIC plus 系列和莱迪斯(Lattice)的 LatticeXP 系列。

(2)基于静态随机存储器(SRAM)查找表的编程单元。对该类器件,编程信息是保存在 SRAM 中的,掉电后编程信息立即丢失,上电后还需要重新载入编程信息,因此该类器件的编程一般称为配置。大部分 FPGA 采用该种编程工艺。

(3)基于一次性可编程反熔丝编程单元。Actel 的部分 FPGA 采用此种结构。

电可擦除编程工艺的优点是编程后信息不会因掉电而丢失,缺点是编程次数有限、编程速度不快。对于 SRAM 型 FPGA 而言,配置次数为无限,在加电时可随时更改逻辑,但掉电后芯片中的信息即丢失,下载信息的保密性也不如前者。CPLD编程和 FPGA 配置可以使用专用的编程设备,也可以使用下载电缆,如 Altera 的 USB-Blaster。下载电缆编程口与 Altera 器件的接口一般是 10 芯的接口。

二、Altera 公司的 FPGA 设计下载方法

Altera(现为 Intel)的 FPGA 采用基于 SRAM 查找表的编程方法,因此上电后需要把编程的数据送入 FPGA 的 SRAM 中。根据 SRAM 获得数据的方法可将编程分为三种:AS 模式、PS 模式和 JTAG 模式。其中 AS 和 PS 模式都用到串行存储器(EPCS)。EPCS 断电后数据不消失,其中存储要送至 FPGA 中 SRAM 的数据。JTAG 模式是电脑直接下载数据到 FPGA 的 SRAM 中,因此与 EPCS 配置 FPGA 用的文件格式有所不同。

(1)主动串行(AS)模式:器件每次上电时,FPGA 作为控制器从配置器件 EPCS 主动发出读取数据信号,实现对 FPGA 的编程。

(2)被动串行(PS)模式:EPCS 作为控制器件,把 FPGA 当做存储器,把数据写入 FPGA 中的 SRAM,实现对 FPGA 的编程。该模式可以实现对 FPGA 的在线编程。

(3)联合测试行为工作组(JTAG)模式:电脑通过下载器的 JTAG 接口直接下载数据到 FPGA 中,程序可直接运行。在 AS 和 PS 模式中有配置器件 EPCS 存储数据,虽然断电后 FPGA 中的 SRAM 数据消失,但上电后会重新配置,JTAG 模式下载的数据断电消失后需要重新下载。

三、使用 JTAG 接口下载

本次实验采用 JTAG 模式下载。JTAG 接口是联合测试行为工作组制定的一种国际标准测试协议(IEEE 1149.1 兼容),主要用于芯片内部测试。现在多数高级器件都支持 JTAG 协议,如 DSP、FPGA 器件等。标准的 JTAG 接口是 4 线:TMS、TCK、TDI、TDO,分别为测试模式选择、测试时钟、测试数据输入和测试数据输出。

1.驱动安装

用 JTAG 模式下载需要把下载器的 JTAG 接口与 FPGA 的 JTAG 接口连接起来,下载器一般通过通用串行总线(USB)接口与电脑连接起来。在电脑上第一次用编程下载器时需安装驱动,一般接上硬件后电脑自动会弹出图 2-10 所示界面,告诉用户找到新的硬件及怎么找驱动程序。

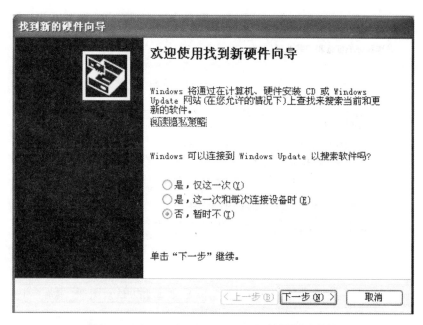

图 2-10　ALTERA USB-Blaster 下载器驱动安装

选中图 2-10 中的"否,暂时不(T)",即告诉电脑不用找驱动程序,自己提供,然后点击"下一步(N)",会出现图 2-11 所示界面。

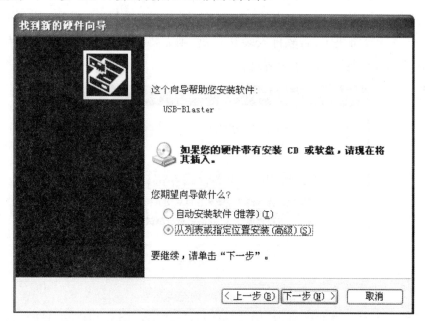

图 2-11　选择从指定位置安装驱动

在图 2-11 中选择"从列表或指定位置安装(高级)(S)",该驱动程序位于软件安装目录中,选好后点击"下一步(N)",会出现图 2-12 所示界面。

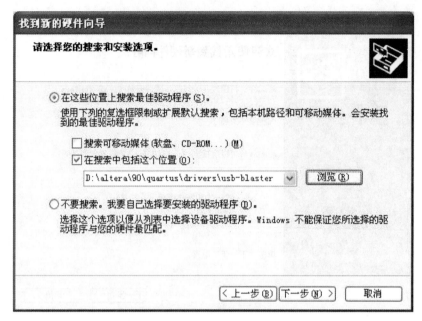

图 2-12　指定驱动软件的位置

　　在图 2-12 中选中"在这些位置上搜索最佳驱动程序(S)",然后勾选"在搜索中包括这个位置(O)",再点击"浏览(R)"找到驱动程序的位置。软件安装以后,驱动程序默认位于"D:\altera\90\quartus\drivers\usb-blaster"下。前面的磁盘由安装软件的盘符决定,若软件安装在 C 盘,则需要在 C 盘中找。选好后点击"下一步(N)",会出现图 2-13 所示界面。

图 2-13　是否继续安装选择

　　在图 2-13 所示界面中点击"仍然继续(C)"会出现图 2-14 所示界面,点击"完成"即可完成驱动的安装。

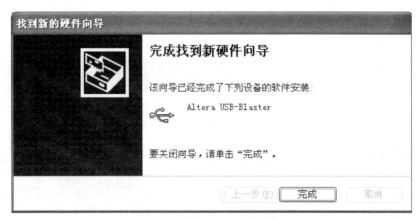

图 2-14 下载器驱动安装完成

编程下载器的驱动安装好以后，可以通过电脑的设备管理器查看，在桌面"计算机"图标上点击鼠标右键后选择"属性(R)"，然后在弹出菜单中选择"设备管理器"，这时出现图 2-15 所示界面，点击"通用串行总线控制器"后查看驱动安装是否成功。若发现"Altera USB-Blast"项且该项前无其他符号，则表示安装成功。

图 2-15 查看下载器驱动安装是否成功

如果驱动未安装成功，则把鼠标移到图 2-15 所示界面中未安装成功的硬件的图标上，然后点击鼠标右键选择"更新驱动程序(P)..."重新安装，有时需要重新插拔一下下载器才能安装成功。这里需要注意的是，软件自带的驱动程序因版本较低，可能不适用于 Windows 7 以上的操作系统。因此，若安装不成功，可向下载器生产厂家索取驱动程序，或从官方网站下载最新的驱动程序。

2. 为端口配置引脚

下载之前要先对项目中的端口配置引脚，即把 FPGA 的引脚与设计项目的引脚对应起来。有时在实验设备中使用了一些特殊的引脚，若按实验设备的布局去配置引脚，必须在配置之前对引脚属性进行设置，否则编译会报错。

（1）配置之前的设置。

点击菜单"Assignments→Settings"，出现图 2-16 所示界面后在左侧选择

"Device",然后点击右侧的"Device and Pin Options...",这时会出现图 2-17 所示界面。

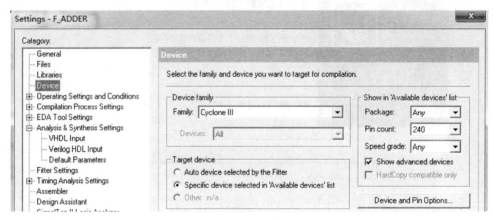

图 2-16　器件引脚属性设置

在图 2-17 所示界面中点击"Dual-Purpose Pins"选项卡,然后在"nCEO"下拉列表中选择"Use as regular I/O"。nCEO 类引脚有两种用途,系统默认为编程引脚,在使用设备时往往需要设置为常规 I/O 引脚。这一点在以后的实验中要特别注意。

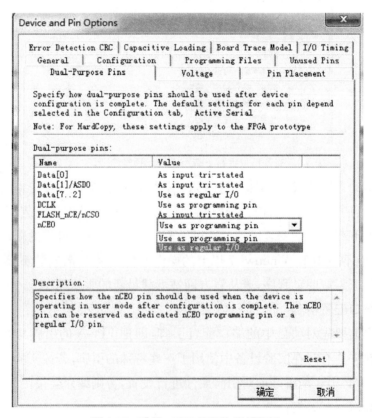

图 2-17　设置 nCEO 引脚为常规引脚

（2）为设计配置引脚。

通过菜单"Assignments→Pins"或"Assignment→Pin Planner"可调出图2-18
所示引脚配置窗口。

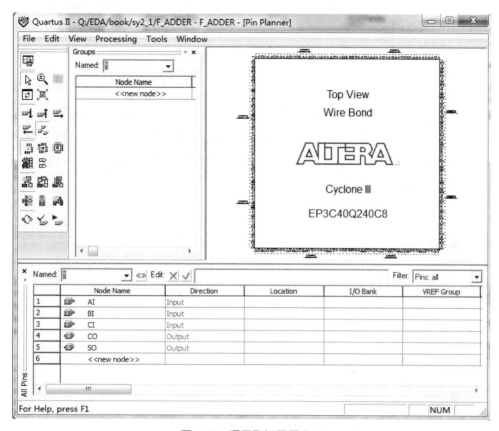

图 2-18　项目引脚配置窗口

若在图 2-18 中"AI"对应"Location"单元格中直接输入数字"18"，则会出现图
2-19 所示界面，也可在"AI"对应"Location"单元格中双击鼠标，然后在其中选择
"Pin_18"，如图 2-19 所示。"AI"选择"Pin_18"，"BI"选择"Pin_21"，"CI"选择
"Pin_22"，"CO"选择"Pin_45"，"SO"选择"Pin_44"，配置完成如图 2-20 所示。

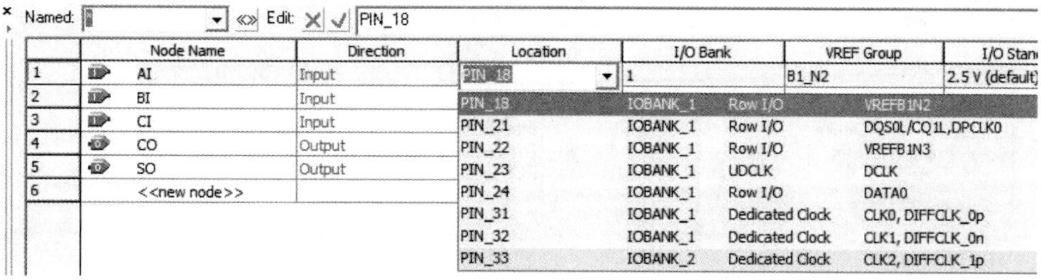

图 2-19　项目引脚配置窗口

	Node Name	Direction	Location	I/O Bank
1	AI	Input	PIN_18	1
2	BI	Input	PIN_21	1
3	CI	Input	PIN_22	1
4	CO	Output	PIN_45	2
5	SO	Output	PIN_44	2

图 2-20　例 2-1 项目引脚配置

有时图 2-18 中未显示下面的窗口,这时可以点击图 2-18 窗口上面的"View"菜单,然后点击"ALL Pin List",在其前面加上".。"。若图 2-18 未出现"Location"栏,可以在图 2-18 下面的窗口点击鼠标右键,这时会弹出图 2-21 所示的菜单,点击"Customize Columns..."后会出现图 2-22 所示界面,将"Location"条目从左边移到右边,然后点击"OK"。

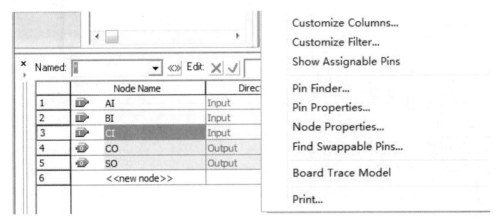

图 2-21　为窗口显示添加条目

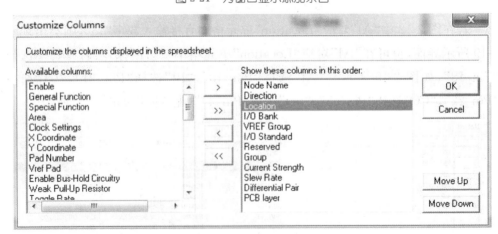

图 2-22　为窗口显示添加 Location 栏

3. 重新编译

引脚配置后直接关闭配置窗口,然后对项目重新全编译,这时编译器会根据用户配置的引脚重新规划 FPGA 内部的连线。

4. JTAG 模式下载

下载之前要检查实验连接线和仪器电源等。注意：JTAG 接口一定要断电插拔，USB 接口和仪器都要断电。

点击菜单"Tools→Programmer"后出现图 2-23 所示界面，点击图左上角的"Hardware Setup…"会出现图 2-24 所示界面。

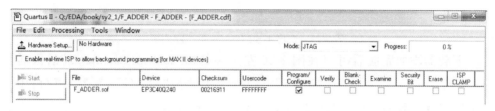

图 2-23　下载窗口

点击图 2-24 中"Hardware Settings"选项卡，然后在下面的"Available hardware items"框中查看有无"USB-Blaster"。若没有"USB-Blaster"，可重新插拔一下电脑的 USB 连接线，或检查电路连接是否正确。若操作后无效，可能是未安装驱动或驱动安装未成功，可以通过图 2-15 所示方法查看驱动安装情况。若 Windows 7 系统中显示驱动安装成功，但此处不显示"USB-Blaster"，可能是因为使用了 32 位的 Quartus Ⅱ 9.0。解决方法：打开电脑注册表（Win 键＋R，输入"regedit"后按"Enter"键），在"HKEY＿LOCAL＿MACHINE\SYSTEM\ControlSet001\services\JTAGServer"目录下找到"ImagePath"，将其数据改为 32 位驱动版本路径（C:\altera\90\quartus\bin\jtagserver.exe），重启电脑确认。

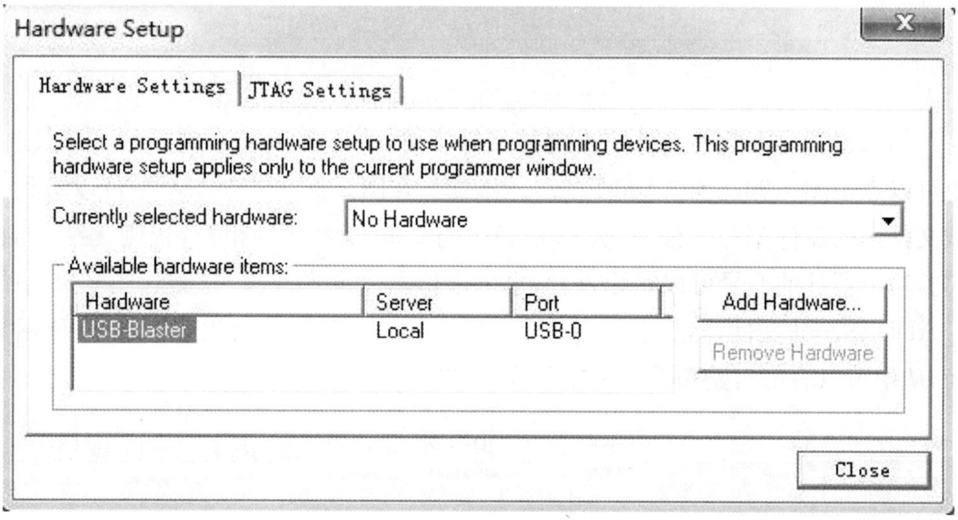

图 2-24　添加下载器窗口

双击图 2-24 中的"USB-Blaster"，这时会在"Currently selected hardware"后的文本框内看到"USE-Blaster[USB-0]"，如图 2-25 所示，然后点击窗口右下角的"Close"关闭该窗口。

Select a programming hardware setup to use when programming devices. This programming hardware setup applies only to the current programmer window.

Currently selected hardware: USB-Blaster [USB-0]

Available hardware items:

Hardware	Server	Port	
USB-Blaster	Local	USB-0	Add Hardware...
			Remove Hardware

图 2-25　选择 USB-Blaster 下载器添加

　　下载器添加完成后可以在图 2-26 左上角的"Hardware Setup..."后面看到"USB-Blaster[USB-0]"。在"Mode"下拉列表中选择"JTAG",图 2-26 窗口中会自动出现要下载的文件,勾选"Program/Configure",然后点击"Start"下载。下载成功后,窗口的右上角"Progress"后显示"100%",如图 2-27 所示。

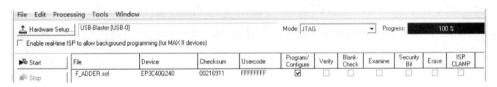

图 2-26　USB-Blaster 下载器添加完成

图 2-27　项目下载成功

　　如未出现要下载的文件或出现的文件不对,可点击鼠标右键添加下载文件,也可以点击图 1-26 左侧"Add File..."添加。在图 2-26 中"Device"栏可以看到下载文件用的器件型号。注意:此型号必须与实验箱的型号相符,否则无法下载。实验箱上器件的型号可以实际查看,也可以检测。检测方法:先删除图 2-26 中的F_ADDER.sof 文件,然后点击左边的"Auto Detect",这时会出现图 2-28 所示界面,从中可以看出实验箱器件的型号为 EP3C40。

	File	Device	Checksum	Usercode	Program/ Configure	Verify	Blank-Check	Examine
Start	<none>	EP3C40	00000000	<none>	□	□	□	□
Stop								
Auto Detect								

图 2-28　器件检测

　　下载成功后,可以在实验箱上按表 2-1 的逻辑关系验证设计结果。验证完成后,关闭仪器电源,重新打开,再验证逻辑关系是否还成立。

5. AS 模式下载

AS 和 PS 模式下载都是要把配置文件烧到 FPGA 专用的配置芯片（EPCS）中保存，EPCS 采用 Flash 储存结构，可烧写 10 万次。直接对 EPCS 烧写数据需要专门的电路，可以利用 JTAG 对其进行间接烧写，即把数据先送 FPGA，然后利用 FPGA 对 EPCS 烧写。

（1）利用 SOF 文件转化生成 JIC 文件。

点击菜单"File→Convert Programing Files"，会弹出图 2-29 所示窗口，用于进行转化设置，确定转化输出文件和要转化的文件。

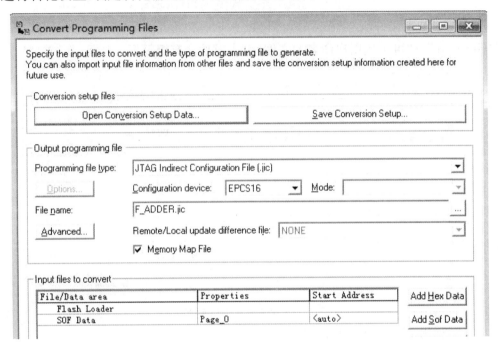

图 2-29　文件转化设置

在图 2-29 中"Output programming file"类的"Programming file type"下拉列表中选择"JTAG Indirect Configuration File(. jic)"，即转化输出 JIC 文件；在下面的"Configuration device"下拉列表中选择"EPCS16"（要与实验设备上的型号相对应）；后面的模式选系统默认；在"File name"后输入要转化输出的文件名，此处命名为"F_ADDER. jic"（注意扩展名必须为. jic）；勾选下面的"Memory Map File"。

选中图 2-29 中"Input files to convert"下面的"Flash Loader"，此时点击右边的"Add Device..."后会出现图 2-30 所示界面。在图 2-30 左边勾选"Cyclone Ⅲ"，右边勾选"EP3C40"，然后点击下面的"OK"确认。同样在图 2-29 中选中"SOF Data"，然后点击右边的"Add File..."添加 SOF 文件。添加完成后如图 2-31所示。

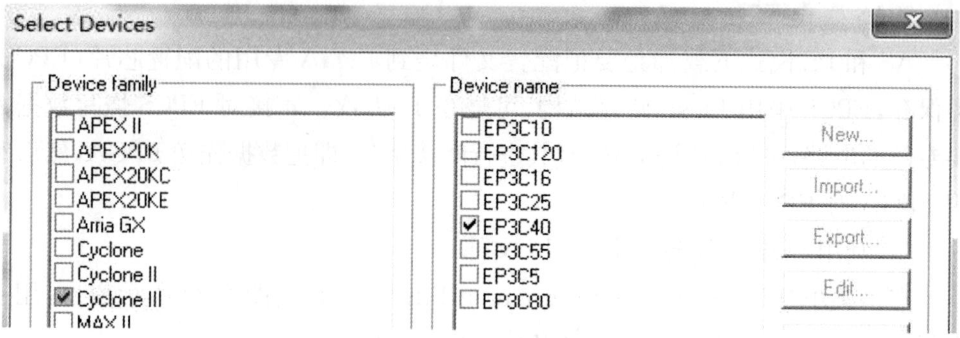

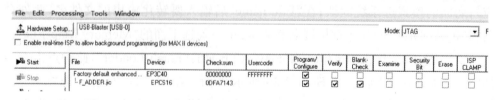

图 2-30　选择实验设备对应的 FPGA 型号

　　输入、输出文件设置完成后,转化设置选择默认,然后点击图 2-31 下面的 "Generate",即可生成用户命名的文件,生成成功会有提示框。

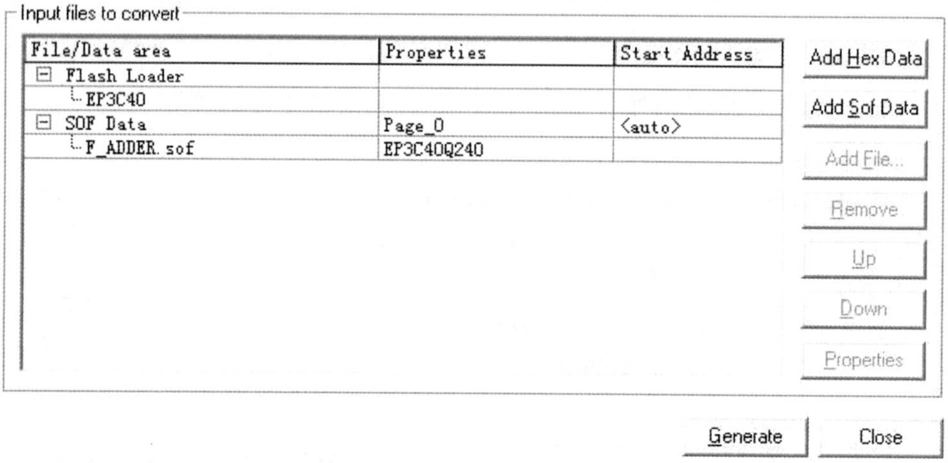

图 2-31　输入文件设置完成后

　　(2)利用 JTAG 接口下载 JIC 文件。

　　点击菜单"Tools→Programmer"后,在图 2-32 所示界面中查看 F_ADDER. jic 文件是否存在。若显示的是其他文件,如拓展名为. sof,则删除该文件并添加刚才生成的 F_ADDER. jic文件。器件 EP3C40 勾选"Program/Configure",器件 EPCS16 勾选"Program/Configure""Verify"和"Blank-Check",如图 2-32 所示。

图 2-32　用. jic 文件下载

　　点击"Start"开始下载,下载后在实验仪器上验证表 2-1 的逻辑关系。关闭仪器电源后重新打开,查看逻辑是否还成立。

2.4　项目实践练习

练习例 2-1,从中学习设计下载验证的方法,熟悉 Quartus 软件和实验仪器的使用方法。

2.5　项目设计性作业

根据 2 线－4 线译码器的真值表(表 2-2)写出逻辑表达式,画出逻辑图,然后用 Quartus 软件完成设计,并进行仿真和下载验证。

表 2-2　2 线－4 线译码器的真值表

输入		输出			
A1	A0	Y3	Y2	Y1	Y0
0	0	0	0	0	1
0	1	0	0	1	0
1	0	0	1	0	0
1	1	1	0	0	0

2.6　项目知识要点

(1)全加法器。
(2)配置引脚。
(3)下载模式。
(4)驱动安装。
(5)JTAG 和 EPCS。

2.7　项目拓展训练

(1)总结在 Quartus 软件中使用原理图设计电路的方法。
(2)借助网络和图书资料了解 FPGA 的配置方法。

项目 3　半加法器的 Verilog 设计

3.1　教学目的

(1)熟悉 Quartus 软件的使用方法。

(2)学习使用 Verilog HDL 输入设计文件。

(3)初步学习 Verilog 语法知识。

(4)学习调用 RTL 图查看设计结果。

3.2　半加法器的 Verilog 描述

一、设计半加法器

【例 3-1】　利用 Verilog 设计一位半加法器。

1.建立工程项目

点击菜单"File→New Project Wizard"建立新的工程项目,注意选择与实验设备匹配的器件型号,注意项目名与顶层模块名的命名。

2.建立 Verilog HDL 类型的设计文件

点击菜单"File→New"后选择"Design Files"类别的"Verilog HDL File",如图 3-1 所示,点击"OK"会出现图 3-2 所示界面。

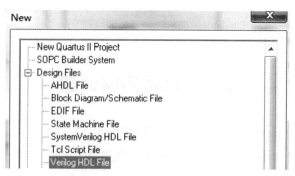

图 3-1　选择新建 Verilog 设计文件

按图 3-2 中的内容人输入 Verilog 设计文件。图中"//"后和"/＊　＊/"之间的内容属于注释语句,主要用于帮助理解代码,练习时不用输入。

```
H_ADDER.v
1   /*
2       H_ADDER
3   */
4
5   module  H_ADDER ( A,B,SO,CO) ;    //定义一模块，模块名为H_ADDER，括号内为模块的端口
6       input  A,B;                   //定义端口A和B为输入端口
7       output SO,CO;                 //定义端口SO和CO为输出端口
8       assign SO=A^B;                //A与B异或的结果赋给SO
9       assign CO=A&B;                //A与B与的结果赋给CO
10  endmodule                         //模块结束
11
```

图 3-2　半加法器的 Verilog 描述

注意：图 3-2 中的"H_ADDER"为模块名，因为此项目中只有一个模块，故此模块就是顶层模块。使用 Quartus 软件建立工程时，系统默认项目名与顶层模块名相同，故此模块名必须与项目名相同，若不相同，需要修改模块名。这一点一定要注意，否则编译会出错。

Verilog 文件输入结束后需保存文件。点击左上角"🖫"图标，弹出如图 3-3 所示对话框。这里默认文件名与项目名相同，也可自行命名，但顶层模块一定要与项目建立时输入的一致。对初学者而言，建议使用默认名，即与工程项目名一样，这样编译时不容易出错。保存类型选择"Verilog HDL File"，并勾选"Add file to current project"添加该文件到当前工程中，然后点击"保存(S)"。

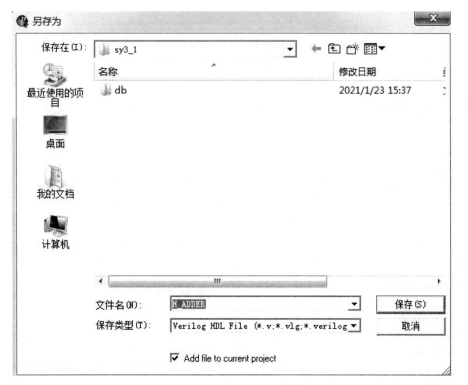

图 3-3　保存文件并添加到当前工程中

保存 Verilog 文件并添加至当前工程后，可在图 3-4 左下角的"Files"选项卡

中看到该文件。若图 3-2 所示窗口关闭,可在图 3-4 中相应文件名上双击打开。

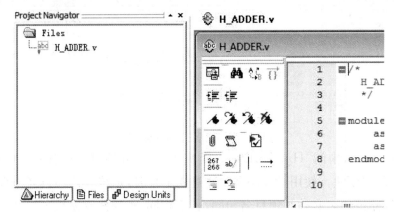

图 3-4　查看已添加工程的 Verilog 文件

3. 编译前设置

通过菜单"Assignments→Settings"打开图 3-5 所示界面,从左边的"Analysis & Synthesis Settings"类中选择"Verilog HDL Input",然后在右边选择"Verilog-2001",最后点击下面的"OK"确认。

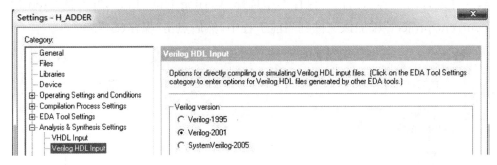

图 3-5　编译前设置选择 Verilog-2001 标准

4. 编译

使用全编译,完成后显示图 3-6 所示项目小结界面,从中可看到项目名、顶层模块名、器件型号等信息,点击图中"确定"关闭编译成功提示框。

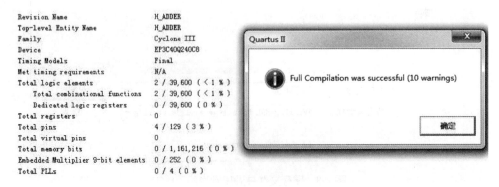

图 3-6　例 3-1 编译小结

5. 建立波形文件

按照例 1-1 的方法建立仿真波形文件并将其添加到工程中,如图 3-7 所示。

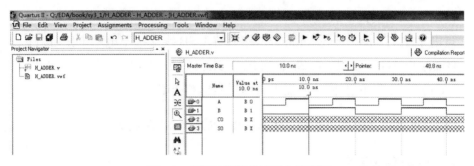

图 3-7　半加法器的仿真输入波形图

6. 仿真验证

(1)功能仿真验证。

功能仿真开始前须生成功能仿真网表,仿真结果如图 3-8 所示。对照真值表验证逻辑关系。

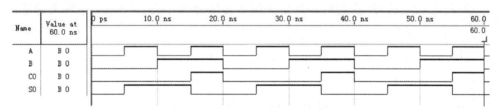

图 3-8　例 3-1 的功能仿真结果

(2)时序仿真验证。

时序仿真时可加大输入波形的步长,时序仿真结果如图 3-9 所示。对照真值表验证逻辑关系。

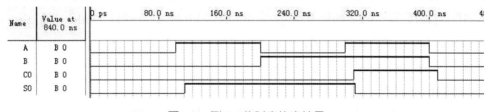

图 3-9　例 3-1 的时序仿真结果

7. 配置引脚

根据实验设备的功能选择合适的引脚配置端口,配置结果如图 3-10 所示。

	Node Name	Direction	Location	I/O Bank	VREF Group
▶	A	Input	PIN_18	1	B1_N2
▶	B	Input	PIN_21	1	B1_N3
◀	CO	Output	PIN_45	2	B2_N1
◀	SO	Output	PIN_44	2	B2_N1

图 3-10　例 3-1 端口配置

8. 重新编译

9. 下载验证

使用 JTAG 模式下载验证。

点击菜单"Tools→Programmer"，然后将 USB 线连接至电脑 USB 接口。

注意：JTAG 一定要在断电情况下连接。另外，最好先点击"Tools→Programmer"菜单，再连接下载器的 USB 线，这样下载容易成功。

二、例 3-1 中用到的 Verilog HDL 语法规则

1. Verilog 的关键字

输入 Verilog 文件时，文件中用蓝色显示的部分为 Verilog 的关键字。关键字是预先定义好的有特殊含义的英文词语。

尝试将图 3-2 中蓝色显示的关键字"output"改为"Output"后保存再编译，看看有什么问题出现。

通过上面的练习，我们可以知道关键字是区分大小的，Verilog 中的关键字全部为小写。Verilog 的关键字如下：

always，and，assign，begin，buf，bufif0，bufif1，case，casex，casez，cmos，deassign，default，defparam，disable，edge，else，end，endcase，endmodule，endfunction，endprimitive，endspecify，endtable，endtask，event，for，force，forever，fork，function，highz0，highz1，if，initial，inout，input，integer，join，large，macromodule，medium，module，nand，negedge，nmos，nor，not，notif0，notifl，or，output，parameter，pmos，posedge，primitive，pull0，pull1，pullup，pulldown，rcmos，reg，releses，repeat，mmos，rpmos，rtran，rtranif0，rtranif1，scalared，small，specify，specparam，strength，strong0，strong1，supply0，supply1，table，task，time，tran，tranif0，tranif1，tri，tri0，tri1，triand，trior，trireg，vectored，wait，wand，weak0，weak1，while，wire，wor，xnor，xor。

2. Verilog 的标识符

本例中 H_ADDER，A，B，SO，CO 都是标识符。标识符是设计者自己定义的名称，同样对大小写敏感，且不能与关键字相同。标识符定义使用大写的字母可以避免与关键字相同，如本例。

Verilog HDL 中的标识符可以是任意一组字母、数字、$ 符号和_（下划线）符号的组合，但标识符的第一个字符必须是字母或下划线。

3. 注释语句

可用 / * …… * / 和 // …… 对 Verilog 程序作注释，/ * …… * / 可以注释多行，// 注释到本行结束。注释只是为了方便理解程序，编译时可忽略。

4. 模块

Verilog 程序由模块构成,每个模块实现特定的功能,每个模块都有输入、输出端口,用于与外部联系。每个模块的内容都嵌在 module 和 endmodule 两个关键字之间。注意:endmodule 后没有分号。module 后面是模块名,模块名后的括号内是模块的所有端口罗列,除了列出所有端口外,还要明确说明端口是哪种类型,如输入、输出或输入/输出类型。本例中用下列语句定义端口类型。

```
input A,B;          //定义端口 A 和 B 为 1 位输入端口
output SO,CO;       //定义端口 SO 和 CO 为 1 位输出端口
```

用 input 关键字定义输入端口,用 output 关键字定义输出端口。如果端口是双向的,即既可以作输入端,也可以作输出端,则用 inout 关键字定义。如果位宽大于 1 位,则用中括号来表示位宽,如:

```
output [3:0]  C,D;  //表示 C 和 D 是 4 位宽度的输出端口
intput [3:1]  C1,C2;//表示 C1 和 C2 是 3 位宽度的输入端口
inout [1:2]  CC;    //表示 CC 是 2 位宽度的双向端口
```

如果端口的位宽大于 1 位,则端口可以整体访问,也可以部分访问,也可以按位访问,如定义端口 C 为

```
intput [7:0]  C;
```

则 C[3]表示 C 端口的位 3,C[7:4]表示 C 端口的高 4 位。

模块语句一般的格式如下:

```
module   模块名(端口 1,端口 2,端口 3,端口 4,…,端口 n);
    端口类型描述
    模块功能描述
endmodule
```

模块端口的描述也可以放在模块名后括号里的端口声明语句里,如例 3-1 可以写成:

【例 3-2】

```
module   H_ADDER(input A,input B,output SO,output CO);
    assign SO=A^B;
    assign CO=A&B;
endmodule
```

5. 位逻辑运算符

例 3-2 中的"&"和"^"是 Verilog 中的位逻辑运算符,分别表示按位逻辑与和逻辑异或运算。按位逻辑运算符有以下 5 种:

(1)按位取反:～。

(2)按位与:&。

(3)按位或:|。

(4)按位异或：^。

(5)按位同或：^～或～^。

按位运算时，原来的操作数有几位，结果就有几位。若两个操作数位数不同，则位数短的操作数左端会自动补 0 后再进行位运算。

6. 连续赋值语句

例 3-2 中的"assign SO＝A^B"是连续赋值语句，可以理解为在电路运行状态下，端口 A 和 B 按位异或运算一直连续赋值给 SO，相当于把 SO 与 A^B 用导线连接起来。连续赋值语句的格式为：

assign　目标变量＝表达式

其中 assign 是关键字，该语句的作用是把"＝"右边表达式的值赋给左边的目标变量。用 assign 构造的电路，如不考虑延时，目标变量的值始终与表达式的值相同，表达式的值发生变化时目标变量会随之变化。

注意：这种赋值一般是并行语句。也就是说，如果有几条 assign 语句对不同变量赋值时，其执行是同时进行的，而不是按照语句书写的先后顺序进行，如例 3-2中对 SO 与 CO 同时赋值。Verilog 是一种硬件描述语言，描述的结构应该有对应的电路结构，而 C 语言一般是针对一个微处理器编程。如例 3-1 中 CPLD/FPGA 用一个与门和异或门并行构造电路。

【例 3-3】

```
module   H_ADDER(input A,input B,output SO,output CO);
    assign SO＝A^B;
    assign CO＝A&B;
    assign SO＝A|B;
endmodule
```

例 3-3 的写法综合时会报错。因为赋值不是按语句的书写顺序进行的，而是同时并行赋值。同时对 SO 赋不同的值显然不合理，同时对同一变量赋相同的值也没有必要。

用有些软件仿真时，允许用 assign 对同一变量赋不同的值，变量的最终值由所赋值的强度等级决定，但这种用法仅在一些仿真软件中使用，Quartus 综合时会报错。

7. Verilog 代码的书写格式

每条语句结束时用"；"，一行可以写多条语句，但为了方便读懂代码或分析代码，一般一行写一条语句，而且要求语句尽量对齐，如例 3-2 中的 module 和 endmodule 对齐，几条 assign 语句对齐。由于 assign 语句是属于模块内部的语句，所以与 module 差一个制表符（Tab 键）的距离。

为了让读者养成良好的书写习惯，本书所有案例统一采用这种规范写法。

8. 文件取名存盘

Verilog 文件的扩展名为 . v,保存时一定要放在工程项目的目录下。文件命名尽量与文件中模块名一致,这样编译软件可根据文件名找到相应的模块。命名时还要注意大小写的区分。用 Quartus 软件建工程时,默认工程名就是顶层模块名。顶层模块相当于 C 语言的 main 函数,一个工程只能有一个,由用户自行命名。初学者设计的电路相对简单,一般只有一个模块,因此这个模块就是整个工程的顶层模块。

初学者在设计时尽量做到三个名称相统一,即工程名、顶层模块名与包含顶层模块的 Verilog 文件名统一,这样系统编译时很容易找到工程的顶层模块。

3.3　RTL 图

综合结束后,设计者若想查看电路的逻辑关系,可点击菜单"Tools→Netlist Viewers→RTL Viewer"。例 3-1 的寄存器传输级(RTL)图如图 3-11 所示。

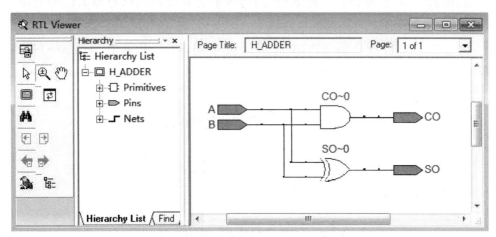

图 3-11　例 3-1 的 RTL 图

图 3-11 中的"Primitives"是原语的意思,是指不能被分割的单元,一般基本的逻辑门都是原语;"Pins"是引脚;"Nets"是连接节点。点击"Primitives""Pins"和"Nets"前的框中的"＋"后如图 3-12 所示。可以看出,例 3-1 中原语只有 Logics,其下面有 2 个基本单元;引脚下面 2 类,输入有 2 个,输出有 2 个;设计的节点有 4 个,其中 CO～0 和 SO～0 表示 2 个原语输出的节点。

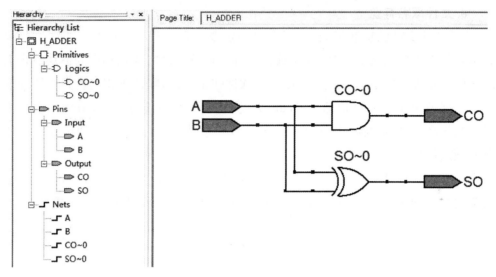

图 3-12　RTL 图的结构

注意:RTL 并不是项目综合后 CPLD/FPGA 内部电路结构图。寄存器是存储电路的最小单位(原语),因此 RTL 图可理解为软件调用已有原语模型对设计项目原理的图形描述。

要想查看项目综合后 FPGA 底层门级布局,可点击菜单"Tools→Netlist Viewers→Technology Map Viewer"。

3.4　项目实践练习

(1)练习例 3-1~例 3-3,从中学习 Verilog 的语法规则。

(2)查看例 3-1 的 RTL 图,理解其结构。

3.5　项目设计性作业

请参考半加法器的 Verilog 描述,自行描述一个 1 位的全加法。

3.6　项目知识要点

(1)关键字。

(2)标识符。

(3)模块定义、顶层模块。

(4)端口的声明。

(5)原语的概念。

(6)连续赋值语句。

(7)注释://或/＊…＊/。

(8)位逻辑运算符。

(9)RTL 图的查看。

3.7　项目拓展训练

(1)总结在 Quartus 软件中使用 Verilog 设计电路的方法。

(2)总结项目 3 中学到的 Verilog 语法知识。

(3)借助网络和图书资料了解什么是硬件描述语言,常用的硬件描述语言有哪些。

项目 4　数据选择器的 Verilog 设计

4.1　教学目的

(1)熟悉使用 Verilog HDL 输入设计文件的方法。

(2)学习 Verilog 语法知识。

(3)学习数据选择器的设计。

(4)学习使用 RTL 查看设计意图。

(5)熟悉使用实验设备验证设计结果的方法。

4.2　数据选择器的 Verilog 设计

数据选择器根据给定的输入地址代码,从一组输入信号中选出指定的一个送至输出端的组合逻辑电路。有时也把它叫作多路选择器或多路调制器。四选一数据选择器的原理示意图如图 4-1 所示,每一时刻只能把 D0、D1、D2、D3 四个输入中的一路(组)送到输出 Y 端,具体选择哪一路由 A0 和 A1 的输入值决定,其逻辑关系如表 4-1 所示。

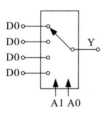

图 4-1　四选一数据选择器的原理示意图

表 4-1　四选一数据选择器的功能表

控制引脚		选择的输出
A1	A0	Y
0	0	D0
0	1	D1
1	0	D2
1	1	D3

一、用条件表达式来描述

(一)四选一数据选择器的 Verilog 描述

【例 4-1】　使用条件表达式设计四选一数据选择器。

```verilog
module MULT41A(D0,D1,D2,D3,A1,A0,Y);
    input  D0,D1,D2,D3,A1,A0;
    output Y;
    wire SA,SB;
    assign SA=A0? D1:D0;
    assign SB=A0? D3:D2;
    assign Y=A1? SB:SA;
endmodule
```

例 4-1 综合后 RTL 图如图 4-2 所示,用了 3 个二选一的数据选择器来实现,把 4 路数据输入分为 2 组,每组选择一路送出,然后再从送出的 2 路中选择一路送出。

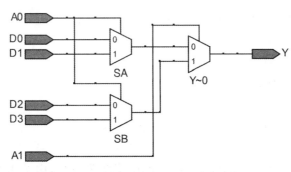

图 4-2　例 4-1 综合后的 RTL 图

(二)例 4-1 用到的 Verilog 语法知识

1. wire 关键字

语句"wire SA,SB"用于定义 2 个一位的连线型变量 SA 和 SB。wire 关键字在 Verilog 中用来定义电路中连线型变量(也叫网线型变量)。wire 型变量的值可能随时发生变化,不受时钟信号的限制。普通的逻辑门如与门、或门、非门的输出端都是连线型变量。

模块的输入、输出端口类型都默认为 wire 型,若未定义直接使用的变量综合时不报错也默认为 wire 型。

wire 类型的变量有 2 种赋值方式:

(1)在定义变量的同时赋值用"=",这时可省略 assign 关键字,如:

wire　DT=A&B;　　//定义一个 wire 类型的变量 DT,并把 A&B 赋给 DT

例 4-1 的描述可以改写为:

【例 4 2】

```
module MULT41B(D0,D1,D2,D3,A1,A0,Y);
        input   D0,D1,D2,D3,A1,A0;
        output Y;
        wire SA＝A0? D1:D0;
        wire SB＝A0? D3:D2;
        wire Y＝A1? SB:SA;
endmodule
```

(2)先用 wire 定义,然后用 assign 语句赋值,如例 4-1。

2. 条件表达式

上例赋值语句中用到了条件表达式,条件表达式的格式为:

条件? 表达式 1:表达式 2

当条件成立时,选择表达 1,否则选择表达 2。当条件为表达式时,可以加上括号。如上例中语句"assign SA＝A0? D1:D0"的含义就是根据 A0 的值来选择 D1 或 D0 并将其赋给 SA,即 A0 为真时将 D1 赋给 SA,否则将 D0 赋给 SA。条件表达式可以嵌套,如上例四选一数据选择器可以改为:

【例 4-3】

```
module MULT41C(D0,D1,D2,D3,A1,A0,Y);
        input   D0,D1,D2,D3,A1,A0;
        output Y;
        assign Y＝A1? (A0? D3:D2):(A0? D1:D0);
endmodule
```

综合以后的 RTL 图如图 4-3 所示,图中粗线为总线,由 2 条以上连线组成。

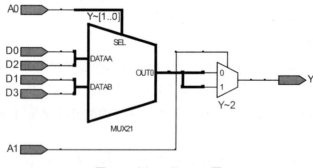

图 4-3 例 4-3 的 RTL 图

二、用等式操作符和逻辑操作符来描述

(一)四选一数据选择器的 Verilog 描述

【**例 4-4**】　使用等式操作符设计四选一数据选择器。

```
module MULT41D(D0,D1,D2,D3,A1,A0,Y);
        input  D0,D1,D2,D3,A1,A0;
        output Y;
        wire  [1:0]  SEL;
        wire DS0,DS1,DS2,DS3;
        assign SEL={A1,A0};
        assign DS0=(SEL==2'D0);
        assign DS1=(SEL==2'D1);
        assign DS2=(SEL==2'D2);
        assign DS3=(SEL==2'D3);
        assign Y=(D0&DS0)|(D1&DS1)|(D2&DS2)|(D3&DS3);
endmodule
```

例 4-4 综合后 RTL 图如图 4-4 所示。

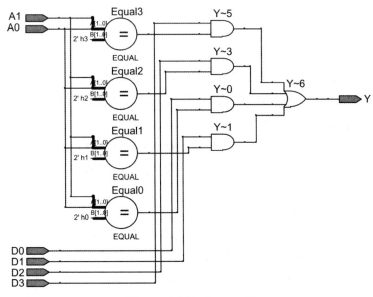

图 4-4　例 4-4 的 RTL 图

从图 4-4 中可以看出,用 4 个等式来判断 A1 和 A0 的输入值,用等式的输出值去控制后面的 4 个与门,每个与门接一路输入数据,4 个与门的输出端通过或门接到模块的输出端 Y。此 RTL 图反映的正是例 4-4 描述的思路。

(二)例 4-4 用到的 Verilog 语法知识

1. 并位操作符"{ }"

并位操作可以将多个信号按二进制位拼接起来作为一个信号使用,如上例中语句"assign SEL＝{A1,A0}"就是将 2 个 1 位信号 A1 与 A0 按顺序拼接起来作为一个 2 位的信号赋给 SEL,这样 SEL 可能值有 00、01、10、11。

并位操作符也可嵌套使用,如:

{A1,A0,{3{A3,A2}}}   //等价于{A1,A0,A3,A2,A3,A2,A3,A2}

2. Verilog 中整数的表达方法

例 4-4 中的 $2'D0$、$2'D1$、$2'D2$ 和 $2'D3$ 是 Verilog 中整数的表达,整数表达方式如下:

$+/-<$位宽$>'<$进制$><$数字$>$

整数的正负用"$+/-$"来表示,正数前面的"$+$"可以不写。位宽是指这个整数需要用电路中的多少位来表示。进制是表示后面的数字用的进制,有 4 种表示形式:二进制用 b 或 B,十进制用 d 或 D 或缺省,十六进制用 h 或 H,八进制用 o 或 O。

8'b11000101   //位宽为 8 的二进制数 11000101

8'hd5   //位宽为 8 的十六进制数 d5

5'O27   //位宽为 5 的八进制数 27

4'D2   //位宽为 4 的十进制数 2

$-8'd5$ //位宽为 8 的十进制数-5(用补码表示)

在 Verilog 中,x(X)代表不定值,z(Z)代表高阻值。一个 x 可以用来定义十六进制数的 4 位二进制数的状态,八进制数的 3 位,二进制数的 1 位。z 的表示方式同 x 类似。z 还可以写作"?"。

4'b10x0   //位宽为 4 的二进制数,从低位数起第 2 位为不定值

4'b101z   //位宽为 4 的二进制数,从低位数起第 1 位为高阻值

12'dz   //位宽为 12 的十进制数,其值为高阻值

12'd?   //位宽为 12 的十进制数,其值为高阻值

8'h4x   //位宽为 8 的十六进制数,其低四位值为不定值

可以用下划线来分隔数,以提高可读性。

16'b1010_1011_1111_1010   //16 位二进制数 1010101111111010

4'B1x_01   //4 位二进制数 1x01

在位宽和"$'$"之间,以及进制和数值之间允许出现空格,但"$'$"和进制之间,数值间是不允许出现空格的。

8'h 2A   //位宽为 8 的十六进制数 2A

8' h2A   //不合法的表达

8' h2 A   //不合法的表达

8'b_0011_1010   //不合法的表达,b 后不应该有"_"

3. 等式操作符"=="

例 4-4 中"=="是等式操作符。若等式成立,则结果为 1;若等式不成立,则结果为 0。

assign DS0＝(SEL＝＝2′D0);//如 SEL 等于位宽为 2 的十进制数 0,给 DS0 赋 1,否则赋 0。

assign DS1＝(SEL＝＝2′D1);//如 SEL 等于位宽为 2 的十进制数 1,给 DS1 赋 1,否则赋 0。

assign DS2＝(SEL＝＝2′D2);//如 SEL 等于位宽为 2 的十进制数 2,给 DS2 赋 1,否则赋 0。

assign DS3＝(SEL＝＝2′D3);//如 SEL 等于位宽为 2 的十进制数 3,给 DS3 赋 1,否则赋 0。

Verilog HDL 语言中存在四种等式运算符:

==(等于)　　　　　! =(不等于)

===(全等于)　　　　! ==(不全等于)

用"=="和"! ="比较时,如果两个数的位数不同,则自动将较少位数的高位补 0 对齐后再比较,其结果由两个操作数的值决定。而用"==="和"! =="对操作数进行比较时,对某些位的不定值 x 和高阻值 z 也进行比较,还对位宽进行比较。只有两个操作数完全一致,才认为全等于。

4.3　项目实践练习

建立 4 个工程,分别输入例 4-1～例 4-4 的代码进行综合,并调用 RTL 图观看。选择一个工程进行功能仿真验证和下载验证。

按照图 4-5 所示波形图建立仿真波形文件,D0、D1、D2 和 D3 为 4 个数据输入端,A0 与 A1 为输入选择控制端,Y 为选择输出端。为区分出 Y 选中的输入端,建立波形图时要求 D0、D1、D2 和 D3 的波形明显不同,可以用时钟或计数工具设置。

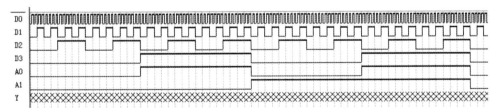

图 4-5　四选一数据选择器的仿真输入波形图

仿真结果如图 4-6 所示,从图中可以看出当 A1A0 为 00 时,Y 的波形与 D0 的波形一样,此时选择 D0 作为输出;当 A1A0 为 01 时,Y 的波形与 D1 的波形一样,此时选择 D1 作为输出;当 A1A0 为 10 时,Y 的波形与 D2 的波形一样,此时选择 D2 作为输出;当 A1A0 为 11 时,Y 的波形与 D3 的波形一样,此时选择 D3 作为输出。

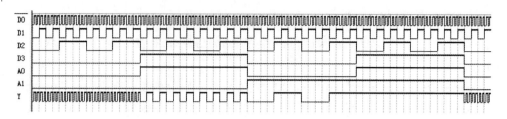

图 4-6　四选一数据选择器的功能仿真结果

4.4　项目设计性作业

请参考项目 4 中的案例,自行设计一个八选一的数据选择器下载验证。

4.5　项目知识要点

(1)wire 关键字。

(2)条件表达式。

(3)并位操作符。

(4)整数的表达方法。

(5)等式操作符。

4.6　项目拓展训练

(1)总结项目 4 中学习的 Verilog 语法。

(2)设计一个四选一数据选择器,要求四路输入的位宽均为 4 位,要求有仿真结果。

项目 5 过程语句的学习与使用

5.1 教学目的

(1)学习过程语句。

(2)学习 case 语句。

(3)学习 if 语句。

5.2 过程语句

电路结构有并行结构,也有串行结构。串行结构有顺序要求,描述串行电路结构时需要使用顺序语句。Verilog 中有两类能引导顺序语句的过程语句,一类叫 always 语句块,另一类叫 initial 语句块。always 和 initial 仅起引导作用,真正描述串行电路结构的是语句块中的其他相关语句。always 语句引导的过程可被综合,而 initial 语句引导的过程只执行一次,一般不被综合。可综合是指可通过综合工具把它们的功能描述全部转换为最基本的逻辑单元描述,可以通过 PLD 上的硬件来实现。initial 语句引导的过程一般用于测试系统时初始化,对系统开发具有辅助作用。

always 过程语句块结构如下:

always @(敏感信号及敏感信号列表或表达式)

　　描述电路结构的顺序语句块

过程语句首先需用关键字 always 引导,其右侧括号中所列的信号或表达式都属于敏感信号。过程的敏感信号是能引导这种过程描述的电路状态发生变化的触发信号,如过程电路的时钟与输入信号。对于组合逻辑电路过程而言,敏感信号对应过程模块的输入信号,因此可以不列,写成"always @(*)"或"always @ * "即可。对于构成时序逻辑电路的过程而言,敏感信号有严格的要求,一般对应时钟信号或异步控制信号。

一、利用过程描述四选一数据选择器(case 语句)

(一)在过程中用 case 语句描述四选一数据选择器

【例 5-1】 使用 case 语句设计四选一数据选择器。

```
module MULT41E(D0,D1,D2,D3,A,Y);
    input    D0,D1,D2,D3;
    input[1:0]  A;
    output Y;
    reg Y;
    always  @(D0 or D1 or D2 or D3 or A)
        begin:MULT
            case (A)
                2'b00:Y<=D0;
                2'b01:Y<=D1;
                2'b10:Y<=D2;
                2'b11:Y<=D3;
                default:Y<=D0;
            endcase
        end
endmodule
```

例 5-1 功能仿真结果如图 5-1 所示。

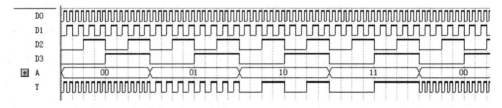

图 5-1　例 5-1 的功能仿真结果

(二)例 5-1 中用到的 Verilog 语法规则

1. reg 关键字

用 reg 关键字定义寄存器类型的变量, reg 类型数据的缺省初始值为不定值 x, 如例 5-1 中"reg Y"定义端口 Y 为寄存器类型端口, 模块的端口默认为 wire 类型, 在这里对 Y 端口类型重新定义。

在 always 语句块内被赋值的每一个信号都必须定义成 reg 型, 否则编译报错。这一要求可以从电路的结构去理解, 因为过程描述的电路需要敏感信号去触发, 未触发时电路需要保持原来的状态不变, 故要定义成寄存器类型。

下面给出几个用 reg 定义的数据:

```
reg  REG_R1;              //定义了 1 个 1 位的 reg 型变量
reg [2:0]  REG_R2;        //定义了 1 个 3 位的 reg 型变量
reg [4:1]  REG_R3,REG_R4; //定义了 2 个 4 位的 reg 型变量
```

2. begin... end 语句

对于用 always 引导的过程, 如过程中的语句不止一条, 必须要用块语句。块

语句有两种:一种是 begin...end 语句,通常用来标识顺序执行的语句,可被综合;另一种是 fork...join 语句,通常用来标识并行执行的语句,不能被综合,可用于仿真验证。

begin...end 语句用于定义语句块,语句块通常用来将多条语句组合在一起,使其在格式上更像一条语句。顺序块的格式如下:

begin[:块名]
　　　语句 1;
　　　语句 2;
　　　……
　　　语句 n;
end

其中"块名"是可选项,块名用于注释,不被综合。

3. 过程及过程敏感信号

过程整体与过程外的结构是并行的,过程中描述的电路信号或过程的输出端口用寄存器保存,过程的敏感信号发生变化会引起过程信号的变化。在这里要强调的是,过程对应电路结构是客观存在的电路结构。也就是说,过程一直在执行,并不是只在过程敏感信号变化时执行。敏感信号的改变会引起过程电路状态的更新。Verilog 中的过程与普通编程语言的函数是完全不同的概念。

过程敏感信号的变化是指敏感信号的状态发生改变,如过程敏感信号中有一个信号的状态由"1"变为"0",则整个过程的状态就会更新。对于组合逻辑电路,各个敏感信号可用关键字 or 连接,参见例 5-1,也可以用逗号区分,如例 5-1 中的敏感信号可以改为:

always　@(D0,D1,D2,D3,A)

4. 过程中的赋值语句

例 5-1 中的"<="是过程中用的赋值语句,称为非阻塞赋值语句。另外,"="也可用于对变量赋值,称为阻塞赋值语句。阻塞赋值语句和非阻塞赋值语句都是过程中的赋值语句,过程中的语句是按照语句的书写顺序来执行的。

(1)非阻塞赋值方式"<="。

当前赋值语句的执行不会阻塞下一语句的执行,块内的赋值语句按书写顺序赋值。如下例中先对 CO 赋 A^B 值,不等赋值结束,接着对 CO 赋 A&B 值,再对 CO 赋 A|B 值。这 3 条赋值语句按照书写顺序执行,但由于电路的执行需要时间,因此 CO 的值由 3 条语句结束的时间决定,赋值语句结束最晚的语句决定 CO 的值。

```
always @( * )
  begin
    CO <= A^B;
    CO <= A&B;
    CO <= A|B;
  end
```

（2）阻塞赋值方式"＝"。

当前赋值语句的执行会阻塞下一语句的执行，只有当前赋值结束才能执行后面的语句，块内的赋值语句按书写顺序赋值。如下例中先对 CO 赋 A^B 值，要等赋值结束才能接着对 CO 重新赋 A&B 值，再接着等赋值结束才能重新对 CO 赋 A|B 值，因此 CO 先后经历 3 个值，块结束时 CO 的值为 A|B。

```
always @( * )
  begin
    CO=A^B;
    CO=A&B;
    CO=A|B;
  end
```

通过以上分析，从用户的角度去看，非阻塞赋值可以视为过程中的"并行"执行语句。但是，这种"并行"并不是真正的并行，因为过程中语句的执行是有先后顺序的。阻塞赋值语句可以视为过程中的串行执行语句。

根据以上知识分析下面例 5-2 的 RTL 图。

【例 5-2】

```
module   SY5_2(A,B,CO,DO,EO);
    input A,B;
    output CO,DO,EO;
    reg CO,DO,EO;
    always @( * )
      begin
        CO=A^B;
        DO <=CO;
        EO=DO;
        CO <= A|B;
      end
endmodule
```

例 5-2 综合后的 RTL 图如图 5-2 所示。

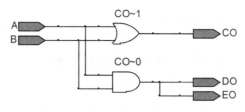

图 5-2　例 5-2 综合后的 RTL 图

5. case 语句

case 语句是一种多分支选择语句,它的一般形式如下:

case(表达式)

取值 1:begin　语句 1;语句 2;…;语句 n;end

取值 2:begin　语句 1;语句 2;…;语句 m;end

…

取值 i:begin　语句 1;语句 2;…;语句 h;end

default:begin　语句 1;语句 2;…;语句 p;end

endcase

注意:上述不同块中语句 1、2 等可以是不同的语句,这里的 1、2 是每个块中语句的编号,每个块可以有不同数量的语句。

case 后括号内的"表达式"称为"控制表达式"。当控制表达式的值与分支取值相等时,就执行相应分支后面的块语句。如果所有的分支取值都没有与控制表达式的值相匹配,就执行 default 后面的语句。default 项可有可无,一个 case 语句里只准有一个 default 项。

使用 case 语句时应该注意:

(1)控制表达式的取值必须在 case 列出的取值范围内,且数据类型必须匹配。

(2)case 语句各分支取值未必是并列互斥关系。允许出现多个分支取值同时满足 case 的控制表达式的情况,这种情况下将执行最先满足表达式的分支项,然后跳出 case 语句,不再检测其余分支项目。

(3)尽管 default 项可有可无,但建议加上 default 语句,以免综合时出现意想不到的结果。

多分支除 case 以外,还有 casez 和 casex 语句,它们与 case 的格式相同。不过,用 casez 时如果分支表达式某些位的值为高阻 z,那么对这些位的比较就会被忽略,不予考虑,而只关注其他位的比较结果。在 casex 语句中,这种处理方式进一步扩展到对 x 的处理,即如果比较双方有一方的某些位的值是 z 或 x,那么这些位的比较就不予考虑,所以可以认为 case 只有全等时才认为条件成立。

二、利用过程描述四选一数据选择器（if 语句）

(一)在过程中用 if 语句描述四选一数据选择器

【例 5-3】 使用 if 语句设计四选一数据选择器。

```
module   MULT41F   (D0,D1,D2,D3,A,Y);
     input    D0,D1,D2,D3;
     input[1:0]   A;
     output Y;
     reg Y;
     always   @   *
       begin
         if(A==0)          Y=D0;
         else   if(A==1)    Y=D1;
         else   if(A==2)    Y=D2;
         else               Y=D3;
       end
endmodule
```

例 5-3 综合后 RTL 图如图 5-3 所示，可以看出其由 3 个二选一数据选择器和 3 个等式判断式组成。

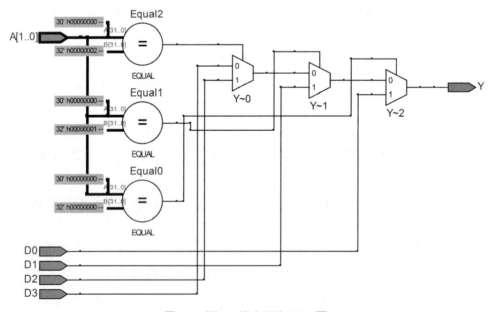

图 5-3　例 5-3 综合后的 RTL 图

(二)例 5-3 中用到的 Verilog HDL 语法规则

1. if 语句

if...else 语句属于顺序语句，用在 always 引导的过程内。

if...else 语句的使用方法有 3 种,格式如下所示:

(1)if(表达式)　begin　语句 1;语句 2;…;语句 n;　end;

(2)if(表达式)　begin　语句 1;语句 2;…;语句 n;　end;

　　else　begin　语句 1;语句 2;…;语句 n;　end;

(3)if(表达式 1)　begin　语句 1;语句 2;…;语句 n;　end;

　　else if(表达式 2)　begin　语句 1;语句 2;…;语句 n;　end;

　　else if(表达式 3)　begin　语句 1;语句 2;…;语句 n;　end;

　　……

　　else if(表达式 n)　begin　语句 1;语句 2;…;语句 n;　end;

　　else　begin　语句 1;语句 2;…;语句 n;　end;

系统对表达式的值进行判断:若为 0、x、z,按"假"处理;若为 1,按"真"处理。执行指定的语句,若表达式均为假,则执行 else 后面的语句。要注意的是,表达式外一定要加上括号。

if 语句可以嵌套。在 if 语句中包含一个或多个 if 语句,称为 if 语句的嵌套。一般形式如下:

```
if(expression1)
    if(expression2)   语句 1
    else   语句 2
else
    if(expression3)   语句 3
    else   语句 4
```

应当注意 if 与 else 的配对关系,else 总是与前面最近的 if 配对。如果 if 与 else 的数目不一样,为了实现程序设计者的企图,可以用 begin_end 块语句来确定配对关系。

例如:

```
if()
    begin
    if(  )   语句 1
    end
else
    语句 2
```

这时 begin_end 块语句限定了内嵌 if 语句的范围,因此 else 与第一个 if 配对。

2. 不同宽度数据的匹配

例 5-3 中的 A 定义是 2 位宽度,而 0、1、2 属于整数,没指定宽度,系统默认为 32 位,位宽不匹配,但在例 5-3 中用"＝＝"来比较,因此只比较最低 2 位。

5.3　项目实践练习

建立 3 个工程，分别输入例 5-1～例 5-3 的代码进行综合，并查看 RTL 图。从例 5-1 和例 5-3 中选择一个工程进行功能仿真验证和下载验证。

5.4　项目设计性作业

请分别利用 case 语句和 if 语句设计一个 2 线－4 线译码器。

5.5　项目知识要点

(1)关键字：reg。

(2)语句块：begin…end。

(3)过程：always @。

(4)过程的敏感信号。

(5)过程中的阻塞赋值语句：＝。

(6)过程中的非阻塞赋值语句：＜＝。

(7)case 语句。

(8)if 语句。

(9)整数的表示方法。

5.6　项目拓展训练

(1)reg 型和 wire 型变量的差别是什么？分别用于什么类型的语句中？

(2)阻塞和非阻塞赋值有什么不同？

(3)使用 case 或 if 语句设计一个 3 线－8 线译码器，要求有仿真结果。

项目 6　加法器的设计

6.1　教学目的

(1)学习原语库元件的调用。
(2)学习组合逻辑电路自定义原语。
(3)学习例化调用。
(4)学习端口关联的方法。

6.2　调用原语设计加法器

一、调用原语库元件设计半加器

FPGA 集成开发环境中提供的底层不能再分割的基本逻辑单元称为原语(primitive)。原语跟 FPGA 芯片以及芯片厂商提供的开发环境紧密相关,不同厂家、不同类型 FPGA 器件原语的种类和数量也可能有所不同。Verilog 中预先定义了 26 个基本原语(basic primitive),对应 26 个关键字,包括 14 个门级元件和 12 个开关级元件。这些基本原语也被称为内置原语,可直接调用以实现不同类型的简单逻辑。and、nand、or、nor、xor、xnor 等门大多有一个或多个 1 位的输入端口,但只有一个 1 位的输出口,且默认输出口的排列位置在最左侧。以或门为例,2 输入或门是 or(out,in1,in2),3 输入或门是 or(out,in1,in2,in3)。

Verilog 中预先定义的门级元件可分为三类,即多输入门、多输出门和三态门。最常用的有 12 个,其中多输入门 6 个,包括与门 and、与非门 nand、或门 or、或非门 nor、异或门 xor、同或门 xnor;多输出门 2 个,包括缓冲门 buf、非门 not;三态门 4 个,包括高电平使能三态门 bufifl、低电平使能三态门 buff、低电平使能三态非门 notifo、高电平使能三态非门 notifl。

1. 内置原语使用实例

【例 6-1】　调用内置原语设计一位半加器。

```
module  H_ADDER(A,B,SO,CO);
    input A,B;
    output  SO,CO;
    xor  U1(SO,A,B);
```

```
    and    U2(CO,A,B);
endmodule
```

例 6-1 综合成一个与门与异或门，其 RTL 图如图 6-1 所示。

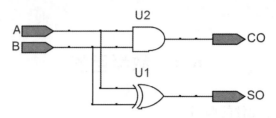

图 6-1　例 6-1 综合后的 RTL 图

2. 内置原语的语法规则

内置原语的调用：xor 和 and 为内置原语名，也是关键字，必须小写。

语句"xor U1(SO,A,B)"是调用原语 xor 生成异或门 U1；同样，语句"and U2(CO,A,B)"是调用原语 and 生成与门 U2。U1 与 U2 是调用原语生成的元件名，也可以不写，如可将例 6-1 改为：

【例 6-2】

```
module    H_ADDER(A,B,SO,CO);
    input A,B;
    output    SO,CO;
    xor    (SO,A,B);
    and    (CO,A,B);
endmodule
```

综合以后 RTL 图如图 6-2 所示，与图 6-1 对比可知系统自动给调用原语生成元件名。

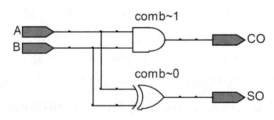

图 6-2　例 6-2 综合后的 RTL 图

二、自定义原语

用户也可自己定义原语，即用户定义原语(UDP)。自定义原语一般的格式如下：

```
primitive 自定义原语名(输出端口,输入端口 1,输入端口 2,…);
    input    输入端口 1,输入端口 2,…;
    output    输出端口名;
```

```
reg    输出端口
table
    真值列表
endtable
```
endprimitive

1. 应用实例

【例 6-3】　用自定义原语设计一个四选一数据选择器。

(1)建立一工程,命名为"MUX41_UDP",输入"MUX41_UDP. v",保存并添加到工程中。这里"MUX41_UDP. v"是项目主模块文件,主模块名为"MUX41_UDP"。

```
//MUX41_UDP. v
module   MUX41_UDP(D,S,Y);
    input  [3:0]   D;
    input  [1:0]   S;
    output Y;
    UDP_MUX41   (Y,D[3],D[2],D[1],D[0],S[1],S[0]);
endmodule
```

(2)建立一 Verilog 文件,输入"UDP_MUX41_UDP. v"并保存。

```
//UDP_MUX41. v
primitive   UDP_MUX41(Y,D3,D2,D1,D0,S1,S0);
    input   D3,D2,D1,D0,S1,S0;
    output   Y;
    table //D3,D2,D1,DO,S1,S0:Y
        ?   ?   ?   1   0   0   :1;
        ?   ?   ?   0   0   0   :0;
        ?   ?   1   ?   0   1   :1;
        ?   ?   0   ?   0   1   :0;
        ?   1   ?   ?   1   0   :1;
        ?   0   ?   ?   1   0   :0;
        1   ?   ?   ?   1   1   :1;
        0   ?   ?   ?   1   1   :0;
    endtable
endprimitive
```

上面的字符"?"代表不必关心相应变量的具体值,可以是 0,1 或 x。注意:用真值表定义时不能出现高阻 $Z(z)$ 值。

保存该文件时一定要以"primitive"后面的自定义原语名"UDP_MUX41"命名并将该文件保存在当前工程目录下,如图 6-3 所示。该文件可以添加到当前工程中,也可以不用添加。

图 6-3　用户自定义原语的保存

（3）编译综合项目。

编译综合生成的 RTL 图如图 6-4 所示。

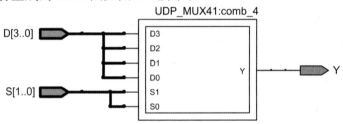

图 6-4　例 6-3 综合后的 RTL 图

（4）仿真验证。

按照四选一数据选择器的功能建立仿真波形，使用功能仿真验证设计结果，仿真结果如图 6-5 所示。

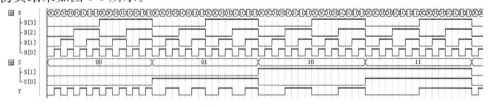

图 6-5　例 6-3 功能仿真结果

2. 例 6-3 中用到的语法规则

UDP 的定义方法：一般用真值表来定义，table 与 endtable 是真值表的关键字。定义原语时要注意以下几点：

（1）UDP 的输出端口只能有一个，且必须位于端口列表的第一项。只有输出端口能被定义为 reg 类型。

（2）UDP 的输入端口可有多个，一般时序逻辑电路 UDP 的输入端口可多至 9

个,组合逻辑电路 UDP 的输入端口可多至 10 个。

(3)一定要注意端口的声明顺序,也就是括号内的端口顺序,要求第一个必须是输出端口,其余是输入端口,端口的声明顺序要与真值表中的顺序一致,例 6-3 中 table//后的内容只是注释。

(4)所有的端口变量必须是 1 位标量。

(5)在 table 表项中,只能出现 0、1、x 三种状态,不能出现 z 状态。

UDP 的调用方法:将定义好的原语放在当前工程目录下,具体调用方法与内置原语一样。

6.3　例化调用设计加法器

一、例化调用

1. 问题的提出

设计 1 位全加器可采用图 6-6 所示方法,即用 2 个半加器累加求和,其总进位是 2 个半加器进位或的关系。那么,如何调用现有的已经设计好的半加器来构建全加器呢?

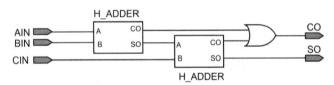

图 6-6　全加器例化调用的设计方法

2. 应用实例

【例 6-4】

```
//F_ADDER. v
module F_ADDER(AIN,BIN,CIN,COUT,SUM);
    output COUT,SUM;
    input   AIN,BIN,CIN;
    wire NET1,NET2,NET3;
    H_ADDER   U1(AIN,BIN,NET1,NET2);
    H_ADDER   U2(. A(NET1),. SO(SUM),. B(CIN),. CO(NET3));
    or   U3(COUT,NET2,NET3);

endmodule
```

(1)建立一工程,输入"F_ADDER. v",保存并添加到工程中。注意工程名、顶层模块名、包括顶层模块的 Verilog 文件名的统一。例 6-4 中的顶层模块名为"F_ADDER"。

（2）拷贝例 3-1 工程目录下"H_ADDER. v"文件到例 6-4 的工程目录下,或在当前工程重建一 Verilog 文件,输入一个半加法器的 Verilog 描述,要求模块名和文件名均为"H_ADDER",并保存在当前工程目录下。

（3）编译综合。

编译综合后查看 RTL 图,结果如图 6-7 所示,与图 6-6 的结构相同。

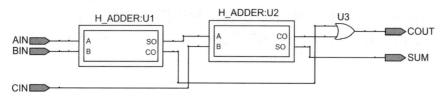

图 6-7　例 6-4 综合后的 RTL 图

（4）仿真验证。

建立仿真用的波形文件并进行仿真验证,仿真验证结果如图 6-8 所示。

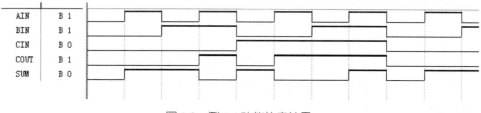

图 6-8　例 6-4 功能仿真结果

二、例 6-4 中用到的语法规则

例化调用:在一个模块中引用另一个模块。

例化调用为系统设计带来方便,但调用时端口关联必须遵循一定的规则。

1. 位置关联法

例 6-4 中语句"H_ADDER　U1（AIN,BIN,NET1,NET2)"采用的就是位置关联法。例 3-1(图 6-9)调用时端口关联关系为:AIN→A;BIN→B;NET1→SO;NET2→CO。这种端口的关联关系与原语调用一样,对位置有严格要求,只不过原语中第一个必须是输出端口。

```
1  module  H_ADDER (A,B,SO,CO);
2      input A,B;
3      output SO,CO;
4      assign SO=A^B;
5      assign CO=A&B;
6  endmodule
```

图 6-9　例 3-1 的 Verilog 代码

2. 端口名关联法

例 6-4 中语句"H_ADDER　U2（. A（NET1）,. SO（SUM）,. B（CIN）,. CO（NET3))"采用的就是端口名关联法。即将调用时使用的端口与被调用模块的端口按名称一一对应起来,被调用模块端口名前加".",括号中为调用时对应的端口名。端口名关联法的端口顺序可以与被调用模块声明的端口排列顺序不同,保证端口一一匹配即可。

从以上两种关联法可以看出,位置关联法调用时端口的位置一定要放置正确,否则调用后会得到错误的结果。原语的调用均采用位置关联法,而且约定第一个位置必须是输出端口,如例 6-4 中语句"or U3(COUT,NET2,NET3)"就是调用内置原语 or 生成或门 U3,U3 的输入端口为 NET2 和 NET3,输出端口为 COUT。

6.4 项目实践练习

建立 3 个工程,分别输入例 6-1~例 6-3 的代码进行综合,并查看 RTL 图,仿真验证其功能。

6.5 项目设计性作业

使用 UDP 的方法设计 1 位全加器。
设计难点:全加器有 2 个输出,而 UDP 只能定义 1 个输出。

6.6 项目知识要点

(1)内置原语。
(2)UDP。
(3)关键字:primitive…endprimitive。
(4)关键字:table…endtable。
(5)例化调用。
(6)位置关联法。
(7)端口名关联法。

6.7 项目拓展训练

例化调用 2 个四选一数据选择器和 1 个二选一数据选择器,设计 1 个八选一数据选择器,要求有仿真结果。

项目 7　硬件乘法器的设计

7.1　教学目的

(1)学习关键字 parameter 的使用方法。

(2)学习 for 语句。

(3)学习移位操作符的使用方法。

(4)学习算术运算符的使用方法。

(5)学习 repeat 语句。

(6)学习 while 语句。

(7)学习移位相加法设计乘法器。

7.2　乘法器的 Verilog 设计

乘法器是数字运算的重要单元,是完成高性能实时数据运算和处理的关键。针对 FPGA 的乘法器设计,可采用阵列法、查找表法、移位相加法、Booth 法等。移位相加法设计乘法器的思路如图 7-1 所示,图 7-1 左边是人工计算乘法的方法,右边是移位相加计算乘法的方法,即根据乘数位的顺序及该位上的值对被乘数移位。如乘数 B 的 0 位是 1,则对被乘数 A 左移 0 位作为一个加数;乘数 B 的 1 位是 0,则不考虑对乘数 A 移位和相加;乘数 B 的 2 位是 1,则对被乘数 A 向左移 2 位后右边用 0 补作为一个加数;同样,乘数 B 的 3 位是 1,则对被乘数 A 向左移 3 位后右位用 0 补作为一个加数。这样,3 个数相加就可得到 A 与 B 的乘积。

```
被乘数A    1011              被乘数A      1011
乘数B    × 1101              乘数B      × 1101
         ─────                         ─────
          1011                          1011
          0000         ──▶             00000
          1011                        101100
        + 1011                     + 1011000
       ─────────                   ──────────
        10001111                    10001111
```

图 7-1　移位相加法设计乘法器的思路

这种移位相加也可以这样来理解,如式(7-1)所示。

$A*B = 1011*1101 = 1011*(1000+100+1) = 1011*1000+1011*100+1011*1 = 1011*10^3+1011*10^2+1011*10^0$

$$\tag{7-1}$$

移位相加法设计乘法器时需要一个累加器,判断乘数的某一位是否为 1,若为 1,则把被乘数向左移某位后送累加器相加;否则,直接判断下一位。

一、设计实例一

【例 7-1】　移位相加法乘法器的 Verilog 描述一。

1. 代码

```verilog
module   MUL_4(MUL,A,B);
    output[8:1]   MUL;
    input[4:1]    A,B;
    reg[8:1]      MUL;
    integer       i;
    always @ *
      begin
          MUL=0;
          for(i=1;i<=4;i=i+1)
              if(B[i])   MUL=MUL+(A<<(i-1));
      end
endmodule
```

例 7-1 中 A 是 4 位被乘数,B 是 4 位乘数,MUL 存放是 8 位的乘积,也是累加值。例 7-1 中使用了循环语句,即 for 语句,因是 4 位乘法器,需循环 4 次,每循环一次 i 值加 1,用 i 来确定被乘数向左移的位数。"<<"是向左行移位的意思。

2. RTL 图的查看

例 7-1 综合后的 RTL 图如图 7-2 所示,其中包含 4 个多路选择器与 3 个加法器。调用菜单"Tools→Netlist Viewers→Technology Map Viewer",可查看图7-3所示 FPGA 内部电路连接图。

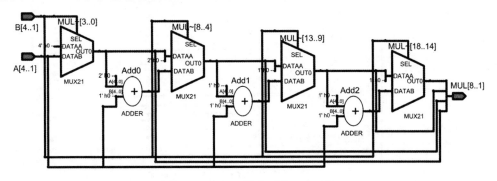

图 7-2　例 7-1 综合后的 RTL 图

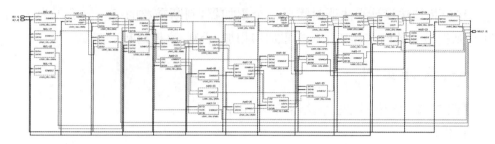

图 7-3　例 7-1 综合后的 FPGA 内部电路连接图

图 7-2 和图 7-3 显示明显不同:RTL 图是调用标准单元显示设计的原理,与 FPGA 类型没有关系;而综合后电路的实际结构需要调用菜单"Tools→Netlist Viewers→Technology Map Viewer"查看,也就是说此时看到的图已经映射到 FPGA 器件中,表现出在 FPGA 中的实际连线和资源利用情况,因此与具体的 FPGA 型号有关。

3. 仿真

例 7-1 的仿真结果如图 7-4 所示,图中的输入均选择用无符号的十进制显示。由于乘法输入的可能性很多,这里仅部分验证,即任意输入 A 和 B 的值,然后查看结果。输入 A 值与 B 值时可以在波形上选中一段并双击,这时会出现如图 7-5 所示对话框,其中"Radix"是进制选择,共有 7 种:ASCII(ASCII 码)、Binary(二进制)、Fractional(小数)、Hexadecimal(十六进制)、Octal(八进制)、Signed Decimal (带符号的十进制)和 Unsigned Decimal(不带符号的十进制)。

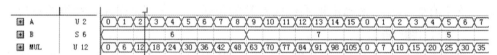

图 7-4　例 7-1 的功能仿真结果

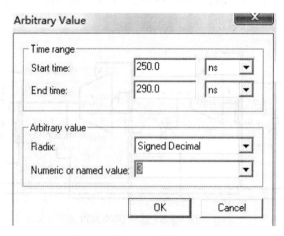

图 7-5　仿真波形数据的输入

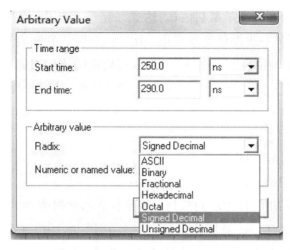

图 7-6　进制选择

二、例 7-1 中用到的语法知识

1. 关键字 integer

关键字 integer 可用于定义整数型寄存器变量。integer 类型与 reg 类型都属于寄存器类型。reg 可以选择位宽,但用 integer 定义时系统默认是 32 位宽,而且不允许对单个位访问。integer 可以表示有符号的整数,在算术运算中被视为二进制补码形式的有符号数。

例:

integer A,B　　　　//定义 A 和 B 为整数型寄存器变量

integer A[2:0]　　//定义了 A[2]、A[1]、A[0]三个整数型寄存器变量

integer 定义的是整数型寄存器变量,因此对变量的赋值要放在过程中,可以在过程中直接给变量赋整数,如例 7-1 定义 i 为整数型寄存器变量,在过程的 for 语句中对 i 赋整数 1。

2. for 语句

在 Verilog 中存在 4 种类型的循环语句,用来控制语句的执行次数。循环语句只能用在过程中,这 4 种语句分别为:

(1)forever:不断连续执行语句,多用在 initial 过程中,以生成时钟等周期性波形。

(2)repeat:连续执行语句 n 次。

(3)while:执行语句直到某个条件不满足。

(4)for:有条件的循环语句。

for 语句的一般形式为:

for(表达式 1;表达式 2;表达式 3)　语句或语句块

表达式 1 是给循环变量赋初值;表达式 2 是循环结束条件;表达式 3 用于循环变量变化,每循环一次循环变量变化一次。执行时先判断表达式 2 的值是否为真。如为假,则跳出循环语句;如为真,则执行后面的语句或语句块。执行完语句或语句块后执行表达式 3,然后再判断表达式 2 的值,就这样循环下去,直到表达式 2 为假。

例 7-1 中的语句

```
for(i=1;i<=4;i=i+1)
    if(B[i])  MUL=MUL+(A<<(i-1));
```

先给循环变量 i 赋初值 1,然后判断是 i 是否小于 4,此时表达式 2 成立,因此执行后面的 if 语句。由于 for 循环体中只有一条 if 语句,因此不用加 begin...end。循环一次后,i 自加 1,此时 i 为 2,表达式 2 仍为真,依然循环。这样循环 4 次后,i 为 5,表达式 2 为假,循环结束。

3. 关系运算符

关系运算符共有以下 4 种:

(1)<:小于。

(2)>:大于。

(3)<=:小于或等于。注意:写法与非阻塞过程赋值一样,但用在不同的地方。

(4)>=:大于或等于。

在进行关系运算时,如果关系成立,则返回值为 1;如果关系不成立,则返回值为 0;如果某个操作数的值不定,则关系是模糊的,返回值是不定值。所有的关系运算符有着相同的优先级别。

4. 算术操作符

例 7-1 中 for 语句中的表达式"i=i+1"中的"+"是算术加运算的操作符。在 Verilog HDL 语言中,算术运算符又称为二进制运算符,共有 5 种:

(1)+:加法运算符或正值运算符,如 i+1,3+5,+3。

(2)-:减法运算符或负值运算符,如 i-1,5-5,-3。

(3)*:乘法运算符,如 3*2,i*2。

(4)/:除法运算符。进行整数除法运算时,结果要略去小数部分,只取整数部分,如 5/3 的值为 1。

(5)%:模运算符或求余运算符。要求%两侧均为整型数据,按除法运算,但结果只是余数,如 5%3 的值为 2。

5. 移位操作符

Verilog HDL 中有 2 种无符号数的移位运算符,即"<<"(左移位运算符)和

“＞＞”（右移位运算符），其使用方法如下：

A＞＞n　或　A＜＜n

A 代表要进行移位的操作数，n 代表要移多少位。这 2 种移位运算都用 0 来填补移入的空位。

Verilog HDL 中还有 2 种有符号数的移位运算符，即“＜＜＜”（有符号数的左移位运算符）和“＞＞＞”（有符号数的右移位运算符），其使用方法如下：

A＞＞＞n　或　A＜＜＜n

对于有符号数的移位运算，左移与无符号数一样，移位时右边用 0 补，但右移时左边要用符号位补。

三、设计实例二

【例 7-2】　移位相加法乘法器的 verilog 描述二。

```
module  MUL_4B(MUL,A,B);
    parameter        S=4;
    output[2*S:1]    MUL;
    input[S:1]       A,B;
    reg[2*S:1]       AS,MUL;
    reg[S:1]         BS,CNT;
    always @ *
        begin
            MUL=0;
            AS={{S{1'B0}},A};
            BS=B;
            for(CNT=S;CNT>0;CNT=CNT-1)
                begin
                    if(BS[1])  MUL=MUL+AS;
                    AS=AS<<1;
                    BS=BS>>1;
                end
        end
endmodule
```

例 7-2 的设计思路是：先把被乘数的位宽扩展成原来的 2 倍并保存起来，即高位用 0 补，实现语句是“AS={{S{1'B0}},A}”。这里的 S 是 4，“1'B0”表示 1 位宽度的 0。用并位运算把被乘数扩展为 8 位，即 AS=0000A；把乘数用 BS 保存起来。循环最开始先判断 BS 的最低位，若最低位为 1，则加上 AS 的值，否则不加。这里用一条 if 语句来实现。if 语句结束后，把 AS 左移 1 位后再赋给 AS，BS 右移

1 位后再赋给 BS。循环次数由乘数的位宽决定。

Verilog HDL 中用关键字 parameter 来定义常量,即用 parameter 定义一个标识符代表一个常量(称为符号常量,即标识符形式的常量)。采用标识符代表一个常量可提高程序的可读性和可维护性。其格式如下:

    parameter　参数名 1＝表达式 1,参数名 2＝表达式 2,…,参数名 n＝表达式 n;

"＝"右边必须是一个常数表达式,也就是说,该表达式只能包含数字或已定义的参数。例:

    parameter　msb＝7;　　//定义参数 msb 为常量 7

    parameter　e＝25,f＝29;　　//定义 2 个常数参数

    parameter　byte_size＝8,byte_msb＝byte_size-1;　　//用常数表达式赋值

用关键字 parameter 来定义常量,很容易对代码的功能进行扩展或更改。如将例 7-2 的 4 位乘法器改为 8 位乘法器,只需定义常量 S 为 8。

四、设计实例三

【**例 7-3**】　移位相加法乘法器的 Verilog 描述三。

```
module   MUL_4C(MUL,A,B);
    parameter       S=4;
    output[2 * S:1]   MUL;
    input[S:1]      A,B;
    reg[2 * S:1]       AS,MUL;
    reg[S:1]        BS;
    always @ *
        begin
            MUL=0;
            AS={{(S{1'B0)}},A};
            BS=B;
            repeat(S)
                begin
                    if(BS[1])   MUL=MUL+AS;
                    AS=AS<<1;
                    BS=BS>>1;
                end
        end
endmodule
```

例 7-3 其实就是把例 7-2 的循环语句由 for 改 repeat。repeat 语句的使用格式为:

    repeat(循环次数表达式)　语句或语句块;

括号内为循环次数表达式,无条件循环一定次数(循环次数表达式的值)后结束。

用 repeat 语句构成循环时,循环的次数是预先确定的,如例 7-3 中的 S(4)次。

五、设计实例四

【例 7-4】　移位相加法乘法器的 Verilog 描述四。

```verilog
module   MUL_4D(MUL,A,B);
    parameter      S=4;
    output[2*S:1]  MUL;
    input[S:1]     A,B;
    reg[2*S:1]     AS,MUL;
    reg[S:1]       BS,CNT;
    always @ *
        begin
            MUL=0;
            AS={{S{1'B0}},A};
            BS=B;
            CNT=S;
            while(CNT>0)
                begin
                    if(BS[1])   MUL=MUL+AS;
                    else        MUL=MUL;
                    CNT=CNT-1;
                    AS=AS<<1;
                    BS=BS>>1;
                end
        end
endmodule
```

例 7-4 其实就是把例 7-2 的循环语句由 for 改 while。

while 语句的使用格式为:

while(循环控制条件表达式)　语句或语句块;

若括号中的循环控制条件表达式为真,则执行后语句或语句块,执行一次再判断循环控制条件表达式:若还为真,则按上述循环;若为假,则跳出循环,循环结束。

用 while 语句构成循环时,保存循环次数的变量在循环体外赋初值,循环体内改变变量的值。

7.3　parameter 参数传递功能

一、应用实例

使用 parameter 可以通过例化语句来传递参数，即在调用时改变原来的参数值。如对例 7-3 做如下修改（把 parameter 放在模块后定义，定义时带上括号并于括号前加符号"♯"）：

```
//MUL_4C.v 文件
module   MUL_4C  ♯(parameter  S=4)(MUL,A,B);
    output[2*S:1]    MUL;
    input[S:1]       A,B;
    reg[2*S:1]       AS,MUL;
    reg[S:1]         BS;
    always @ *
        begin
            MUL=0;
            AS={{S{1'B0}},A};
            BS=B;
            repeat(S)
                begin
                    if(BS[1])   MUL=MUL+AS;
                    AS=AS<<1;
                    BS=BS>>1;
                end
        end
endmodule
```

【例 7-5】　建立一项目，在项目中例化调用模块"MUL_4C"。"MUL_4C"是例化调用名，该项目的顶层模块名为"MUL_4E"。

```
//MUL_4E.v
module  MUL_4E  (MULP,AP,BP);
    output [15:0]  MULP;
    input [7:0]  AP,BP;
    MUL_4C  ♯(.S(8))  U1(.MUL(MULP),.A(AP),.B(BP));
endmodule
```

例 7-5 综合后的 RTL 图如图 7-7 所示。

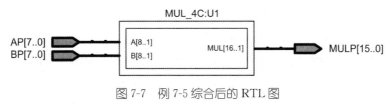

图 7-7　例 7-5 综合后的 RTL 图

二、参数传递方法

传递一个参数时可参考例 7-5 的方法。同时传递多个参数时,可按以下方式书写:

module MUL ♯(parameter s1＝4,parameter S2＝5,parameter S2＝2)(A,B,C);

参数之间用",",间隔,而且每个参数之前要加关键字 parameter。

例化调用时的格式为:

MUL ♯(. S1(16),. S2(9),. S3(7)) U1(. C(CP),. A(AP),. B(BP));

此处采用端口名关联法,当然也可以采用位置关联法,但调用时参数括号前面要加符号"♯"。

7.4　项目实践练习

(1)读懂例 7-1 的设计思路,建立一工程仿真验证,调出其 RTL 图并与用 Technology Map Viewer 调出的 FPGA 内部布局图进行对比。

(2)修改例 7-1 中语句"MUL＝0;"为"MUL <＝0;"并重新编译,看看会不会出现图 7-8 所示错误。

图 7-8　例 7-1 对 MUL 用不同赋值语句后赋值后的错误信息

这个错误提示在同一个过程中对同一个变量进行了阻塞和非阻塞过程赋值,即要求对同一变量在过程中赋值必须全部为阻塞或全部为非阻塞,这一点在以后设计中一定要注意。

(3)修改例 7-1 中语句"MUL＝0;"为"MUL <＝0;",修改"MUL＝MUL＋(A<<(i-1));"为"MUL <＝MUL＋(A<<(i-1));"即对变量 MUL 的赋值全部变为非阻塞,重新编译后调出 RTL 图分析。

这样修改后编译综合通过,但得到与例 7-1 不同的设计结果。因为循环是过程性语句,不管循环多少次都在同一过程中;同一过程中若对同一变量采用非阻塞赋值语句赋值,那么其实只赋一次值,因为非阻塞赋值语句可以理解为过程中的并行语句,虽然开始时间不同,但结束时间相同,一般认为过程块结束时才真正赋值。因此,在循环过程语句中使用非阻塞赋值语句实际只循环一次。由此说明,在循环语句中一定要用阻塞赋值语句。

(4)新建 3 个工程,拷贝例 7-1 代码,按例 7-2、例 7-3 和例 7-4 的要求修改,编译综合后调出 RTL 图并与例 7-1 的 RTL 图进行对比。

(5)练习例 7-5。注意:"MUL_4E. v"是主设计文件,"MUL_4E"是顶层模块名,"MUL_4C. v"是例化调用文件,要保存放在当前工程目录下。编译综合后调出 RLT 图并展开查看循环次数。

例 7-5 仿真的波形图如图 7-9 所示。建立仿真图时,AP 和 BP 的数据可任意输入,值小于 256 即可。为了方便查看验证,3 组端口统一选择无符号的十进制数。

图 7-9　例 7-5 功能仿真结果

7.5　项目设计性作业

用一种循环语句设计电路,用来统计一个 8 位二进制数中 1 的数量。

7.6　项目知识要点

(1)关键字 integer。

(2)for 语句。

(3)repeat 语句。

(4)while 语句。

(5)关系运算符。

(6)算术操作符。

(7)移位操作符。

(8)关键字 parameter。

(9)参数传递。

(10)阻塞赋值语句与非阻塞赋值语句的区别。

7.7　项目拓展训练

利用循环语句把 8 个 1 位的全加器变成 1 个 8 位加法器,再使用参数传递功能把它变成 1 个 32 位的加法器。

项目 8   算术运算器的设计

8.1   教学目的

(1)学习算术运算器的设计方法。
(2)学习 BCD 码硬件运算器的设计方法。

8.2   多位加法器的设计

一、串行加法器

用 4 个 1 位全加法器串行构成 1 个 4 位的加法器,如图 8-1 所示,其中 2 个要加的 4 位数分别为 $B_3B_2B_1B_0$ 和 $A_3A_2A_1A_0$。

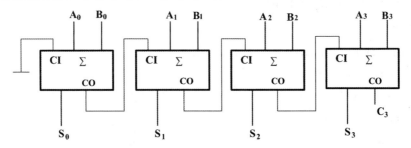

图 8-1   串行加法器的设计原理

二、并行加法器

用 4 个 1 位全加法器并行构成 1 个 4 位的加法器,如图 8-2 所示,其中 2 个要加的 4 位数分别为 $B_3B_2B_1B_0$ 和 $A_3A_2A_1A_0$。

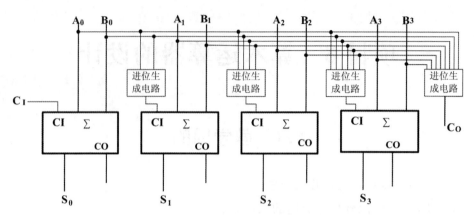

图 8-2　并行加法器的设计原理

并行加法器的每一位均有独立的进位生成电路。从图 8-1 可以看出,加法器 $i+1$ 位的进位输入是来自 i 位的进位输出,用 CIN_i 表示 i 位加法器的进位输入,用 COU_i 表示 i 位加法器的进位输出,由全加法的设计原理图 6-6 可知:

$$CIN_{i+1}=COU_i=(A_iB_i)+(A_i\oplus B_i)CIN_i$$
$$=(A_iB_i)+(A_i\oplus B_i)((A_{i-1}B_{i-1})+(A_{i-1}\oplus B_{i-1})CIN_{i-1})\qquad(8-1)$$

通过式(8-1)这样迭代可求得并行加法器进位生成电路的逻辑表达式。这种方法使用 Verilog 代码描述如例 8-1 所示。

【例 8-1】

module ADDER_4B1(A,B,CIN,COUT,SOUT);

　　output [3:0]　SOUT;

　　output　COUT;

　　input [3:0] A,B;

　　input CIN;

　　assign SOUT[0]=A[0]ˆB[0]ˆCIN;

　　assign SOUT[1]=(A[1]ˆB[1])ˆ((A[0]&B[0])|((A[0]ˆB[0])&CIN));

　　assign SOUT[2]=(A[2]ˆB[2])ˆ((A[1]&B[1])|(((A[1]ˆB[1])&((A[0]&B[0])|((A[0]ˆB[0])&CIN)))));

　　assign SOUT[3]=(A[3]ˆB[3])ˆ((A[2]&B[2])|((A[2]ˆB[2])&((A[1]&B[1])|(((A[1]ˆB[1])&((A[0]&B[0])|((A[0]ˆB[0])&CIN))))))));

　　assign COUT=(A[3]&B[3])|((A[3]ˆB[3])&((A[2]&B[2])|((A[2]ˆB[2])&((A[1]&B[1])|(((A[1]ˆB[1])&((A[0]&B[0])|((A[0]ˆB[0])&CIN)))))))));

endmodule

```
1   module ADDER_4B1 (A,B,CIN, COUT,SOUT) ;
2       output [3:0]  SOUT;
3       output  COUT;
4       input [3:0] A,B;
5       input CIN;
6       assign SOUT[0] = A[0]^B[0]^CIN;
7       assign SOUT[1] = (A[1]^B[1])^((A[0]&B[0]) | ((A[0]^B[0])&CIN));
8       assign SOUT[2] = (A[2]^B[2])^((A[1]&B[1]) | (((A[1]^B[1])&((A[0]&B[0])|((A[0]^B[0])&CIN)))));
9       assign SOUT[3] = (A[3]^B[3])^((A[2]&B[2]) | ((A[2]^B[2])&((A[1]&B[1]) | (((A[1]^B[1])&((A[0]&B[0])|((A[0]^B[0])&CIN))))))));
10      assign COUT =(A[3]&B[3]) | ((A[3]^B[3])&((A[2]&B[2]) | ((A[2]^B[2])&((A[1]&B[1]) | (((A[1]^B[1])&((A[0]&B[0])|((A[0]^B[0])&CIN)))))))));
11  endmodule
```

图 8-3　例 8-1 代码

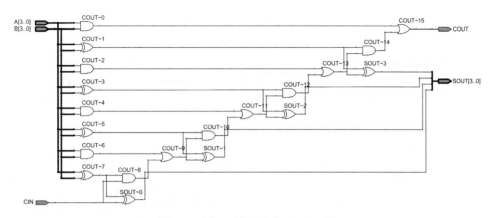

图 8-4 例 8-1 代码综合后 RTL 图

通过例 8-1 可以看出,随着位数的增加,这种并行加法器的进位生成电路也越来越复杂。

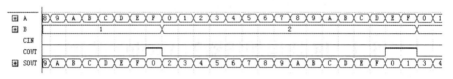

图 8-5 例 8-1 功能仿真结果

8.3 用算术运算符设计多位加法器

【例 8-2】

```
module ADDER_8B1(A,B,CIN,COUT,DOUT);
    parameter S=8;
    output [S:1]  DOUT;
    output  COUT;
    input[S:1]  A,B;
    input CIN;
    wire [S:0]  DATA;
    assign DATA=A+B+CIN;
    assign COUT=DATA[S];
    assign DOUT=DATA[S-1:0];
endmodule
```

例 8-2 是用算术运算符设计的 8 位加法器,因为 8 位加法器的结果是 9 位(包括进位位),所以在代码中用一个 9 位宽度的中间变量存放运算结果,然后再把结果分别赋给相应的和与进位。

若在例 8-2 中运用并位操作符,则不需要加入中间变量,可用一条语句"assign {COUT,DOUT}=A+B+CIN"来实现。

图 8-6 为例 8-2 综合后的 RTL 图。图 8-7 为例 8-2 的功能仿真结果。

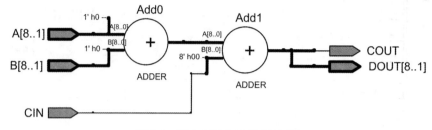

图 8-6　例 8-2 综合后的 RTL 图

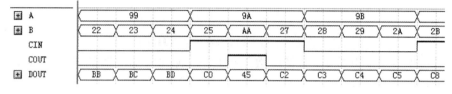

图 8-7　例 8-2 功能仿真结果

8.4　BCD 码加法器的 Verilog 设计

一、设计原理

二进制编码的十进码(BCD)码是用 4 位二进制数来表示 1 位十进制数中的 0~9 这 10 个数码。8421 码是最常用的 BCD 码,它和 4 位自然二进制码相似,各位的权值为 8、4、2、1,故称为有权 BCD 码。5421 码和 2421 码与 8421 码最高位的权值不同,5421 码最高位权值是 5,而 2421 码最高位权值是 2。余 3 码是由 8421 码的每个码组加 3(0011)形成的,常用于 BCD 码的运算电路。余 3 循环码每个编码中的 1 和 0 没有确切的权值,整个编码直接代表一个数值,主要优点是相邻编码只有 1 位变化,可避免过渡产生的"噪声"。

表 8-1　常用的 BCD 码编码方式

十进制数	8421 码	5421 码	2421 码	余 3 码	余 3 循环码
0	0000	000	0000	0011	0010
1	0001	0001	0001	0100	0110
2	0010	0010	0010	0101	0111
3	0011	0011	0011	0110	0101
4	0100	0100	0100	0111	0100
5	0101	1000	1011	1000	1100
6	0110	1001	1100	1001	1101
7	0111	1010	1101	1010	1111
8	1000	1011	1110	1011	1110
9	1001	1100	1111	1100	1010

2个用 BCD 码表示的数相加后,若显示为 BCD 码就需要调整。这是因为硬件采用的是二进制加法,加完后会有 A～F 这 6 个伪码出现。调整方法是:2个用 BCD 码表示的数相加后,如果值超过 9 就要调整,调整方法是加上 6,让其跳过 A～F 的值。

二、1 位 BCD 码加法器的 Verilog 描述

【例 8-3】

```
module ADDER_BCD(A,B,CIN,SUM,COUT);
    input [3:0] A,B;
    input CIN;
    output COUT;
    output [3:0] SUM;
    wire [4:0] SUMT;
    reg [3:0] SUM;
    reg COUT;
    assign SUMT=A+B+CIN;
    always@ (SUMT)
      begin
        if (SUMT>=5'b01010)
          begin
              SUM=SUMT[3:0]+4'b0110;
              COUT=1'b1;
          end
        else
          begin
              SUM=SUMT[3:0];
              COUT=1'b0;
          end
      end
endmodule
```

例 8-3 是 1 位 BCD 码加法器。其中,A 和 B 分别是 1 位 BCD 码数,CIN 为低位的进位输入,SUM 为和,COUT 为加完后的进位输出。引入的中间变量 SUMT 是 5 位宽度,暂时存放加完后的结果,对该中间变量保存的结果调整后输出。

例 8-3 综合后的 RTL 图如图 8-8 所示,其功能仿真结果如图 8-16 所示。

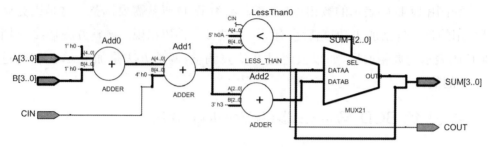

图 8-8　例 8-3 代码综合后的 RTL 图

三、2 位 BCD 码加法器的 Verilog 描述

【例 8-4】

```
module BCD_ADDER_2B(AIN,BIN,SO,CO);
    input [7:0]   AIN,BIN;
    output   CO;
    output [7:0]   SO;
    wire   NET1;
    ADDER_BCD U1(AIN[3:0],BIN[3:0],1'b0,SO[3:0],NET1);
    ADDER_BCD U2(AIN[7:4],BIN[7:4],NET1,SO[7:4],CO);
endmodule
```

可以例化调用 1 位 BCD 码加法器级联设计多位 BCD 码加法器。例 8-4 就是例化调用例 8-3 的 1 位 BCD 码加法器设计一个 2 位 BCD 码加法器,例化调用时端口采用了位置关联法。

例 8-4 综合后的 RTL 图如图 8-9 所示,其功能仿真结果如图 8-17 所示。

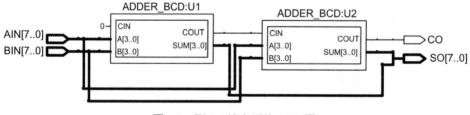

图 8-9　例 8-4 综合后的 RTL 图

8.5　减法器的 Verilog 设计

一、减法器的设计原理

减法器也可以参考加法器来设计,先设计 1 位全减器然后级联组成多位加减法器。计算机内有符号数一般采用补码的方式表示,即减法变加法运算,如 A-B= A+(-B)。正数的补码与原码一样,负数的补码为原码数值位取位后加 1,即 A-B=A+B$_反$+1。补码运算涉及符号位,最高位用来保存数的符号位。

二、利用补码运算方法设计减法器

【例 8-5】

```
module SUB_4B(AIN,BIN,CO,DO);
    input [3:0] AIN,BIN;
    output [3:0] DO;
    output CO;
    wire [3:0] DT=~BIN;
    ADDER_4B1 U1(AIN,DT,1'b1,CO,DO);
endmodule
```

例 8-5 为例化调用例 8-1 的 4 位加法器实现减法运算：对输入的减数 B 进行补码运算，即对 B 的每一位取反，然后加 1。由于本例是调用加法器来实现的，因此 1 放在加法器的进位输入位加。

例 8-5 综合后的 RTL 图如图 8-10 所示。

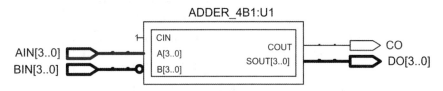

图 8-10　例 8-5 综合后的 RTL 图

例 8-5 的仿真结果如图 8-11 所示。由于有符号数的最高位是符号位，用来表示数值的只有 3 位，此设计只考虑对减数取反，整个数的宽度只有 4 位，因此被减数必须是正数，即最高位为 0，同样被减数在数值上也不能大于 7。从图 8-11 可以看出，运算结果也是以补码形式表示的，运算结果最高位为 1 即为负数，要经过求补运算后才能得到原码。CO 表示在减法运算过程中是否有借位存在：无借位时 CO 为 1，有借位时 CO 为 0。

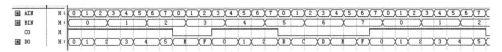

图 8-11　例 8-5 的功能仿真结果

8.6　除法器的 Verilog 设计

一、除法器的原理

硬件除法器的设计方案也有多种，此处采用移位相减的方法来实现，其原理如图 8-12 所示。这种运算方案类似左边人工计算除法运算的方法。

对于 4 位无符号数的除法,被除数 a 除以除数 b,首先将 a 转换成 8 位 at(其中高 4 位全为 0,低 4 位为 a 的值),再将 b 转换 8 位 bt(其中高 4 位为 b 的值,低 4 位全为 0)。运算用以下 4 步完成:

(1)at 左移一位与 bt 比较:①若大于等于 bt,则 at1=(at<<1)+1,at2t=at1-bt;②若小于 bt,则 at1=(at<<1),at2t=at1。

(2)at2t 左移一位与 bt 比较:①若大于等于 bt,则 at2=(at2t<<1)+1,at3t=at2-bt;②若小于 bt,则 at2=(at2t<<1),at3t=at2。

(3)at3t 左移一位与 bt 比较:①若大于等于 bt,则 at3=(at3t<<1)+1,at4t=at3-bt;②若小于 bt,则 at3=(at3t<<1),at4t=at3。

(4)at4t 左移一位与 bt 比较:①若大于等于 bt,则 at4=(at4t<<1)+1;at5=at4-bt;②若小于 bt,则 at4=(at4t<<1),at5=at4。

通过以上移位和减法运算,得到 at5 的高 4 位为余数,低 4 位为商。

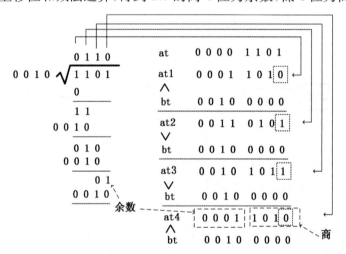

图 8-12 移位相减除法器设计的原理示意图

因为上述方案要用低 4 位保存除法的商,所以每次移位判断大小后对最低位重置。若单独用一个 4 位寄存器来保存商,则每次移位后直接比较大小:若大于等于移位后的除数,则对商寄存器相应位置 1;否则对相应位置 0。

二、利用移位相减法来设计除法器

【例 8-6】

```
module   DIV_8B(A,B,QU,RE);
    parameter      S=8;
    output[S:1]    QU,RE;
    input[S:1]     A,B;
    reg[2*S:1]     AT,BT;
    always @ *
```

```
begin
    AT={{S{1'B0}},A};
    BT={B,{S{1'B0}}};
    repeat(S)
        begin
            AT=AT<<1;
            if(AT>=BT)
                begin
                    AT=AT-BT;
                    AT[1]=1'b1;
                end
        end
    end
assign    QU=AT[S:1];
assign    RE=AT[2*S:S+1];

endmodule
```

例 8-6 就是利用上述移位相减法来设计的 8 位除法器,其中 A 是被除数,B 是除数,QU 是商,RE 是余数。引入中间变量 AT 和 BT,分别把 A 和 B 扩展成 2 倍宽度。循环语句使用 repeat 语句,这里引入参数 S,用 S 表示位宽,即循环 S 次。每循环一次,AT 向左移位一次,然后判断是否大于等于 BT:若成立,则对 AT 用 AT−BT 更新,设置 AT 的最低位为 1 后再循环;否则直接循环。

例 8-6 综合后的 RTL 图如图 8-13 所示,仿真验证结果如图 8-14 所示。为了便于查看仿真效果,输入与输出统一采用无符号的十进制数显示。

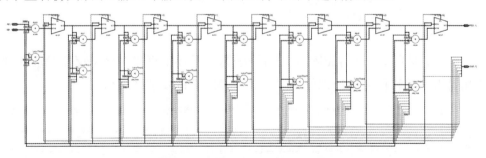

图 8-13　例 8-6 综合后的 RTL 图

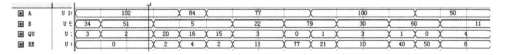

图 8-14　例 8-6 的功能仿真结果

【例 8-7】

```
module    DIV_4B(A,B,QU,RE);
    parameter        S=4;
```

```
output[S:1]     QU,RE；
input[S:1]      A,B；
reg[2*S:1]      AT,BT；
reg[S:1]        QU；
integer   i；
always @ *
    begin
        AT={{S{1'B0}},A}；
        BT={B,{S{1'B0}}}；
        for(i=S;i>=1;i=i-1)
            begin
                AT=AT<<1；
                if(AT>=BT)
                    begin
                        AT=AT-BT；
                        QU[i]=1'b1；
                    end
                else
                    begin
                        AT=AT；
                        QU[i]=1'b0；
                    end
            end
    end
    assign   RE=AT[2*S:S+1]；
endmodule
```

例 8-7 是用 for 语句描述的 4 位除法器，在循环中直接对商寄存器赋值，因此不用每次重置移位完的最末位。图 8-15 是例 8-7 的功能仿真效果。

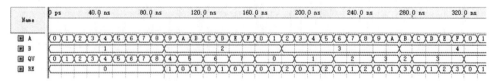

图 8-15   例 8-7 的功能仿真结果

8.7　项目实践练习

(1)分别建立工程仿真验证例 8-3 和例 8-4(结果如图 8-16 和图 8-17 所示),并查看其 RTL 图。注意:8421 码要用十六制数,显示值表示十进制数,因此输入值不能大于 9。

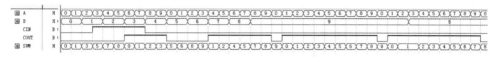

图 8-16　例 8-3 代码功能仿真结果

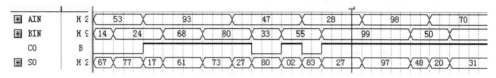

图 8-17　例 8-4 功能仿真结果

(2)分别建立工程仿真验证例 8-5 和例 8-6,并查看其 RTL 图。

8.8　项目设计性作业

设计一个 4 位减法器,要求可实现任意数的减法,即被减数可以为负数。

8.9　项目拓展训练

结合项目 7 和项目 8 的内容,设计一个能对 2 个无符号 8 位数计算加减乘除的运算器。

注意:例化调用是并行语句,不能在过程中使用。

项目 9　常用组合逻辑电路的设计

9.1　教学目的

(1)学习比较器的设计方法。

(2)学习数据分配器的设计方法。

(3)学习编码器的设计方法。

(4)学习优先编码器的设计方法。

(5)学习译码器的设计方法。

9.2　比较器的 Verilog 设计

一、设计原理

比较器用于比较两个数的大小,给出"大于""小于"或者"相等"的输出信号,在 Verilog 中可以直接用关系运算符来设计,也可以用基本的原语来设计。

1.1 位数值比较器

1 位数值比较器可以用图 9-1 所示电路来实现。

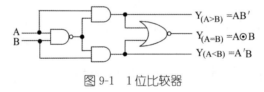

$Y_{(A>B)} = AB'$

$Y_{(A=B)} = A \odot B$

$Y_{(A<B)} = A'B$

图 9-1　1 位比较器

2. 多位数值比较器

原理:从高位比起,只有高位相等,才比较下一位。例如,比较 $B_3 B_2 B_1 B_0$ 和 $A_3 A_2 A_1 A_0$ 两个数的大小可用下面的逻辑表达式来实现:

$$Y_{(A<B)} = A_3' B_3 + (A_3 \oplus B_3)' A_2' B_2 + (A_3 \oplus B_3)' (A_2 \oplus B_2)' A_1' B_1 +$$
$$(A_3 \oplus B_3)' (A_2 \oplus B_2)' (A_1 \oplus B_1)' A_0' B_0 +$$
$$(A_3 \oplus B_3)' (A_2 \oplus B_2)' (A_1 \oplus B_1)' (A_0 \oplus B_0)' I_{(A<B)} I_{(A=B)}' \quad (9\text{-}1)$$

$$Y_{(A>B)} = A_3 B_3' + (A_3 \oplus B_3)' A_2 B_2' + (A_3 \oplus B_3)' (A_2 \oplus B_2)' A_1 B_1' +$$
$$(A_3 \oplus B_3)' (A_2 \oplus B_2)' (A_1 \oplus B_1)' A_0 B_0' +$$
$$(A_3 \oplus B_3)' (A_2 \oplus B_2)' (A_1 \oplus B_1)' (A_0 \oplus B_0)' I_{(A>B)} I_{(A=B)}' \quad (9\text{-}2)$$

$$Y_{(A=B)} = (A_3 \oplus B_3)'(A_2 \oplus B_2)'(A_1 \oplus B_1)'(A_0 \oplus B_0)'I_{(A=B)} \qquad (9\text{-}3)$$

式(9-3)中的 $I_{(A<B)}$,$I_{(A=B)}$ 和 $I_{(A>B)}$ 为附加端,用于扩展。如图 9-2 所示,集成电路 74LS85 内部就采用这样的结构。

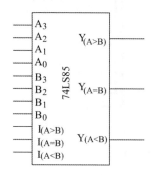

图 9-2　74LS85 逻辑图

二、比较器的 Verilog 设计

【例 9-1】

```
module   COMP(X,Y,HI,LO,EQ);
input [S:1]   X,Y;
output HI,LO,EQ;
reg   HI,LO,EQ;
parameter S=8;
always @(X or Y)
    begin
            if(X==Y) EQ=1;
            else EQ=0;
            if (X>Y) HI=1;
            else HI=0;
            if (X<Y) LO=1;
            else   LO=0;
    end
endmodule
```

直接用运算符设计的比较器如例 9-1 所示,HI 为大于输出端,LO 为小于输出端,EQ 是等于输出端,X 和 Y 为 2 个要比较的无符号数。

例 9-1 综合后的 RTL 图如图 9-3 所示,仿真结果如图 9-4 所示。

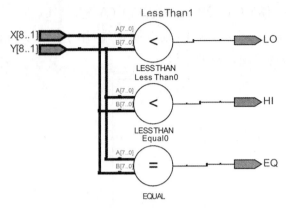

图 9-3　例 9-1 综合后 RTL 图

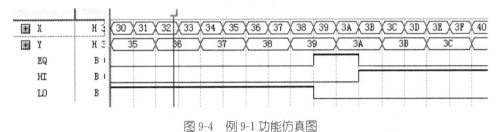

图 9-4　例 9-1 功能仿真图

9.3　数据分配器的 Verilog 设计

一、设计原理

根据地址信号的要求,将一路数据分配到指定输出通道上去的电路,称为数据分配器,又称为多路分配器,其逻辑功能正好与数据选择器相反。数据分配器相当于多个输出的单刀多掷开关。1 路—4 路数据分配器原理示意图如图 9-5 所示。

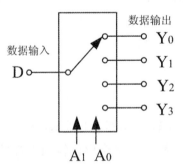

图 9-5　1 路—4 路数据分配器的原理示意图

二、数据分配器的 Verilog 描述

【例 9-2】

module DIS(Y0,Y1,Y2,Y3,A,D);

```
        input [3:0]  D;
        input [1:0]  A;
        output [3:0]  Y0,Y1,Y2,Y3;
        assign Y0=(A==2'b00)? D:4'hz;
        assign Y1=(A==2'b01)? D:4'hz;
        assign Y2=(A==2'b10)? D:4'hz;
        assign Y3=(A==2'b11)? D:4'hz;
endmodule
```

例 9-2 是利用图 9-5 所示原理描述的 4 位宽度的 1 路—4 路数据分配器,其中 D 为输入数据,Y 为数据输出,A 为编码。

图 9-6 为例 9-2 的仿真验证结果。

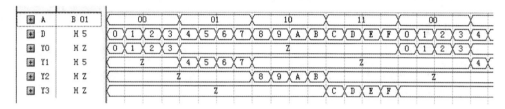

图 9-6　例 9-2 的功能仿真验证结果

9.4　编码器的 Verilog 设计

一、设计原理

编码器是将一组输入的每一个信号编成一个与之对应的输出代码。普通编码器正常工作时只允许输入一个待编码信号,不允许同时输入多个待编码信号,否则将输出错误编码。优先编码器允许同时有多个待编码的信号输入,但只对其中优先权最高的一个进行编码。

4 线—2 线普通编码器的真值表如表 9-1 所示。

表 9-1　4 线—2 线普通编码器真值表

输入				输出	
I_0	I_1	I_2	I_3	Y_1	Y_0
1	0	0	0	0	0
0	1	0	0	0	1
0	0	1	0	1	0
0	0	0	1	1	1

根据真值表可得:$Y_1 = I_2 + I_3$;$Y_0 = I_1 + I_3$。因此,可以用或门来实现这种普通的编码器。

4 线—2 线优先编码器的真值表如表 9-2 所示,表中的 x 代表任意值。表 9-2 中 I_3 的优先权最高,I_0 的优先权最低。

表 9-2　4 线—2 线优先编码器真值表

输入				输出	
I_0	I_1	I_2	I_3	Y_1	Y_0
1	0	0	0	0	0
x	1	0	0	0	1
x	x	1	0	1	0
x	x	x	1	1	1

二、优先编码器的 Verilog 描述

【例 9-3】

```
module ENC(Y,I);
    input [3:0]  I;
    output [1:0]  Y;
    reg [1:0]  Y;
    always @ (*)
        begin
            casex  (I)
                4'b1xxx:Y=2'b11;
                4'b01xx:Y=2'b10;
                4'b001x:Y=2'b01;
                4'b0001:Y=2'b00;
                default:Y=2'bzz;
            endcase
        end
endmodule
```

例 9-3 是利用 casez 语句描述的 4 线—2 线优先编码器。其中,I 为 4 路输入信号,I_3 的优先权最高;Y 为 2 路输出,无输入时输出呈高阻状态。

图 9-7 是例 9-3 综合后的 RTL 图,由 3 个十六选一数据选择器和 2 个三态缓冲门组成。图 9-8 是例 9-3 的功能仿真结果。

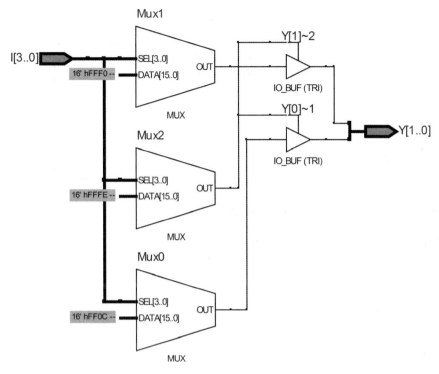

图 9-7　例 9-3 综合后的 RTL 图

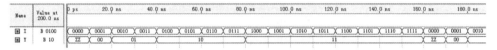

图 9-8　例 9-3 的功能仿真结果

9.5　译码器的 Verilog 设计

一、普通译码器的原理

编码器输出的编码表示不同的输入信号,是将输入的编码用不同的输出信号表示,译码可以理解为将输入的代码"翻译"成另外一种代码输出。

表 9-3 为一种 2 线－4 线译码器的真值表,表中 x 不确定。从表中可以看出,当有一个确定编码输入时,在输出端有唯一确定的端口为低电平,而其他端口均为高电平。

表 9-3　一种 2 线—4 线译码器的真值表

输入		输出			
A_1	A_0	Y_3	Y_2	Y_1	Y_0
X	X	1	1	1	1
0	0	1	1	1	0
0	1	1	1	0	1
1	0	1	0	1	1
1	1	0	1	1	1

二、普通译码器的 Verilog 描述

【例 9-4】

```
module DEC(Y,A);
        input [1:0]  A;
        output [3:0] Y;
        reg [3:0] Y;
        always @ (*)
            begin
                case (A)
                    2'b00:Y=4'b1110;
                    2'b01:Y=4'b1101;
                    2'b10:Y=4'b1011;
                    2'b11:Y=4'b0111;
                    default:Y=4'b1111;
                endcase
            end
endmodule
```

例 9-4 是利用 case 语句描述的 2 线—4 线译码器,其中 A 为 2 路输入编码信号,Y 为 4 路输出信号。

图 9-9 是例 9-4 综合后的 RTL 图,由一个译码器构成,输出前取反。图 9-10 是例 9-4 的功能仿真结果。

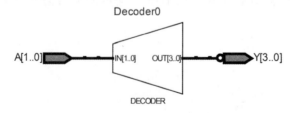

图 9-9　例 9-4 综合后的 RTL 图

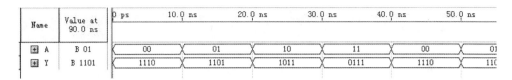

图 9-10　例 9-4 的功能仿真结果

三、数码管显示译码器的原理

数码管不加小数点,由七段组成。显示译码器的功能是将输入的编码译成八段字符显示码,让数码管显示想要的字符。共阳极数码管的段码结构原理如图9-11所示,段码表如表 9-4 所示。

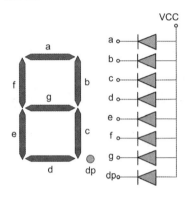

图 9-11　共阳极数码管段码图

表 9-4　共阳极数码管段码表

输入码	dp,g,f,e,d,c,b,a	十六进制码	显示图案
0000	1100_0000	C0	0
0001	1111_1001	F9	1
0010	1010_0100	A4	2
0011	1011_0000	B0	3
0100	1001_1001	99	4
0101	1001_0010	92	5
0110	1000_0010	82	6
0111	1111_1000	F8	7
1000	1000_0000	80	8
1001	1100_0000	90	9
1010	1100_0000	88	A
1011	1100_0000	83	b
1100	1100_0000	C6	C
1101	1100_0000	A1	d
1110	1100_0000	86	E
1111	1100_0000	8E	F

四、数码管显示译码器的 Verilog 描述

【例 9-5】

```
module DEC_L7(D,LED);
    input [3:0]  D;
    output [7:0]  LED;
    reg [7:0]  LED;
    always @ (D)
      case (D)
        4'h0:  LED<=8'hc0;
        4'h1:  LED<=8'hf9;
        4'h2:  LED<=8'ha4;
        4'h3:  LED<=8'hb0;
        4'h4:  LED<=8'h99;
        4'h5:  LED<=8'h92;
        4'h6:  LED<=8'h82;
        4'h7:  LED<=8'hf8;
        4'h8:  LED<=8'h80;
        4'h9:  LED<=8'h90;
        4'ha:  LED<=8'h88;
        4'hb:  LED<=8'h83;
        4'hc:  LED<=8'hc6;
        4'hd:  LED<=8'ha1;
        4'he:  LED<=8'h86;
        4'hf:  LED<=8'h8E;
        default:  LED<=8'hff;
      endcase
endmodule
```

例 9-5 是利用 case 语句描述的数码管显示译码器,其中 D 为输入的要显示的值,LED 为 8 位的输出值,可让数码管显示 0～F 这 16 个数值。

例 9-5 综合后的 RTL 图如图 9-12 所示,由 1 个译码器和 7 个或门构成。图 9-13 为例 9-5 的功能仿真结果。

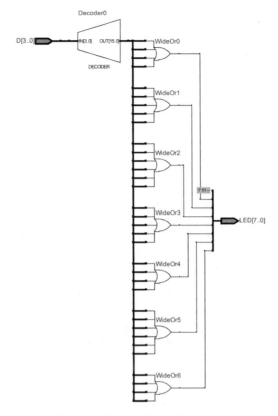

图 9-12　例 9-5 综合后的 RTL 图

图 9-13　例 9-5 的功能仿真结果

　　例 9-5 为共阳极数码管。若为共阴极数码管,则须在每一个段码前加位取反运算。注意:例 9-5 段码的排列顺序为 dp,g,f,e,d,c,b,a,因此配置引脚时 LED 各端口的顺序要与这个段码顺序一致。

9.6　项目实践练习

　　建立不同的工程项目,分别练习例 9-1~例 9-5。

9.7　项目设计性作业

　　根据 74LS138 功能表(表 9-5)设计一类似的译码器。

表 9-5　74LS138 功能表

输入					输出							
G_1	$\overline{G_{2A}}+\overline{G_{2B}}$	A_2	A_1	A_0	Y_0	Y_1	Y_2	Y_3	Y_4	Y_5	Y_6	Y_7
0	×	×	×	×	1	1	1	1	1	1	1	1
×	1	×	×	×	1	1	1	1	1	1	1	1
1	0	0	0	0	0	1	1	1	1	1	1	1
1	0	0	0	1	1	0	1	1	1	1	1	1
1	0	0	1	0	1	1	0	1	1	1	1	1
1	0	0	1	1	1	1	1	0	1	1	1	1
1	0	1	0	0	1	1	1	1	0	1	1	1
1	0	1	0	1	1	1	1	1	1	0	1	1
1	0	1	1	0	1	1	1	1	1	1	0	1
1	0	1	1	1	1	1	1	1	1	1	1	0

9.8　项目拓展训练

(1)常用组合逻辑电路有哪些? 各有什么作用?

(2)根据七段显示译码器 74LS49 的功能表设计此译码器。

项目 10 触发器的 Verilog 设计

10.1 教学目的

(1)学习边沿触发器的设计方法。
(2)学习电平触发器的设计方法。
(3)学习含异步复位/使能触发器的设计方法。
(4)学习同步复位触发器的设计方法。

10.2 触发器的 Verilog 设计

一、设计原理

数字系统中往往包含大量存储单元,这种存储电路的基本单元一般是锁存器或触发器。触发器与锁存器的区别在于电路是否有触发控制。若在每个存储单元电路上安排一个时钟脉冲(CLK)作为控制信号,只有当有效的 CLK 到来时电路才被"触发",并根据输入信号改变单元的存储值,这种存储单元电路称为触发器。

D 触发器应用较为广泛,其他触发器可以由 D 触发器转化得到。触发器的触发方式有多种,设 CLK 为触发信号,不同触发方式的 D 触发器逻辑图如图 10-1 所示。带置位和清除控制端的 D 触发器逻辑图如图 10-2 所示,这种触发器的功能如表 10-1 所示。

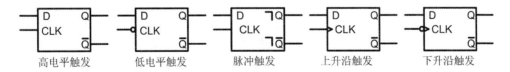

高电平触发   低电平触发   脉冲触发   上升沿触发   下升沿触发

图 10-1 各种触发方式的 D 触发器

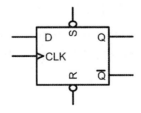

图 10-2 带置位和清零端的上升沿 D 触发器

表 10-1 为带置位和清零端的上升沿 D 触发器功能表,表中 Q 为现态,Q^* 为次态,L 代表低电平,H 代表高电平,↑ 代表上升沿,× 代表任意。

表 10-1　带置位和清零端的上升沿 D 触发器功能表

输入				输出	
S	R	CLK	D	Q^*	$\overline{Q^*}$
L	H	×	×	H	L
H	L	×	×	L	H
L	L	×	×	H	H
H	H	↑	H	H	L
H	H	↑	L	L	H
H	H	×	×	Q	$\overline{Q}$

表 10-1 中 S 和 R 分别表示触发器的置位和清除端,是指置 Q 输出端为 1 或 0。这种置位和清除一般为异步方式,即不受触发控制的影响,故一般不允许 S 和 R 同时有效。Q 和 $\overline{Q}$ 一般为一对反信号。

触发器一般用特性方程来描述,D 触发器的特性方程为

$$Q^* = D \qquad\qquad (10\text{-}1)$$

触发器的特性方程表示有效触发信号到来后 Q 的输出值,如式(10-1)表示 D 触发器的有效触发信号到来后,Q 变为 D 的值。有效触发信号没来时,除非异步置位和清除端作用,否则触发器会保持状态不变。

二、边沿触发 D 触发器的 Verilog 描述

【例 10-1】

```
module   DFF1(CLK,D,Q);
     output Q;
     input CLK,D;
     reg Q;
     always @(posedge CLK)   Q <=D;
endmodule
```

例 10-1 为上升沿触发的基本 D 触发器的 Verilog 描述,用一过程对 Q 赋值。由于整个过程只有一条语句,因此不用加 begin...end 构成语句块。过程的敏感信号为 CLK,在其前面加关键字 posedge 表示上升沿。

图 10-3 为例 10-1 综合后的 RTL 图,图 10-4 为功能仿真结果。

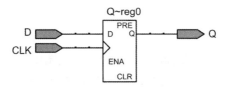

图 10-3　例 10-1 综合后的 RTL 图

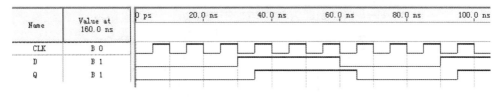

图 10-4　例 10-1 的功能仿真结果

三、关键字 posedge

在过程的敏感信号前加关键字 posedge 表示在敏感信号上升沿时过程变量可能会更新。如果是下降沿更新,则用关键字 negedge。若将例 10-1 中的关键字变成 negedge 后综合,则可得到图 10-5 所示的 RTL 图,此即为下降沿触发的 D 触发器。

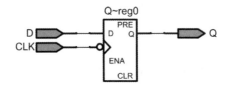

图 10-5　下降沿触发的 D 触发器的 RTL 图

四、带复位和置位端边沿 D 触发器的 Verilog 描述

1. 异步复位和置位

【例 10-2】

```
module  DFF2(CLK,D,SET,RESET,Q);
    output Q;
    input CLK,D,SET,RESET;
    reg Q;
    always @(posedge CLK or negedge SET or negedge RESET)
        if(! RESET)  Q=0;
        else if(! SET)  Q=1;
        else Q<=D;
endmodule
```

例 10-2 是带异步复位和置位端边沿 D 触发器的 Verilog 描述,其中 SET 是置位端,RESET 是复位端,均为低电平有效。过程的敏感信号有 3 个,除 CLK 外

还有复位和置位信号,且都要加关键字 posedge 或 negedge。整个过程只有一条 if 语句,因此不用加 begin... end。

例 10-2 综合后的 RTL 图如图 10-6 所示。从图中可以看出,综合后在置位端 PRE 前加入一个与门,这个与门可保证置位和复位不会同时生效。

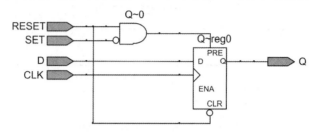

图 10-6　例 10-2 综合后的 RTL 图

图 10-7 是例 10-2 的功能仿真结果。从图中可以看出,当置位和复位端输入同时有效时,触发器复位。

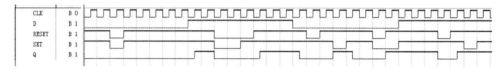

图 10-7　例 10-2 的功能仿真结果

2. 同步复位和置位

【例 10-3】

```
module    DFF3(CLK,D,SET,RESET,Q);
        output Q;
        input CLK,D,SET,RESET;
        reg Q;
        always @(posedge CLK)
                if(! RESET)   Q=0;
                else if(! SET)   Q=1;
                else Q<=D;
endmodule
```

例 10-3 是带同步复位和置位端边沿 D 触发器的 Verilog 描述,其综合以后的 RTL 图如图 10-8 所示,仿真结果如图 10-9 所示。

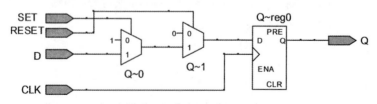

图 10-8　例 10-3 综合后的 RTL 图

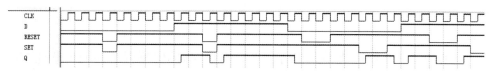

图 10-9　例 10-3 的功能仿真结果

3.异步复位和同步置位

【例 10-4】

```
module   DFF4(CLK,D,SET,RESET,Q);
        output Q;
        input CLK,D,SET,RESET;
        reg Q;
        always @(posedge CLK or negedge RESET)
                if(! RESET)   Q=0;
                else if(! SET)   Q=1;
                else Q<=D;
endmodule
```

例 10-4 是带异步复位和同步置位端边沿 D 触发器的 Verilog 描述,其综合以后的 RTL 图如图 10-10 所示,仿真结果如图 10-11 所示。

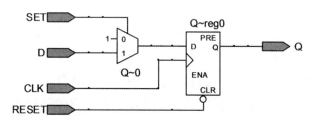

图 10-10　例 10-4 综合后的 RTL 图

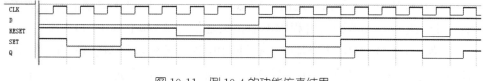

图 10-11　例 10-4 的功能仿真结果

五、例 10-2、例 10-3 和例 10-4 用到的 Verilog 语法知识

1.逻辑运算符

例 10-2 的 if 语句中的条件表达式前加的"!"为逻辑非运算。逻辑运算符一共有 3 种,除逻辑非! 外,还有逻辑与&& 和逻辑或||。

注意:逻辑运算符与按位逻辑运算符是不一样的。逻辑运算符运算的结果为真或假,即 0 或 1。如! A 运算是逻辑运算,不管 A 有多少位,其结果只可能是 0 或 1;而~A 是对 A 的每一位取反,因此只有 A 的每一位都为 1,取反后整个数才为 0。当位运算的对象均为 1 位时，按位逻辑运算符与逻辑运算符的功能完全相同。

运算符的优先级如表 10-2 所示。为避免出错，同时增强程序的可读性，在书写代码时尽量用括号来控制运算的先后顺序。

表 10-2　Verilog 中运算符的优先级

操作符类型	操作符	优先级
并位	$\{\}, \{\{\}\}$	最高
一元操作	$!, \sim, \&, |, \^{}$	
算术运算	$*, /, \%$	
	$+, -$	
移位	$<<, >>$	
关系	$>, <, >=, <=$	
相等	$==, ===, !=, !==$	
按位逻辑运算	$\&$	
	$\^{}, \sim\^{}$	
	$|$	
逻辑运算	$\&\&$	
	$||$	
条件表达式	$?:$	最低

2. 时序电路对敏感信号的要求

通过以上 3 个案例可以看到，时序逻辑电路对敏感信号有严格的要求，不同敏感信号列表的描述被综合后的结果不同，这点与组合逻辑电路完全不同。Verilog 是一种硬件描述语言，代码描述出来的要被识别并综合成相应的硬件电路结构，而时序逻辑电路的敏感信号是综合器识别电路的关键因素。书写时序逻辑电路的敏感信号时，一般要注意以下几点：

(1)如果把信号 A 定义为边沿的敏感时钟信号，则必须在敏感信号前加关键字 posedge 或 negedge，而且过程中不能再出现信号 A，如上例中的 CLK。

(2)如果把信号 B 定义为对应于时钟的电平敏感异步控制信号，除了在敏感信号中列出外，还要在信号前加关键字 posedge 或 negedge，而且要求过程中第一条语句必须明示信号 B 的逻辑行为，这种明示分 2 种情况。

①高电平异步控制：敏感信号前用 posedge，可以用 3 种方式来明示。

always@(posedge CLK or posedge RST)　begin　if(RST) ··· end

always@(posedge CLK or posedge RST)　begin　if(RST==1) ··· end

always@(posedge CLK or posedge RST)　begin　if(! RST==0) ··· end

②低电平异步控制：敏感信号前用 negedge，可以用 3 种方式来明示。

always@(posedge CLK or negedge RST)　begin　if(! RST) ··· end

always@(posedge CLK or negedge RST)　begin　if(! RST==1) ··· end

always@(posedge CLK or negedge RST)　begin　if(RST==0) ··· end

这种明示逻辑对应敏感信号的边沿,如下降沿对应低电平,上升沿对应高电平。异步控制信号一般专门用来复位或置位,如例 10-2 的复位和置位信号都属于异步控制信号。此处第一条语句是 if 语句,因此在 if 语句中明示。

如果异步电平控制信号有多个,则用 else if 语句来明示,格式如下:

if(表达式 1)　begin　语句 1;语句 2;…;语句 n;　end;

else if(表达式 2)　begin　语句 1;语句 2;…;语句 n;　end;

else if(表达式 3)　begin　语句 1;语句 2;…;语句 n;　end;

……

else if(表达式 n)　begin　语句 1;语句 2;…;语句 n;　end;

else　begin　语句 1;语句 2;…;语句 n;　end;

(3)如果把信号 C 定义为对应时钟的电平敏感同步控制信号,则 C 不能出现在敏感信号列表中,如例 10-3 的复位和置位控制信号。

(4)敏感信号列表中不允许出现既有边沿也有电平的混合信号列表。下面给出两条错误写法。

always@(posedge CLK or RST)　　//错误的,一个边沿,一个电平

always@(posedge CLK or negedge RST　or　A)　//错误的,两个边沿,一个电平

(5)不允许在敏感信号表中定义除了异步控制以外的信号。也就是说,时序逻辑电路的敏感信号列表中仅包含时钟信号或异步控制信号。下面这个过程敏感信号的写法就是错误的,因为信号 B 既不是时钟信号,也不是异步控制信号,因此不能放入敏感信号列表中。

always@(posedge CLK or posedge B)

　　begin

　　　…

　　　Q1=A&B

　　　…

　　end

10.3　锁存器的 Verilog 设计

电平触发器可以看成锁存器,因为电平一般会维持一段时间,如果输入信号在这段时间内发生变化,那么触发器的输出信号也会随之改变。

一、基本 D 锁存器的 Verilog 描述

【例 10-5】

module　DFF5(CLK,D,Q);

　　output Q;

```
        input CLK,D;
        reg Q;
        always @(CLK or D)
                if(CLK)   Q=D;
                else Q<=Q;
endmodule
```

例 10-5 综合后的 RTL 图如图 10-12 所示。可以看出,综合后为一个 D 锁存器,信号 CLK 被综合成锁存器的使能端。

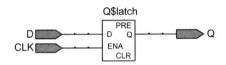

图 10-12　例 10-5 综合后的 RTL 图

图 10-13 是例 10-5 的功能仿真结果。从图中可以看出,CLK 低电平期间,Q值保持原来的状态值;CLK 高电平期间,如输入值 D 不断变化,则 Q 值也会随之不断变化,因此 CLK 也就失去触发的意义,综合成使能信号是合理的。

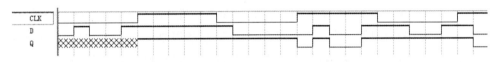

图 10-13　例 10-5 的功能仿真结果

二、带复位和置位 D 锁存器的 Verilog 描述

【例 10-6】

```
module   LAT2(CLK,D,SET,RESET,Q);
        output Q;
        input CLK,D,SET,RESET;
        reg Q;
        always @(CLK or D or RESET or SET)
                if(! RESET)   Q=0;
                else if(! SET)   Q=1;
                else if(CLK)   Q=D;
                else Q<=Q;
endmodule
```

例 10-6 是带异步控制复位和置位 D 锁存器的 Verilog 描述,其中置位控制信号为 SET,复位控制信号为 RESET,均为低电平有效。

综合例 10-6 后的 RTL 图如图 10-14 所示。可以看出,综合后为一个带有复位和置位的 D 锁存器,时钟 CLK 是锁存器的使能端。由于复位和置位作用是相反的,因此不能同时有效,综合时对 RESET 和 SET 进行逻辑运算后加在锁存器的置位和复位端。从图 10-14 中可以看出：

置位端 PRE＝RESET($\overline{RESET+SET}$)

复位端 CLR＝($\overline{RESET+SET}$)$\overline{RESET}$

从这种逻辑关系可以看出，当 RESET 和 SET 同时为高电平时，取反后或为 0，与门 comb～1 和 comb～0 有一输入端口为 0，因此输出端必为 0，此时复位与置位端均无效。当 RESET 和 SET 有一个为低高电平或两个同时为低电平，与门 comb～1 和 comb～0 的输出取决于 RESET 或 RESET 的非，这样就保证了同一时刻复位和置位只能一个有效。

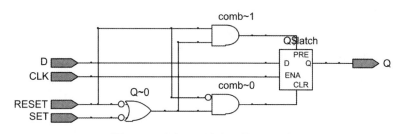

图 10-14　例 10-6 综合后的 RTL 图

例 10-6 的仿真结果如图 10-15 所示，从中可以验证复位与置位同时作用时，复位和置位无效。当复位与置位均无效时，在 CLK 高电平期间，输出端 Q 随 D 变化；在 CLK 低电平期间，Q 保持原来的状态。

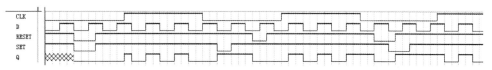

图 10-15　例 10-6 的功能仿真结果

对例 10-6 进行修改，只保留一个复位端 RESET，如例 10-7 所示，这时综合后的 RTL 图如图 10-16 所示，即直接调用锁存器生成。

【例 10-7】

```
module    LAT3(CLK,D,RESET,Q);
        output Q;
        input CLK,D,RESET;
        reg Q;
        always @(CLK or D or RESET)
                if(RESET)    Q=0;
                else if(CLK)    Q=D;
                else Q<=Q;
endmodule
```

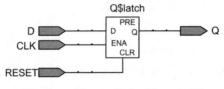

图 10-16 例 10-7 综合后的 RTL 图

10.4　用户自定义触发器原语

【例 10-8】

```
primitive   D_UDP(Q,CLK,SET,RESET,D);
   input D,CLK,SET,RESET;
   output Q;
   reg Q;
     table
     //CLK   SET RESET  D  :  Q  :  Q *
       (01)   0   0     1  :  ?  :  1;
       (01)   0   0     0  :  ?  :  0;
       (??)   ?   1     ?  :  ?  :  0;
        *     1   0     ?  :  ?  :  1;
       (10)   0   0     ?  :  ?  :  -;
       (10)   0   0     ?  :  ?  :  -;
        0     0   0     ?  :  ?  :  -;
        1     0   0     ?  :  ?  :  -;
        ?     ?   1     ?  :  ?  :  0;
        ?     1   0     ?  :  ?  :  1;
     endtable
endprimitive
```

【例 10-9】

```
module   DFF8(Q,D,CLK,SET,RESET);
   input   D,CLK,SET,RESET;
   output Q;
   D_UDP   U1(Q,CLK,SET,RESET,D);
endmodule
```

　　例 10-8 是用户定义的 D 触发器原语。例 10-9 是调用例 10-8 自定义的原语生成 D 触发器。例 10-8 综合后的 RTL 图如图 10-17 所示。

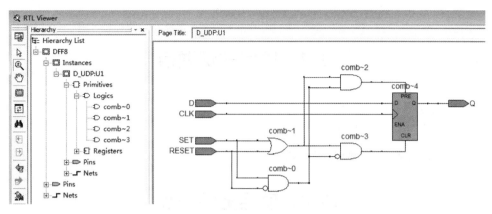

图 10-17　例 10-8 综合后的 RTL 图

注意：原语调用采用端口位置关联法，因此调用时输入端口的顺序一定要与原始定义的模块后的声明顺序一致。

用于 UDP 定义的符号含义见表 10-3。

表 10-3　UDP 定义表中常用符号的含义

符号	含义	备注
0	逻辑 0	
1	逻辑 1	
x	未知	用在输入或时序的现态
?	0,1,x	不能用于输出
b	0,1	不能用于输出
—	维持原值不变	只能在时序的输出中用
(vw)	从 v 变为 w	用在输入，v 和 w 可以是 0,1,x,?
*	等同于(??)	输入信号的任意变化
r	等同于(01)	输入信号的上升沿
f	等同于(10)	输入信号的下升沿
p	(01)、(0x)、(x1)	可能是输入信号的上升沿
n	(10)、(1x)、(x0)	可能是输入信号的下升沿

10.5　项目实践练习

分别建立工程，练习例 10-1～例 10-9。

10.6　项目设计性作业

自行设计一个 JK 边沿触发器。

JK 触发器的特性方程为:$Q^* = JQ' + K'Q$。

10.7　项目知识要点

(1)关键字 posedge 和 negedge。

(2)时序逻辑电路过程的敏感信号。

(3)时序逻辑电路原语的定义。

10.8　项目拓展训练

(1)总结时序逻辑电路过程敏感信号罗列时要注意的事项。

(2)用自定义原语的方法设计一个带异步置位和复位的 JK 边沿触发器。

项目 11　计数器的 Verilog 设计

11.1　教学目的

(1)进一步熟悉时序逻辑电路的设计方法。

(2)学习各种进制计数器的设计方法。

(3)学习含复位/使能/预置功能的计数器设计方法。

11.2　计数器的 Verilog 设计

计数器在数字电子技术中应用较为广泛,不仅可用于计数,还可用于分频、定时、产生节拍脉冲和脉冲序列以及进行数字运算等。计数主要是对脉冲的个数进行计数,因此需要用寄存器保存计数的值。计数器按容量可分为八进制、十进制、十六进制等,按计数过程数值的增减可分为加计数和减计数等。

一、普通计数器

【例 11-1】　十六进制计数器的 Verilog 描述。

```
module   CNT(CLK,CV);
    output  [3:0]  CV;
    input   CLK;
    reg  [3:0]  CV;
    always @(posedge CLK)   CV <= CV+1;
endmodule
```

例 11-1 是一个不带进位、置位、复位的普通计数器的 Verilog 描述,其中 CLK 是时钟,CV 是计数输出值,其容量为 2^n,n 为定义寄存器位宽。例 11-1 定义 4 位宽度,因此是一个十六进制的计数器。图 11-1 是例 11-1 综合后的 RTL 图,可以看出其被综合成了一个加法器和一个 D 触发器。D 触发器的输出 Q 被反馈到加法器的一个输入端,加法器另一个输入端恒为 4 位宽度十六进制数 1。由于 1 是整数,而 CV 定义 4 位宽度,因此综合器截取整数的低四位来匹配。加法器是纯组合逻辑电路,故要等有效 CLK 到来后 Q 计数值才更新。图 11-2 为例 11-1 的功能仿真结果。

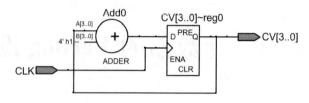

图 11-1　例 11-1 综合后的 RTL 图

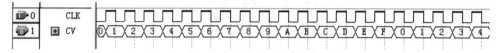

图 11-2　例 11-1 的功能仿真结果

【例 11-2】　十二进制计数器的 Verilog 描述。

```
module   CNT_X(CLK,CV);
    parameter X=12;
    output  [3:0]  CV;
    input   CLK;
    reg  [3:0]  CV;
    always @(posedge CLK)
        if   (CV<(X-1))  CV <=CV+1'b1;
        else   CV <=4'h0;
endmodule
```

例 11-2 是一个不带进位、置位、复位的 X 进制计数器的 Verilog 描述,其中 X 小于 2^n。图 11-3 是例 11-2 综合后的 RTL 图,可以看出比例 11-1 多了一个比较器和选择器。图 11-4 为例 11-2 的功能仿真结果。

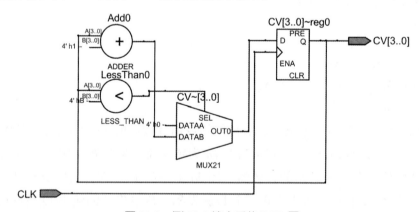

图 11-3　例 11-2 综合后的 RTL 图

图 11-4　例 11-2 的功能仿真结果

二、带异步清零的计数器

【例 11-3】 带异步清零的十二进制计数器的 Verilog 描述。

```
module   CNT_X1(CLK,RES,CV);
    parameter X=12;
    output  [3:0]  CV;
    input   CLK,RES;
    reg  [3:0]  CV;
    always @(posedge CLK or negedge RES)
        if(! RES)   CV<=4'h0;
        else if(CV<(X-1))   CV<=CV+1'b1;
        else   CV<=4'h0;
endmodule
```

例 11-3 是一个带异步清零的 X 进制计数器的 Verilog 描述,其综合后的 RTL 图如图 11-5 所示,相比例 11-2,多一个异步复位控制端。

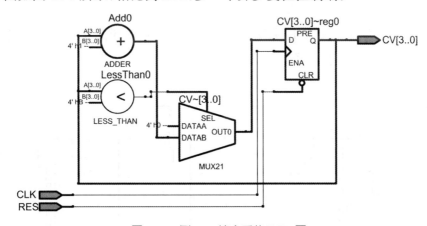

图 11-5　例 11-3 综合后的 RTL 图

图 11-6 为例 11-3 的功能仿真结果,从中可以看出,RES 变为低电平时,计数值 CV 立刻变为 0(此时 CLK 在下降沿)。

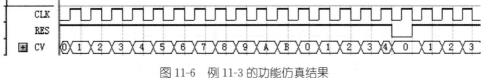

图 11-6　例 11-3 的功能仿真结果

三、带同步置数、异步清零的计数器

计数器的置数就是给计数器送一个固定的数值,同步置数是有效时钟到来后这个固定数才被计数器接收,而异步置数是只要置数有效就立刻将这个固定的数送至计数器的输出端。例 11-4 是一个带同步置数、异步清零的 X 进制计数器的

Verilog 描述。其中,异步控制信号 RES 必须在过程的敏感信号中列出,且在过程的第一条语句中明示;置数控制端 LD 属于同步控制信号,不能在敏感信号中列出;DATA 是要送的数,这里通过输入获得。

【**例 11-4**】 带同步置数、异步清零的十二进制计数器的 Verilog 描述。

```
module   CNT_X2(CLK,RES,LD,DATA,CV);
    parameter X=12;
    output  [3:0]  CV;
    input   CLK,RES,LD;
    input [3:0]  DATA;
    reg   [3:0]  CV;
    always @(posedge CLK or negedge RES)
        if(! RES)   CV<=4'h0;
        else if(LD)   CV<=DATA;
        else if(CV<(X-1))   CV<=CV+1'b1;
        else   CV<=4'h0;
endmodule
```

例 11-4 综合后的 RTL 图如图 11-7 所示,可以看出比图 11-5 多一个数据选择器。这个选择器用于选择置数或加计数的值。图 11-7 把 4 个 D 触发器分开表示。

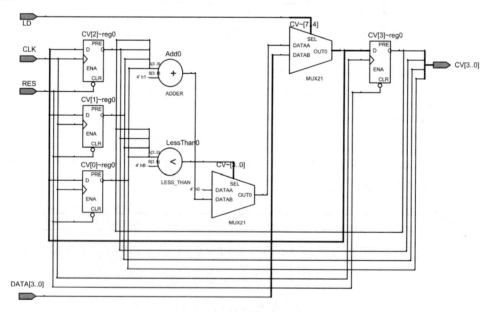

图 11-7 例 11-4 综合后的 RTL 图

图 11-8 为例 11-4 的功能仿真结果。可以看出,复位 RES 有效时时钟在下降沿,但 CV 立刻被复位为 0;而 LD 有效时,在时钟上升沿时才将要置的数 5 送至 CV。

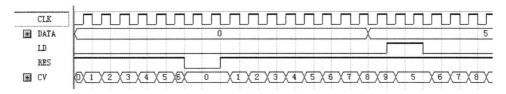

图 11-8　例 11-4 的功能仿真结果

四、带同步使能、同步置数和异步清零的计数器

从以上案例可以看出,计数器综合后的 D 触发器带一个 ENA 端口(触发器的使能端),使能后触发器在有效时钟到来后才按特性方程变化。若未对触发器使能,则会保持原来的状态不变。例 11-5 中定义 ENA 为使能信号(高电平使能)。因为使用同步使能,故不能把 ENA 放在过程的敏感信号列表中;如果要定义为异步使能,则需要放在敏感信号列表中,且要在过程的第一条语句中明示。

【例 11-5】　带同步使能、同步置数和异步清零的十二进制计数器的 Verilog 描述。

```
module  CNT_X3(CLK,RES,LD,ENA,DATA,C,CV);
    parameter X=12,S=4;
    output  [S:1]  CV;
    output C;
    input  CLK,RES,LD,ENA;
    input [S:1]  DATA;
    reg  [S:1]  CV;
    always @(posedge CLK or negedge RES)
        begin
            if(! RES)  CV<=4'h0;
            else if(ENA)
                begin
                    if(LD)  CV<=DATA;
                    else if(CV<(X−1))  CV<=CV+1'b1;
                    else  CV<=4'h0;
                end
            else  CV<=CV;
        end
    assign C=(CV==(X−1))?    1:0;
endmodule
```

例 11-5 是一个带同步使能、同步置数和异步清零的计数器,其中 C 为计满标志位,即计数到计数器的最大容量时显示为 1,表示计满,否则显示为 0。例 11-5 综合后 RTL 图如图 11-9 所示,其功能仿真效果如图 11-10 所示。从图 11-9 中可以看出 ENA 加在了触发器的使能端。

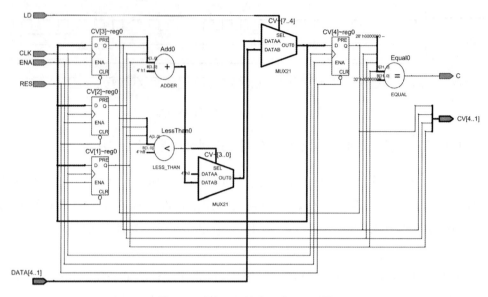

图 11-9　例 11-5 综合后的 RTL 图

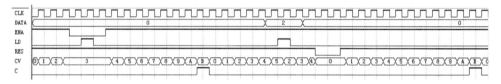

图 11-10　例 11-5 的功能仿真结果

11.3　项目实践练习

分别建立 5 个工程,练习例 11-1～例 11-5。

11.4　项目设计性作业

请自行设计一个功能类似 74LS160 的计数器。74LS160 逻辑图及引脚功能见表 11-1,其功能表见表 11-2。

表 11-1　74LS160 的逻辑图及引脚功能

74LS160 逻辑图	管脚号	管脚命名	功能
	1	MR	复位输入端
	2	CLK	时钟脉冲输入端
	3～6	D0～D3	预置数输入端
	7、10	ENP、ENT	控制端
	9	LOAD	预置控制端
	11～14	Q3～Q0	计数输出端
	15	RCO	计满标志端

表 11-2   74LS160 的功能表

输入									输出			
$\overline{MR}$	$\overline{LOAD}$	ENP	ENT	CLK	D3	D2	D1	D0	Q3	Q2	Q1	Q0
0	×	×	×	×	×	×	×	×	0	0	0	0
1	0	×	×	↑	d3	d2	d1	d0	d3	d2	d1	d0
1	1	1	1	↑	×	×	×	×	计数			
1	1	0	×	×	×	×	×	×	保持			
1	1	×	0	×	×	×	×	×	保持			

11.5   项目知识要点

(1)计数器的时钟。

(2)计数器的使能端、置数端、复位端、预置数输入端。

(3)进位或计满标志位。

(4)同步和异步。

(5)计数器的容量与输出位宽。

11.6   项目扩展训练

(1)总结计数器 Verilog 描述的方法。

(2)设计一个功能与 74LS190 相同的可加减计数器。74LS190 的逻辑图及引脚如图 11-11 所示,74LS190 的功能表如表 11-3 所示,RC 真值表如表 11-4 所示。

$\overline{CE}$:count enable(active low)input,计数使能(低电平有效)。

CP:clock pulse(active high going edge)input,时钟脉冲输入(上升沿有效)。

$\overline{U}/D$:up/down count control input,加/减计数控制输入端。

$\overline{PL}$:parallel load control(active low)input,并行输入加载数控制输入端(低电平有效)。

P_n:parallel data inputs,并行数据输入端。

Q_n:flip-flop outputs,触发器输出端,即计数值输出端。

$\overline{RC}$:ripple clock output,脉动时钟输出。

TC:terminal count output,终端计数输出,即计满标志位。

T^* 产生于内部。

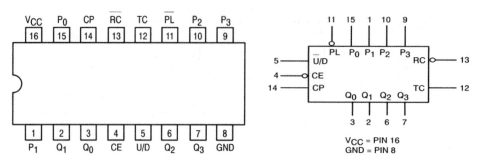

图 11-11　74LS190 的逻辑图及引脚

表 11-3　74LS190 的功能表

输入				$\overline{RC}$
PL	$\overline{CE}$	$\overline{U/D}$	CP	
H	L	L	↑	加计数
H	L	H	↑	减计数
L	×	X	×	预置（异步）
H	H	X	×	保持不变

表 11-4　RC 真值表

输入			$\overline{RC}$
$\overline{CE}$	TC*	CP	
L	H	⊓	⊓
H	×	×	H
×	L	×	H

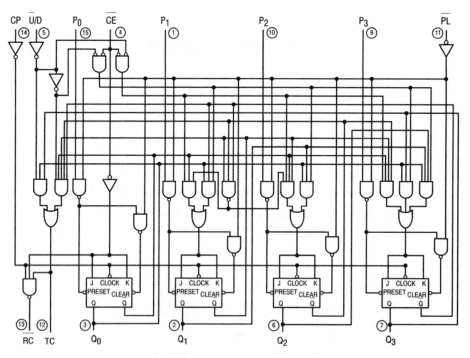

图 11-12　74LS190 内部逻辑

项目 12　移位寄存器的 Verilog 设计

12.1　教学目的

(1)学习使用例化调用设计移位寄存器。
(2)学习算术移位寄存器的设计方法。
(3)学习循环移位寄存器的设计方法。
(4)学习桶形移位寄存器的设计方法。
(5)学习有符号数的表示方法。
(6)学习使用有符号数的移位操作符。

12.2　普通移位寄存器

移位寄存器是一个具有移位功能的寄存器,其中所存的代码能够在移位脉冲的作用下依次左移或右移。既能左移又能右移的称为双向移位寄存器,只需要改变左、右移的控制信号便可实现双向移位要求。移位寄存器存取信息的方式分为串入串出、串入并出、并入串出、并入并出。

图 12-1 是由 4 个上升沿触发的 D 触发器组成的移位寄存器,左边 D_I 是串行输入数据。在 CLK 的上升沿,每个 D 触发器会把左边 D 值送到右边输出端,即向右移一位。从左边送 1 位数据要经过 4 个移位脉冲才能送至最右边输出,这种叫串行输入串行输出。如果一次从触发器取数据作为 1 个 4 位数送出,这叫并行输出。如果给每个触发器加一个预置端,则可以实现并行输入。

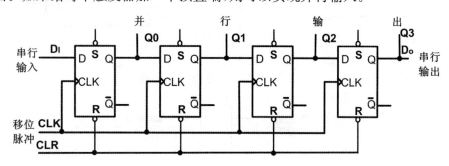

图 12-1　移位寄存器的原理示意

例 12-1 是根据图 12-1 所示原理描述的一个右移移位寄存器。其中,CLK 是移位时钟,DI 是左边串行输入,PO 是并行输出,CLR 是复位控制端,DO 是串行

输出端。例 12-1 是用位置关联法例化调用 4 个带异步清零端的 D 触发器生成的
移位寄存器。DFF_C. v 文件是带异步清零的 D 触发器的 Verilog 描述,该文件需
要放置在当前工程目录下。图 12-2 是例 12-1 综合后的 RTL 图,双击图中的例化
调用模块可以看到图 12-3 所示 D 触发器。图 12-4 为例 12-1 的仿真结果。

【**例 12-1**】 例化调用设计一个 4 位右移移位寄存器。

```
module SR(CLK,DI,PO,CLR,DO);
    output   DO;
    output [3:0]   PO;
    input   CLK,DI,CLR;
    DFF_C   U3 (CLK,DI,CLR,PO[3]);
    DFF_C   U2 (CLK,PO[3],CLR,PO[2]);
    DFF_C   U1 (CLK,PO[2],CLR,PO[1]);
    DFF_C   U0 (CLK,PO[1],CLR,PO[0]);
    assign DO=PO[0];
endmodule
// DFF_C. v 文件,带异步清零的上升沿 D 触发器
module   DFF_C(CLK,D,RESET,Q);
    output Q;
    input CLK,D,RESET;
    reg Q;
    always@(posedge CLK or negedge RESET)
        if(! RESET)   Q=0;
        else Q<=D;
endmodule
```

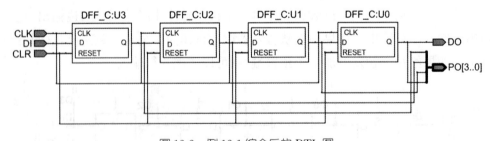

图 12-2　例 12-1 综合后的 RTL 图

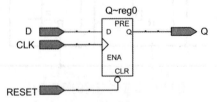

图 12-3　带异步清零的 D 触发器

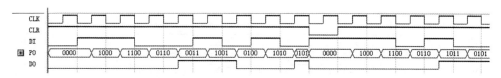

图 12-4　例 12-1 的功能仿真结果

例 12-2 在例 12-1 的基础上增加了同步并行输入功能。其中,PI 是并行输入端,LD 是控制端,LD 高电平时选择输入 PI。LD 为低电平时,例 12-2 与例 12-1 相同。

【例 12-2】　例化调用设计一个带并行输入的 4 位右移移位寄存器。

```
module SR_L(CLK,DI,PO,PI,LD,CLR,DO);
    output   DO;
    output [3:0]   PO;
    input CLK,DI,LD,CLR;
    input [3:0]   PI;
    wire [3:0]   QT=(LD)? PI:{DI,PO[3:1]};
    DFF_C U3(CLK,QT[3],CLR,PO[3]);
    DFF_C U2(CLK,QT[2],CLR,PO[2]);
    DFF_C U1(CLK,QT[1],CLR,PO[1]);
    DFF_C U0(CLK,QT[0],CLR,PO[0]);
    assign DO=PO[0];
endmodule
```

图 12-5 为例 12-2 综合后的 RTL 图。从图中可以看出,触发器的输入 D 前增加了一个二选一数据选择器,当 LD 为高电平时选择输入 PI。图 12-6 为例 12-5 的仿真结果。

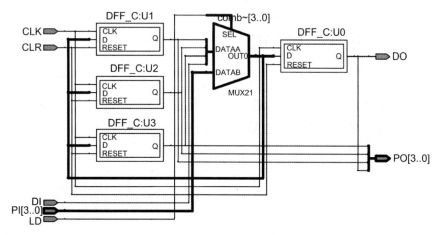

图 12-5　例 12-2 综合后的 RTL 图

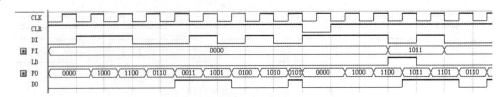

图 12-6　例 12-2 的功能仿真结果

12.3　算术移位寄存器

一般处理器中表示有符号数时用补码的形式，最高位表示的不是数，而是符号，因此右移位时如果简单用 0 来补符号，有可能改变数的正负。有符号数算术左移与逻辑移位一样，均为右边最低位用 0 补，但右移时最左边用符号位补，即保留符号位，这样移完后仍然是用补码表示的有符号数。

例 12-3 是一个 4 位算术右移移位寄存器的 Verilog 描述，要移位的值通过并行口 PI 送入，LD 为高电平时接收，移完后可通过并行输出口 PO 送出。

【例 12-3】

```verilog
module   ASR(PI,CLK,LD,CLR,PO,DO);
    input   CLK,LD,CLR;
    input [3:0]   PI;
    output [3:0]   PO;
    output DO;
    reg   [3:0]   PO;
    always@(posedge CLK or negedge CLR)
        if(! CLR)      PO <=4'H0;
        else if(LD)   PO <=PI;
        else   PO[2:0]<=PO[3:1];
    assign DO=PO[0];
endmodule
```

例 12-3 综合后的 RTL 图如图 12-7 所示，仿真结果如图 12-8 所示。从图中可以看出，送进来的负数经 3 次右移后全为 1。

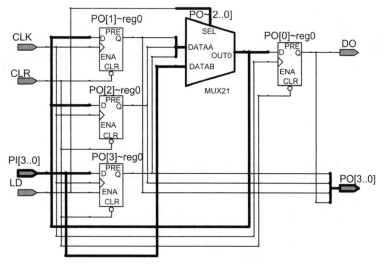

图 12-7 例 12-3 综合后的 RTL 图

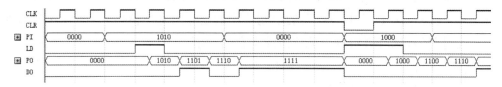

图 12-8 例 12-3 的功能仿真结果

12.4 循环移位寄存器

把移位寄存器的输出反馈到它的串行输入端,就可以作为循环移位寄存器,如把图 12-1 中的 DO 与 DI 连接在一起就构成一个循环移位寄存器。

例 12-4 在例 12-1 的基础上加上一个数据选择器来选择移位方式。当 LD 为高电平时,可实现例 12-1 的功能;当 LD 为低电平时,可实现循环右移。综合后的 RTL 图如图 12-9 所示,其功能仿真结果如图 12-10 所示。

【例 12-4】

```verilog
module ROR(CLK,DI,LD,PO,CLR,DO);
    output DO;
    output [3:0]  PO;
    input CLK,DI,LD,CLR;
    wire DIT=(LD)?  DI:PO[0];
    DFF_C U3(CLK,DIT,CLR,PO[3]);
    DFF_C U2(CLK,PO[3],CLR,PO[2]);
    DFF_C U1(CLK,PO[2],CLR,PO[1]);
    DFF_C U0(CLK,PO[1],CLR,PO[0]);
    assign DO=PO[0];
endmodule
```

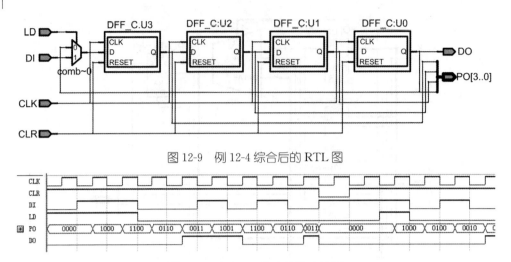

图 12-9　例 12-4 综合后的 RTL 图

图 12-10　例 12-4 的功能仿真结果

可以对例 12-3 进行修改,使之变为可并行预置的循环右移移位寄存器,参见例 12-5。注意:例 12-5 中 else 后的语句块用的是非阻塞赋值语句,即可视为两条语句同时赋值,赋值语句右边是移位前寄存器的值。

【例 12-5】

```
module   ROR1(PI,CLK,LD,CLR,PO,DO);
    input   CLK,LD,CLR;
    input [3:0]   PI;
    output [3:0]   PO;
    output DO;
    reg   [3:0]   PO;
    always@(posedge CLK or negedge CLR)
        if(! CLR)      PO<=4'H0;
        else if(LD)    PO<=PI;
        else
            begin
                PO[3]<=PO[0];
                PO[2:0]<=PO[3:1];
            end
    assign DO=PO[0];
endmodule
```

例 12-5 的仿真结果如图 12-11 所示。从中可以看出,LD 为高电平时,在时钟的上升沿把并行输入数送至寄存器;当 LD 与 CLR 同时作用时,仅 CLR 有效。

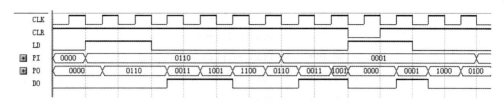

图 12-11　例 12-5 的功能仿真结果

12.5　桶形移位寄存器

桶形移位寄存器通常作为微处理器的一部分，它具有 n 个数据输入和 n 个数据输出，可用于指定数据的输入方式、移位方向、移位类型（如循环、算术、逻辑移位等）及移动的位数等。

一、桶形移位寄存器的 Verilog 描述

例 12-6 是一个简单的 8 位桶形移位寄存器的描述。其中，PDI 为寄存器数据并行输入，CLK 为移位时钟，SDI 为寄存器数据串行输入，SM 为移位方式选择，SNUB 为移位的位数，PDO 为寄存器数据并行输出。

移位方式：

0000：寄存器所有位置 0	0001：并行输入寄存器值
0010：串行右移输入 1 位数	0011：串行左移输入 1 位数
0100：循环右移 1 位	0101：循环左移 1 位
0110：逻辑右移 SNUB 位	0111：逻辑左移 SNUB 位
1000：算术右移 SNUB 位	1001：算术左移 SNUB 位
1010：循环右移 SNUB 位	1011：循环左移 SNUB 位

【例 12-6】

```verilog
module  BS_8(PDI,CLK,SDI,SM,SNUB,PDO);
    input [8:1]  PDI;
    input   SDI,CLK;
    input [3:1]  SNUB;
    input [4:1]  SM;
    output [8:1]  PDO;
    reg   signed [8:1]  PDO;
    always@(posedge CLK)
            case(SM)
                4'b0000:PDO <= 0;
                4'b0001:PDO <= PDI;
```

```verilog
        4'b0010:PDO <={SDI,PDO[8:2]};
        4'b0011:PDO <={PDO[7:1],SDI};
        4'b0100:PDO <={PDO[1],PDO[8:2]};
        4'b0101:PDO <={PDO[7:1],PDO[8]};
        4'b0110:PDO <=(PDO>>SNUB);
        4'b0111:PDO <=(PDO<<SNUB);
        4'b1000:PDO <=(PDO>>>SNUB);
        4'b1001:PDO <=(PDO<<<SNUB);
        4'b1010:begin
                    case(SNUB)
                        3'b000:PDO <=PDO;
                        3'b001:PDO <={PDO[1],PDO[8:2]};
                        3'b010:PDO <={PDO[2:1],PDO[8:3]};
                        3'b011:PDO <={PDO[3:1],PDO[8:4]};
                        3'b100:PDO <={PDO[4:1],PDO[8:5]};
                        3'b101:PDO <={PDO[5:1],PDO[8:6]};
                        3'b110:PDO <={PDO[6:1],PDO[8:7]};
                        3'b111:PDO <={PDO[7:1],PDO[8]};
                        default PDO <=PDO;
                    endcase
                end
        4'b1011:begin
                    case(SNUB)
                        3'b000:PDO <=PDO;
                        3'b001:PDO <={PDO[7:1],PDO[8]};
                        3'b010:PDO <={PDO[6:1],PDO[8:7]};
                        3'b011:PDO <={PDO[5:1],PDO[8:6]};
                        3'b100:PDO <={PDO[4:1],PDO[8:5]};
                        3'b101:PDO <={PDO[3:1],PDO[8:4]};
                        3'b110:PDO <={PDO[2:1],PDO[8:3]};
                        3'b111:PDO <={PDO[1],PDO[8:2]};
                        default PDO <=PDO;
                    endcase
                end
        default   PDO <=PDO;
    endcase
endmodule
```

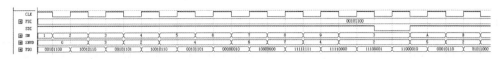

图 12-12　例 12-6 的功能仿真结果

二、例 12-6 用到的 Verilog 语法

1. 关键字 signed

关键字 signed 放在关键字 reg 和 wire 后面，表示定义的是有符号的数据类型。有 2 个系统函数可以进行符号类型转化：$ signed 用于转化为有符号的数，$ unsigned 用于转化为无符号的数。例：

reg [7:0]　regA;

reg signed [7:0]　regS;

regA= $ unsigned(−4)；　// regA=4′b1100

regS= $ signed(4′b1100)；// regS=−4

2. 有符号数的移位操作符

"<<<"表示有符号数的左移运算，">>>"表示有符号数的右移运算，左移时右边用 0 补，但右移时最左边是用符号位补。

12.6　项目实践练习

分别建立 6 个工程，练习例 12-1～例 12-6，从中学习移位寄存器的设计方法。

12.7　项目设计性作业

设计一个功能类似 74LS194 的移位计数器。74LS194 的逻辑图如图 12-13 所示，其功能表如表 12-1 所示，表中的 DSR 和 DSL 分别表示从 SR 和 SL 端送进来的数据，a、b、c、d 表示从并行数据输入端送进来的数据。

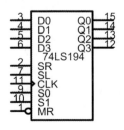

图 12-13　74LS194 的逻辑图

表 12-1 74LS194 功能表

功能	输入									输出			
	CLK	$\overline{MR}$	S1	S0	SR	SL	D0	D1	D2	D3	Q0 *	Q1 *	Q2 *	Q3 *
清除	×	0	×	×	×	×	×	×	×	×	0	0	0	0
送数	↑	1	1	1	×	×	a	b	c	d	a	b	c	d
右移	↑	1	0	1	DSR	×	×	×	×	×	DSR	Q0	Q1	Q2
左移	↑	1	1	0	×	DSL	×	×	×	×	Q1	Q2	Q3	DSL
保持	↑	1	0	0	×	×	×	×	×	×	Q0	Q1	Q2	Q3
保持	↓	1	×	×	×	×	×	×	×	×	Q0	Q1	Q2	Q3

12.8 项目知识要点

(1)算术移位。

(2)桶形移位寄存器。

(3)关键字 signed。

(4)系统函数 $ unsigned 和 $ signed。

(5)有符号数的移位操作符<<<和>>>。

(6)case 语句的嵌套。

12.9 项目拓展训练

设计一个 16 位桶形移位寄存器。

项目 13 原理图与 Verilog 混合设计

13.1 教学目的

(1)学习将 Verilog 设计文件变为原理图模块。

(2)学习将原理图文件变为 Verilog 可例化调用模块。

(3)学习 Verilog 与原理图混合设计的方法。

13.2 Verilog 设计转化为原理图模块

用原理图方式设计的电路显示更清晰,模块与模块的连接更直观,Quartus 软件可以把 Verilog 描述的模块变化为原理图模块来调用。

【例 13-1】 在原理图设计文件中调用例 9-5 设计一个数码管译码器。

(1)建立一工程。

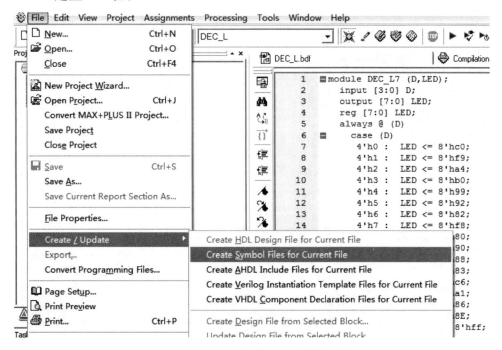

图 13-1 Verilog 文件生成原理图模块

(2)拷贝例 9-5 的 DEC_L7. v 文件到当前工程目录下,或者新建一个 Verilog 文件,拷贝例 9-5 的代码然后以"DEC_L7. v"命名保存。该文件可以添加到当前工程中,也可以不添加。

(3)用 Quartus 软件打开 DEC_L7.v 文件。

(4)点击菜单"File→Create/Update→Create symbol files for current file"生成原理图模块,如图 13-1 所示,成功后会弹出图 13-2 所示对话框。

注意:DEC_L7.v 文件要保持打开状态,且处于活动中,如图 13-1 所示,即光标位于文件中时图 13-1 所示菜单有效,否则该菜单条呈灰色,不可用。

图 13-2　原理图模块生成成功

(5)在该工程中新建一个原理图设计文件。

在原理图设计文件的工具栏中点击" D "图标后,再点击"Project"前面的" ⊞ ",可以看到 DEC_L7 的原理图模块,如图 13-3 所示。

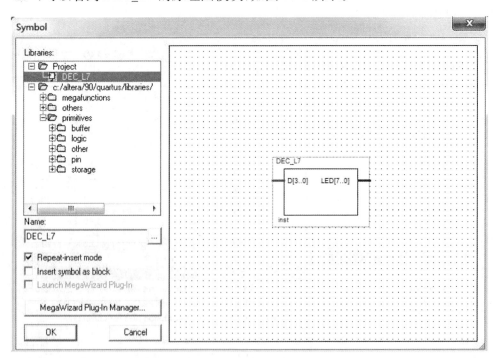

图 13-3　原理图模块调用

（6）按图 13-4 所示建立电路图。

注意：模块 DEC_L7 的输入与输出都是总线型，因此输入端口可命名为"D[3..0]"，输出端口可命名为"LED[7..0]"。在原理图文件中，这种命名方式可用于表示数据的位宽。另外，该原理图设计文件命名一定要与工程名一样，而且要添加到当前工程中。该文件为工程的顶层模块。

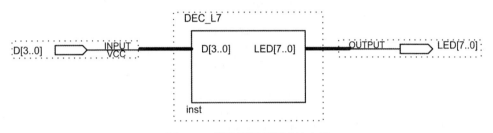

图 13-4　译码器原理图设计文件

（7）综合。

（8）仿真验证。结果如图 13-5 所示。

图 13-5　例 13-1 功能仿真结果

13.3　混合设计法

混合设计法在这里指的是有些模块用原理图设计，有些模块用 Verilog 设计。如何将不同模块放在一起共同构建新的设计？一般有 2 种方案：一是把原理图模块变为 Verilog 可调用的例化模块，然后统一用 Verilog 设计；二是把用 Verilog 设计的模块变成原理图，然后统一用原理图设计。

一、实践练习一

【例 13-2】

（1）新建一工程。

新建工程如果与例 13-1 不在同一目录下，可以拷贝例 13-1 的 DEC_L7.v 文件和 DEC_L7.bsf 文件到当前工程的目录下，如图 13-6 所示。

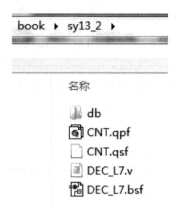

图 13-6　例 13-2 工程目录文件

(2)在该工程中新建一原理图设计文件。

在原理图设计文件的工具栏中点击""图标后,再点击"Project"前面的"田",可以看到 DEC_L7 的原理图模块,把该模块添加到设计文件中。

在原理图设计文件的工具栏中点击"⊃"图标后,再依次点击"c:/altera/90/quartus/libraries/"前面的"田""others"前面的"田"和"maxlus2"前面的"田",然后在里面找到"74161"并添加到当前设计文件中,如图 13-7 所示。

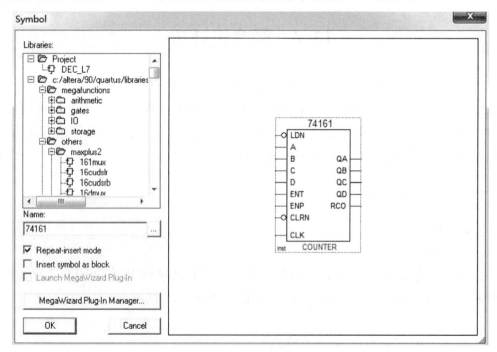

图 13-7　74161 原理图模块

按图 13-8 搭建电路,注意单根线连接总线的方法,单根线要按总线分支的方法命名。例如,图 13-8 中 74161 的 QA 输出端连接线命名为"QD[0]",系统会自动连接到总线"QD[3..0]"上。选中连线后,点击鼠标右键选择"Properties"可命名连线。如图 13-9 所示,点击"General"选项卡后可在"Name"栏中输入连线名。

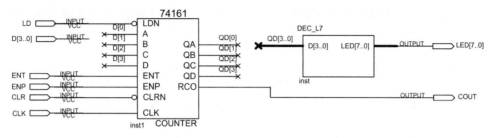

图 13-8　例 13-2 顶层原理图模块

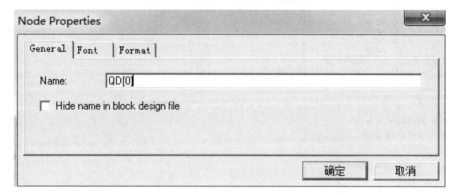

图 13-9　连线命名

(3)综合后仿真验证。

例 13-2 的仿真结果如图 13-10 所示。

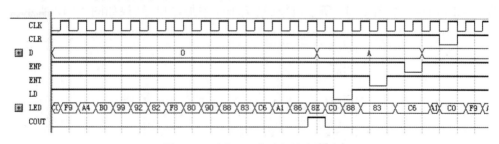

图 13-10　例 13-2 的功能仿真结果

二、实践练习二

【例 13-3】

(1)新建一工程。

(2)建立原理图设计文件。

新建一原理图文件,查找 74190 集成块并添加进该文件中,可在图 13-11 所示的"Name"栏中输入"74190"查找。74190 是可加/减的十进制(8421 码)计数器;A、B、C、D 是预置数输入端;LDN 是异步预置控制端;GN 计数器使能端;

DNUP 是计数方向控制端，低电平加计数，高电平减计数；CLK 是计数用的脉冲输入；QD、QC、QB、QA 是计数输出端；MXMN 是计满标志输出，即加计数计到 9 时送出高电平，减计数计到 0 时送出高电平；RCON 端计满后重新计数时会送出一个负脉冲，可用于级联。

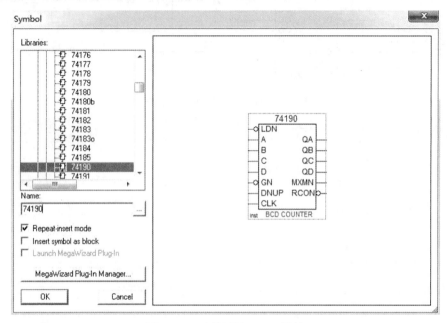

图 13-11　查找系统 74190 模块

在原理图文件中选中"74190"，点击鼠标右键，然后点击"Generate Pins for Symbol Ports"，如图 13-12 所示，自动给 74190 添加端口，结果如图 13-13 所示。

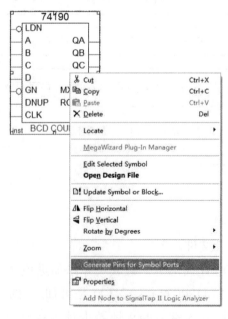

图 13-12　给模块自动添加端口

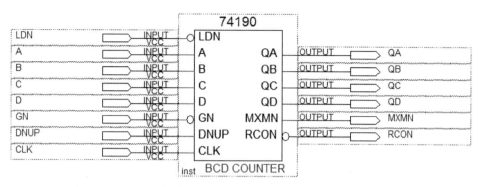

图 13-13　给模块自动添加的端口

以"CNT190. bdf"为名保存该文件。该文件只需要保存在当前工程目录下，添加或不添加到工程中均可。

(3)将原理图文件转化为 HDL 文件。

在原理图文件打开的情况下，将光标置于原理图文件中，点击菜单"File→Create/Update→Create HDL Design File for Current File"，如图 13-14 所示。弹出图 13-15 所示对话框后，点选"Verilog HDL"并点击"OK"。

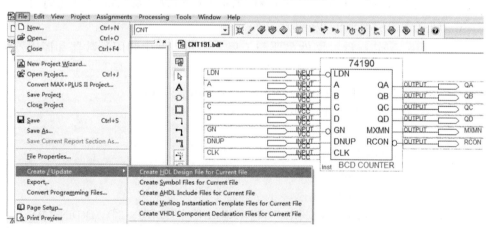

图 13-14　原理图转化为 HDL 文件

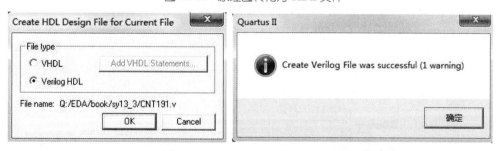

图 13-15　HDL 文件选择　　　　图 13-16　HDL 文件转化成功提示

转化完成后会出现图 13-16 所示的对话框。这时打开工程目录可以看到 CNT190. v 文件，该文件就是例化调用文件，如图 13-17 所示。

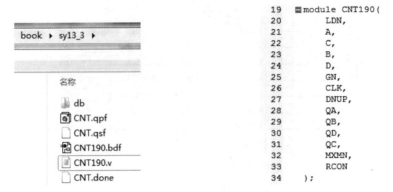

图 13-17　当前工程目录下的文件　　　图 13-18　74190 例化后端口名及端口声明位置

用 Quartus 打开 CNT190. v 文件，可以看到要调用该例化时用到的端口位置及端口名，如图 13-18 所示。

（4）添加译码器模块文件。

拷贝例 9-5 的 DEC_L7. v 文件到当前工程目录下，或者新建一个 Verilog 文件，拷贝例 9-5 的代码然后以"DEC_L7. v"为名保存。同样，该文件可以添加到当前工程中，也可以不添加，但一定要放在当前目录下，这样综合时可自动调用。

（5）建立含顶层模块的 Verilog 文件。

顶层模块 Verilog 设计文件名要与工程名相同。例化调用计数器和译码器模块生成一个带有译码功能的计数器模块。具体内容如下：

```
module CNT(LDN,DIN,GN,CLK,DNUP,MXMN,RCON,LED);
    input   LDN,GN,CLK,DNUP;
    input [4:1]   DIN;
    output   MXMN,RCON;
    output [7:0]   LED;
    wire   QA,QB,QD,QC;
    CNT190 U1(. LDN(LDN),. A(DIN[1]),. C(DIN[3]),. B(DIN[2]),. D(DIN[4]),
    . GN(GN),. CLK(CLK),. DNUP(DNUP),. QA(QA),. QB(QB),. QD(QD),
    . QC(QC),. MXMN(MXMN),. RCON(RCON));
    DEC_L7   U2({QD,QC,QB,QA},LED);
endmodule
```

（6）综合。

综合后的 RTL 图如图 13-19 所示。

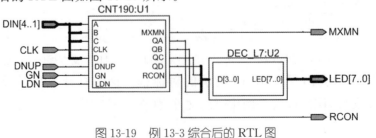

图 13-19　例 13-3 综合后的 RTL 图

（7）仿真验证。

建立仿真波形文件后进行仿真验证，仿真结果如图 13-20 所示。从仿真结果可以看出，RCON 在 CLK 的下降沿处开始送出低电平，在下一个 CLK 的上升沿回到高电平。

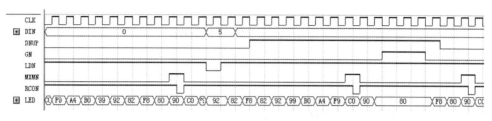

图 13-20　例 13-3 的功能仿真结果

13.4　项目实践练习

练习例 13-1～例 13-3，从中学习 Verilog 与原理图的混合设计方法。

13.5　项目设计性作业

用 Verilog 写一个六进制计数器，然后通过调用系统的 74190 组成一个六十进制的 BCD 码计数器。

13.6　项目知识要点

（1）Verilog 文件转原理图模块。
（2）原理图文件转 Verilog 可调用例化模块。
（3）可逆计数器。
（4）总线。

13.7　项目拓展训练

使用混合法设计一个 3 路的 BCD 码倒计数器，要求 3 路倒计数的模分别为 30、20 和 3。

项目 14　宏模块的调用

14.1　教学目的

(1)学习宏模块的调用。

(2)学习计数器宏模块的使用。

(3)掌握计数器宏模块直接调用的方法。

14.2　宏模块的调用

一、什么是 LPM

参数化模块库(LPM)中是 Altera 公司 FPGA/CPLD 设计软件 Quartus Ⅱ 自带的一些宏功能模块。可参数化宏功能模块和 LPM 函数均基于 Altera 器件的结构做了优化设计,因此在设计时尽量使用 Megafunction 的资源,因为在多数情况下 Megafunction 的综合和实现结果更优,而且在许多实际应用中,必须调用宏功能模块才可以使用一些 Altera 特定器件的硬件功能,如各类片上存储器、数字信号处理(DSP)、低电压差动信号(LVDS)驱动器、嵌入式锁相环(PLL)等。设计者可以根据电路的设计需要,以图形或硬件描述语言模块形式调用这些参数化模块,并设定适当的参数,设计出满足自己需要的功能模块。

Quartus Ⅱ 9.0 自带的参数化模块分类如图 14-1 所示。"Altera SOPC Builder"是构建 Altera 的可编程片上系统(SOPC)。SOPC 技术最早由 Altera 公司提出,是指将处理器、I/O 口、存储器以及需要的功能模块集成到一片 FPGA 内,构成一个可编程的片上系统。SOPC 设计包括以 32 位 NiosⅡ软核处理器为核心的嵌入式系统的硬件配置、硬件设计、硬件仿真、软件设计、软件调试等。"Arithmetic"中是算术运算类参数化模块,如累加器、加法器、乘法器和算术函数等。"Communications"中是通信用的参数化模块,如校验码、编码、译码等。DSP中是数字信号处理常用的参数化模块,如滤波、视频和图像处理等。"Gates"中是门的参数化模块,如与门、或门、非门、数据选择器等。I/O 中是输入输出的参数化模块,如双向门端口、锁相环、LVDS 驱动器等。"Interfaces"中是接口的参数化模块,如协议控制信息(PCI)、以太网、存储器控制器等。"JTAG-accessible

Extensions"中是 JTAG 可访问的扩展参数化模块。"Memory Compiler"中是存储器的扩展参数化模块。"Storage"中是存储单元的参数化模块，如触发器、锁存器、移位寄存器等。可以在菜单"Help→Megafunctions/LPM"中查看帮助信息，获取参数设置及调用方法。

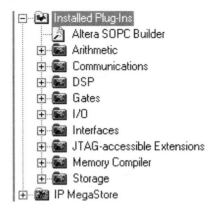

图 14-1　Quartus Ⅱ 9.0 自带的参数模块

二、实践练习一

【例 14-1】　调用参数模块设计十进制计数器。

1. 新建一工程

2. 生成参数模块

（1）点击菜单"Tools→MegaWizard Plug-In Manager"后出现图 14-2 所示界面。图中有 3 个选项：a. 生成新的宏模块；b. 修改已有宏模块；c. 复制一个已有的宏模块。第一次使用时选择生成新的宏模块，然后点击"Next"，此时会出现图 14-3所示界面。

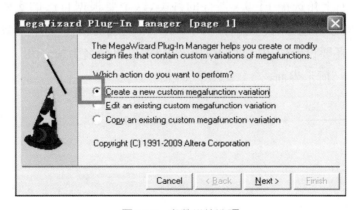

图 14-2　参数模块选项

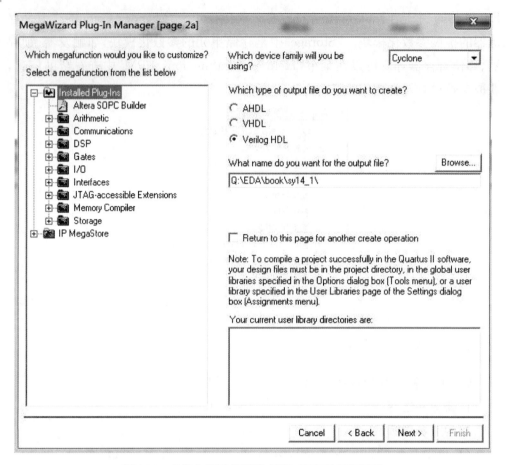

图 14-3　参数化模块的类型、器件、语言及名称设置

（2）参数化模块的类型、器件、语言及名称设置。

在图 14-3 所示界面中点击"Arithmetic"前的"＋"并从中选择计数器。如图 14-4 所示，在右上角选择 FPGA 器件的种类，这个要根据自己的实验条件选择，即根据硬件型号来选择，此处选择"Cyclone"。生成的输出文件类型选"Verilog HDL"。最后还要设置输出文件的位置及名称，这里命名为"cnt10"。点击"Next"后会出现图14-5所示界面。

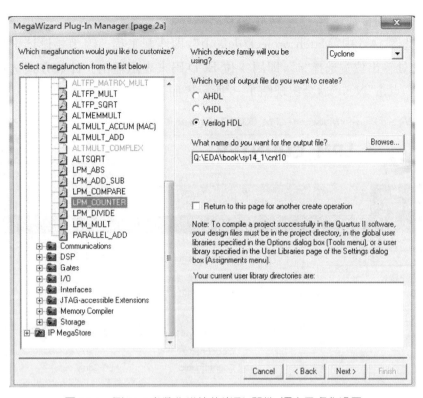

图 14-4　例 14-1 参数化模块的类型、器件、语言及名称设置

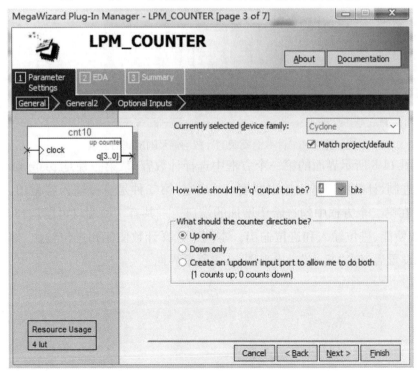

图 14-5　计数器模块的计数方式及输出位宽设置

3. 模块的参数设置

勾选图 14-5 中"Match project/default"，即匹配工程。因为要设计十进制计数器，此处输出位宽选择"4"，即用 4 位 BCD 码来表示输出。计数方式选择仅向上计数。点击"Next"后会出现图 14-6 所示界面。

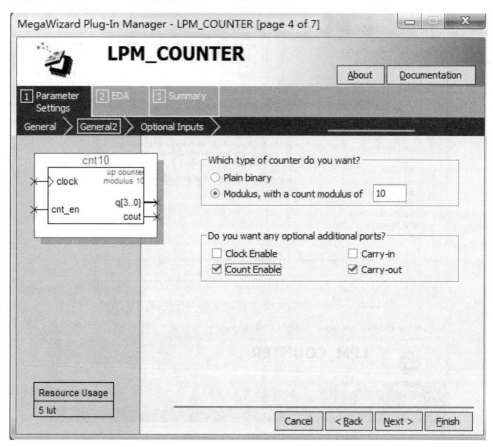

图 14-6　计数器模块的计数容量及附加端口设置

在图 14-6 所示界面的第一个方框中选择计数容量：第一种是 plain binary，即普通二进制，计数的容量由输出宽度（2^n）决定；第二种是直接输入容量值，这里输入 10。在第二个方框中勾选希望增加的端口。一共有 4 种端口可以选择：时钟使能、计数使能、进位输入和进位输出。本例中选择计数使能和进位输出，如图 14-6 所示。设置后点击"Next"会出现图 14-7 所示界面。

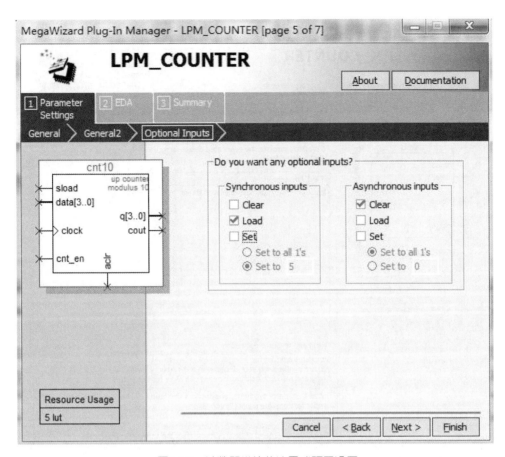

图 14-7　计数器模块的清零或预置设置

在图 14-7 所示界面的左边框中选择同步控制端,右边框中选择异步控制端。同步是指有效的时钟信号到来后才起相应的作用,而异步是指控制端信号变化后立刻起作用。Clear 是对计数器清零。Load 是对计数器装载一个数,这个数通过输入端口 data 输入。Set 是对计数器置一个数,这个数是一个固定值,可以通过下面的 2 个选择项设置。本例中选择同步装载、异步清零,如图 14-7 所示。设置后点击"Next"会出现图 14-8 所示界面。

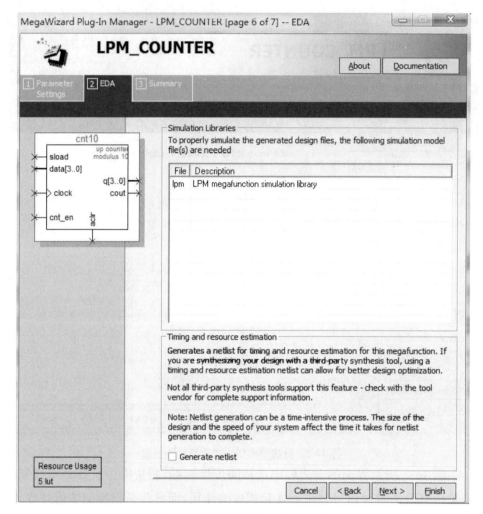

图 14-8　选择是否要生成网表文件

在图 14-8 所示界面中选择是否生成网表（netlist）文件。生成网表文件有助于评估模块的时间和资源使用情况，特别是使用第三方综合工具时，可以借助它来优化设计。当然，并不是所有的第三方综合工具都支持这个功能。本例不用生成网表文件，因此直接点击"Next"，弹出图 14-9 所示界面。

在图 14-9 所示界面中选择参数模块要生成的文件。拓展名为.v 的是模块的 Verilog 设计文件，可直接作为设计文件，此处默认生成。拓展名为. inc 和. cmp 的是另外 2 种硬件描述语言调用的模块文件。拓展名为.bsf 的是模块的原理图文件（如果用原理图设计，则需要生成）。_inst. v 是例化调用文件模板，调用时可直接拷贝到设计文件中并更改端口。_bb. v 是 Verilog HDL 黑盒子文件，这种文件可以调用，但看不到内部设计。_waveforms. html 文件是以网页形式显示的对模块的波形小结，_wave∗.jpg 是网页中用的波形图。本例按图 14-9 所示进行选择，然后点击"Finish"完成参数模块设计。

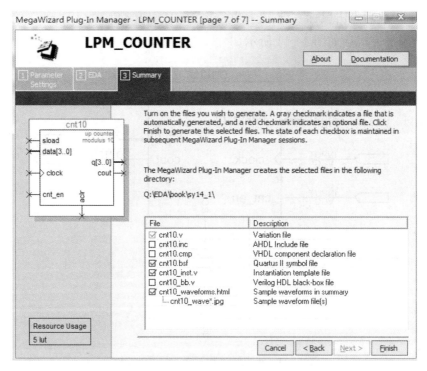

图 14-9　选择要生成的文件

4. 建立原理图设计文件

新建一原理图设计文件,注意文件名与工程名保持一致。添加元件时可以在"Project"下面找到生成的十进制计数模块,如图 14-10 所示。

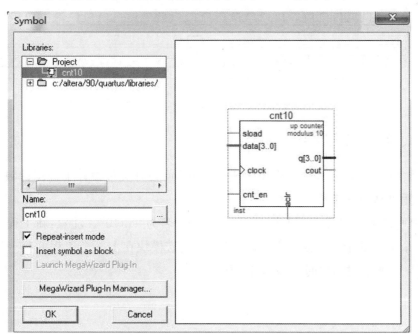

图 14-10　生成的计数器参数模块

选中模块后点击鼠标右键,选择"Generate Pins for Symbol Ports",给模块添加端口,添加完成后如图 14-11 所示。

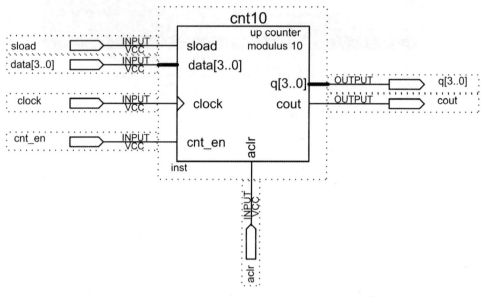

图 14-11　十进制计数器原理图设计文件

5. 综合

6. 验证

建立波形文件并进行仿真验证,结果如图 14-12 所示。

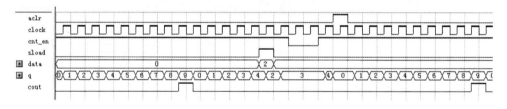

图 14-12　例 14-1 的功能仿真结果

三、实践练习二

【**例 14-2**】　直接调用宏模块生成的 Verilog 设计文件设计十进制计数器。

1. 重新建立一工程

在例 14-1 工程目录下重新建立一工程,命名为"cnt10"。注意:新工程一定要与上一个工程处于同一目录中,因为要调用的宏模块在上一个工程的目录下。弹出图 14-13 所示对话框时应该选择"否(N)"。

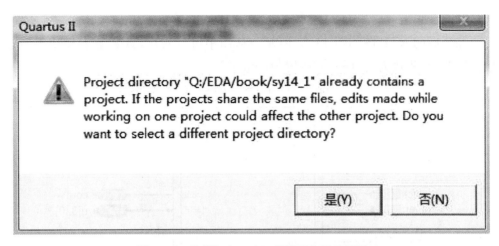

图 14-13   选择与上一个工程是否放不同目录

2. 添加 cnt10. v 文件到工程中

新建工程过程中出现图 14-14 所示界面时,点击"File name"文本输入框后的"…"找到 cnt10. v 文件,然后点击"Add"将 cnt10. v 文件添加到工程中。

注意:建立工程时选择的 FPGA 型号应属于宏模块生成时选择的类别。

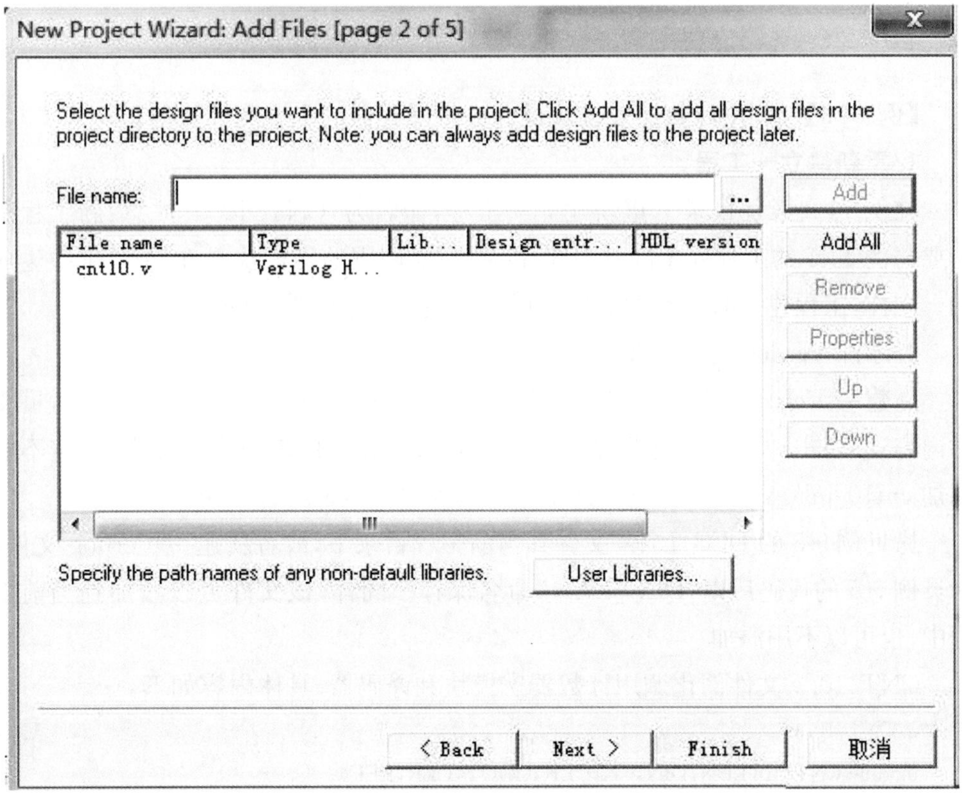

图 14-14   向工程中添加已有的设计文件

3. 综合

综合后的 RTL 图如图 14-15 所示。从图中可以看出，计数器宏模块没有连接的端口，有些置为高电平，有些置为低电平。

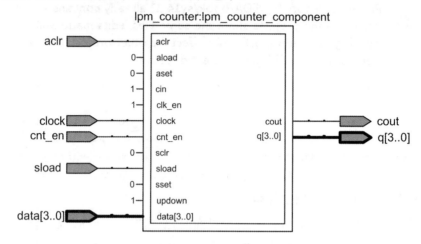

图 14-15　例 14-2 综合后的 RTL 图

4. 仿真

四、实践练习三

【例 14-3】 调用计数器宏模块设计一带译码器的十进制计数器。

1. 重新建立一工程

在例 14-2 工程目录下重新建立一工程，命名为"CNT_10"。注意：新工程一定要与例 14-1 的工程处于同一目录中，因为要调用的宏模块是在例 14-1 中生成的。同样，工程建立时选择的器件应属于宏模块建立时选择的类别。

2. 添加 Verilog 设计文件

新建一 Verilog 文件，命名为"CNT_10. v"。打开 cnt10_inst. v 文件，拷贝文件内容到 CNT_10. v 中，并根据需要修改括号中相应的端口名。注意：一定不要添加 cnt10_inst. v 到当前工程中（添加到工程中会出现综合错误）。

拷贝例 9-5 的 DEC_L7. v 文件到当前工程目录下，或者新建一 Verilog 文件，拷贝例 9-5 的代码后以"DEC_L7. v"命名保存。同样，该文件可以添加到当前工程中，也可以不用添加。

CNT_10. v 文件例化调用计数器宏模块和译码器，具体内容如下：

```
//CNT_10. v
module CNT_10(LDN,DIN,CN,CLK,COUT,CLR,LED);
    input  LDN,CN,CLK,CLR;
    input [4:1]  DIN;
    output  COUT;
```

```
output [7:0]   LED;
wire [3:0]   Q;
cnt10U1(
.aclr(CLR),
.clock(CLK),
.cnt_en(CN),
.data(DIN),
.sload(LDN),
.cout(COUT),
.q(Q)
);
DEC_L7  U2(Q,LED);
endmodule
```

3. 综合

综合后的 RTL 图如图 14-16 所示。

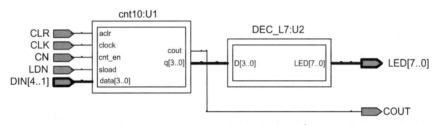

图 14-16　例 14-3 综合后的 RTL 图

4. 仿真验证

14.3　直接调用宏模块

查看例 14-2 中的 cnt10. v 文件,可以看到下列例化调用语句:

```
lpm_counter lpm_counter_component(
        .sload(sload),
        .aclr(aclr),
        .clock(clock),
        .data(data),
        .cnt_en(cnt_en),
        .cout(sub_wire0),
        .q(sub_wire1),
        .aload(1'b0),
        .aset(1'b0),
        .cin(1'b1),
```

```
        . clk_en(1′b1),
        . eq(),
        . sclr(1′b0),
        . sset(1′b0),
        . updown(1′b1));
defparam
    lpm_counter_component. lpm_direction="UP",
    lpm_counter_component. lpm_modulus=10,
    lpm_counter_component. lpm_port_updown="PORT_UNUSED",
    lpm_counter_component. lpm_type ="LPM_COUNTER",
    lpm_counter_component. lpm_width=4;
```

关键字 lpm_counter 是例化调用宏模块的类别。关键字 lpm_counter_component 是要生成的模块名,用户可以更改。关键字 defparam 是对已经在宏模块定义过的常量在例化调用时重新定义。

defparam 重定义参数的格式:

```
defparam
    例化模块名. 参数名 1=常量表达式 1,
    例化模块名. 参数名 2=常量表达式 2;
    ...
    例化模块名. 参数名 n=常量表达式 n;
```

调用菜单"Help→Megafunctions/LPM",可查看计数器参数宏模块的帮助信息,如图 14-17 所示。

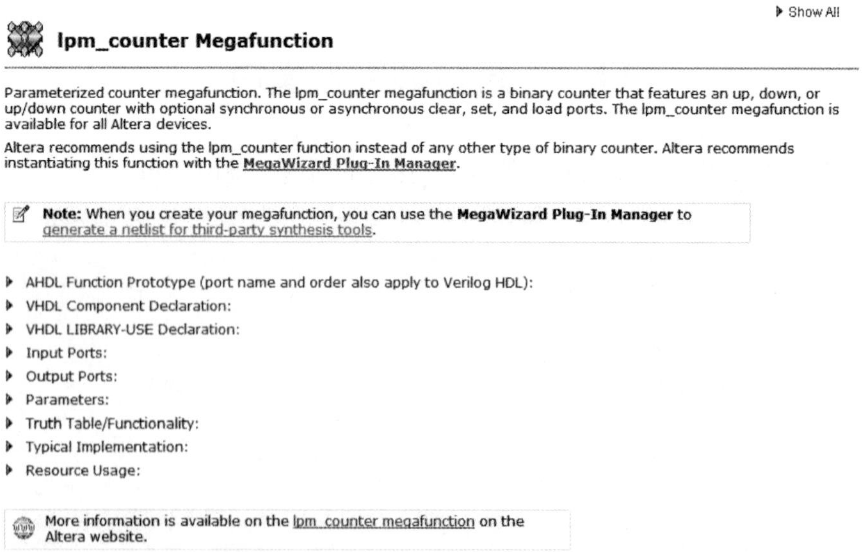

▶ Show All

lpm_counter Megafunction

Parameterized counter megafunction. The lpm_counter megafunction is a binary counter that features an up, down, or up/down counter with optional synchronous or asynchronous clear, set, and load ports. The lpm_counter megafunction is available for all Altera devices.

Altera recommends using the lpm_counter function instead of any other type of binary counter. Altera recommends instantiating this function with the MegaWizard Plug-In Manager.

✎ **Note:** When you create your megafunction, you can use the **MegaWizard Plug-In Manager** to generate a netlist for third-party synthesis tools.

▶ AHDL Function Prototype (port name and order also apply to Verilog HDL):
▶ VHDL Component Declaration:
▶ VHDL LIBRARY-USE Declaration:
▶ Input Ports:
▶ Output Ports:
▶ Parameters:
▶ Truth Table/Functionality:
▶ Typical Implementation:
▶ Resource Usage:

More information is available on the lpm_counter megafunction on the Altera website.

图 14-17　计数器宏模块的帮助信息

Verilog 直接调用宏模块时,需要理解图 14-17 所示帮助信息中"Input ports"

"Output Ports"和"Parameters"的含义。各模块的具体功能可通过真值表或功能表来查看。

表 14-1　lpm_counter 宏模块输入端口

Port Name	Required	Description	Comments
data[]	No	Parallel data input to the counter.	Input port LPM_WIDTH wide. Uses aload or sload.
clock	Yes	Positive-edge-triggered clock.	
clk_en	No	Clock enable input. Enables all synchronous activities.	If omitted, the default is 1, enabled.
cnt_en	No	Count enable input. Disables the count when asserted low (0) without affecting sload, sset, or sclr.	If omitted, the default is 1, enabled.
updown	No	Controls the direction of the count. When asserted high (1), the count direction is up, and when asserted low (0), the count direction is down.	If the LPM_DIRECTION parameter is used, the updown port cannot be connected. If LPM_DIRECTION is not used, the updown port is optional. If omitted, the default is up (1).
cin	No	Carry-in to the low-order bit.	For up counters, the behavior of the cin input is identical to the behavior of the cnt_en input. If omitted, the default is 1 (VCC).
aclr	No	Asynchronous clear input.	If both aset and aclr are used and asserted, aclr overrides aset. If omitted, the default is 0 (disabled).
aset	No	Asynchronous set input.	Specifies the q[] outputs as all 1s, or to the value specified by the LPM_AVALUE parameter. If both the aset and aclr ports are used and asserted, the value of the aclr port overrides the value of the aset port. If omitted, the default is 0, disabled.
aconst	No	Asynchronous constant.	This port is maintained for backward compatibility only.
sconst	No	Synchronous constant.	This port is maintained for backward compatibility only.
aload	No	Asynchronous load input. Asynchronously loads the counter with the value on the data input.	When the aload port is used, the data[] port must be connected. If omitted, the default is 0, disabled.
sclr	No	Synchronous clear input. Clears the counter on the next active clock edge.	If both the sset and sclr ports are used and asserted, the value of the sclr port overrides the value of the sset port. If omitted, the default is 0, disabled.
sset	No	Synchronous set input. Sets the counter on the next active clock edge.	Specifies the value of the q outputs as all 1s, or to the value specified by the LPM_SVALUE parameter. If both the sset and sclr ports are used and asserted, the value of the sclr port overrides the value of the sset port. If omitted, the default is 0, disabled.
sload	No	Synchronous load input. Loads the counter with data[] on the next active clock edge.	When the sload port is used, the data[] port must be connected. If omitted, the default is 0, disabled.

lpm-counter 的输入端口如表 14-1 所示,共有 14 组,其中时钟端口 clock 为必选项,其余均为可选项。aconst 和 sconst 分别为异步常数和同步常数输入,这 2 组端口是为与以前版本兼容而设计的,一般用不到,调用时也不用考虑。data[] 为加载数输入端口,其宽度与计数器的输出宽度相同。加载端口输入数控制端分同步和异步,aload 为异步预置控制端,sload 为同步预置控制端。sset 和 aset 分别为同步和异步加载一个固定的数,这个固定的数在设计计数器时已经确定,不是通过输入端口送进来的。sclr 和 aclr 分别为同步和异步清零控制端。updown 为计数方向控制端,如果在参数中设置了计数方向,则该端口无效。cnt_en 为计数使能,高电平计数,低电平停止计数,但不影响预置和加载功能。clk_en 为时钟使能,若未使能,则同步功能全部失效。cin 与 cnt_en 功能差不多,主要用于计数器的级联。cin 一般连接低位次计数器的计满输出端,这样相当于低位次计数器计满时才能对高位次计数器使能,即再来 1 个时钟,2 个计数器同时计数,计完一次后高位次计数器使能结束,直到低位次计数器再次计满才给高位次计数器使能。

lpm_counter 的输出端口如表 14-2 所示,共有 3 组,其中 eq[] 为 AHDL 硬件描述语言专用,q[] 是计数输出,cout 是计满标志位。

表 14-2　lpm_counter 宏模块输出端口

Port Name	Required	Description	Comments
q[]	No	Data output from the counter.	Output port LPM_WIDTH wide. Either q[] or at least one of the eq[15..0] ports must be connected.
eq[]	No	Counter decode output. Asserted high when the counter reaches the specified count value.	This port is forAHDL use only, eq[15..0]. Either the q[] port or eq[] port must be connected. Up to c eq ports can be used $(0 <= c <= 15)$. Only the 16 lowest count values are decoded. When the count value is c, the eqc output is asserted high (1). For example, when the count is 0, eq0 = 1, when the count is 1, eq1 = 1, and when the count is 15, eq15 = 1. Decoded output for count values of 16 or greater require external decoding. The eq[15..0] outputs are asynchronous to the q[] output.
cout	No	Carry-out of the MSB.	

计数器宏模块的参数见表 14-3。其中,LPM_WIDTH 为必选项,它用一个整数来定义计数器的位宽,其余都是可选项。参数 LPM_DIRECTION 是字符串类型数据,用来定义计数方向,有 3 个选项:UP、DOWN 和 UNUSED。若用该参数定义计数的方向,则输入端口控制计数方向的引脚失效。参数 LPM_MODULUS 用于设置计数器的容量,容量为计数的最大值加 1。LPM_AVALUE 和 LPM_SVALUE 分别为异步和同步装载固定值,这个值不能大于计数的最大值。参数 LPM_HINT、LPM_TYPE 和 CARRY_CNT_EN 用于 VHDL。参数 INTENDED_DEVICE_FAMILY 用

于建模和仿真。参数 LPM_PORT_UPDOWN 用于指明输入控制端口 updown，属于字符串类型，有 3 个选项：PORT_USED（端口使用）、PORT_UNUSED（端口未使用）和 PORT_CONNECTIVITY（检查端口的连接情况），默认值为 PORT_CONNECTIVITY。

表 14-3　lpm_counter 宏模块的参数

Parameter	Type	Required	Description
LPM_WIDTH	Integer	Yes	The number of bits in the count, or the width of the q[] and data[] ports, if they are used.
LPM_DIRECTION	String	No	Values are "UP", "DOWN", and "UNUSED". If the LPM_DIRECTION parameter is used, the updown port cannot be connected. When the updown port is not connected, the LPM_DIRECTION parameter default value is "UP".
LPM_MODULUS	Integer	No	The maximum count, plus one. Number of unique states in the counter's cycle. If the load value is larger than the LPM_MODULUS parameter, the behavior of the counter is not specified.
LPM_AVALUE	Integer/ String	No	Constant value that is loaded when aset is asserted high. If the value specified is larger than or equal to <modulus>, the behavior of the counter is an undefined (X) logic level, where <modulus> is LPM_MODULUS, if present, or 2 ^ LPM_WIDTH. Altera recommends that you specify this value as a decimal number for AHDL designs.
LPM_SVALUE	Integer/ String	No	Constant value that is loaded on the rising edge of the clock port when either the sset port or the sconst port is asserted high. The LPM_SVALUE parameter must be used when the sconst port is used. Altera recommends that you specify this value as a decimal number for AHDL designs.
LPM_HINT	String	No	Allows you to specifyAltera-specific parameters in VHDL Design Files (. vhd). The default is "UNUSED".
LPM_TYPE	String	No	Identifies the library of parameterized modules (LPM) entity name in VHDL Design Files.
INTENDED_ DEVICE_ FAMILY	String	No	This parameter is used for modeling and behavioral simulation purposes. Create the lpm_counter megafunction with the MegaWizard Plug-in Manager to calculate the value for this parameter.
CARRY_CNT_EN	String	No	Altera-specific parameter. You must use the LPM_HINT parameter to specify the CARRY_CNT_EN parameter in VHDL Design Files. Values are "SMART", "ON", "OFF", and "UNUSED". Enables the lpm_counter function to propagate the cnt_en signal through the carry chain. In some cases, the CARRY_CNT_EN parameter setting may have a slight impact on the speed, so you may wish to turn it off. The default value is "SMART", which provides the best trade-off between size and speed.
LPM_PORT_ UPDOWN	String	No	Specifies the usage of theupdown input port. If omitted the default is "PORT_CONNECTIVITY". When set to "PORT_USED", the port is treated as used. When set to "PORT_UNUSED", the port is treated as unused. When set to "PORT_CONNECTIVITY", the port usage is determined by checking the port connectivity.

通过以上分析可知,计数器宏模块一共有 17 组输入输出端口,其中有 2 个若不考虑与前期产品的兼容性,则不用考虑。另外,由于 eq[] 是 AHDL 语言专用,因此一共需要声明 14 组端口,未连接端口必须接上特定的电平,详见表 14-1 中说明。计数器宏模块的参数一共有 11 个,Verilog 常用的参数有 6 个:LPM_WIDTH、LPM_DIRECTION、LPM_MODULUS、LPM_AVALUE 和 LPM_SVALUE、LPM_PORT_UPDOWN。只要正确设置这 6 个参数和 14 组端口就可以直接调用计数器宏模块。

【**例 14-4**】 直接调用计数器宏模块设计一带计数使能、异步清零、同步预置功能的六进制可加减计数器。

1. 建立一新工程

2. 添加 Verilog 设计文件

Verilog 设计文件如下:

```
module CNT_6(ACLR,CLK,EN,DAT,UPDN,SLD,COUT,Q);
    input   ACLR,CLK,EN,UPDN,SLD;
    input [2:0]   DAT;
    output   COUT;
    output [2:0]   Q;
    lpm_counterlpm_counter_component(
            .sload(SLD),
            .aclr(ACLR),
            .clock(CLK),
            .data(DAT),
            .cnt_en(EN),
            .cout(COUT),
            .q(Q),
            .aload(1'b0),
            .aset(1'b0),
            .cin(1'b1),
            .clk_en(1'b1),
            .sclr(1'b0),
            .sset(1'b0),
            .updown(UPDN));
    defparam
        lpm_counter_component.lpm_direction="UNUSED",
        lpm_counter_component.lpm_modulus=6,
        lpm_counter_component.lpm_port_updown="PORT_USED",
        lpm_counter_component.lpm_width=3;
endmodule
```

本例中未使用参数 LPM_AVALUE 和 LPM_SVALUE，只用了 4 个参数。由于输入端口增加了方向控制端，因此将 lpm_direction 设置为"UNUSED"，参数 lpm_port_updown 设置为"PORT_USED"。

3. 综合

例 14-4 综合后的 RTL 图如图 14-18 所示。

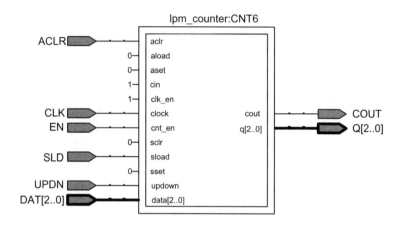

图 14-18　例 14-4 综合后的 RTL 图

4. 仿真验证

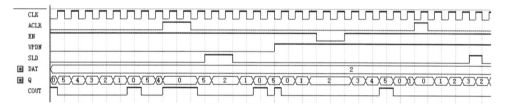

图 14-19　例 14-4 的功能仿真结果

14.4　项目实践练习

练习例 14-1～例 14-4。

14.5　项目设计性作业

调用计数器宏模块设计六十进制计数器，要求输出为 BCD 码。

14.6　项目知识要点

(1)LPM。

(2)关键字 defparam。

14.7　项目拓展训练

(1)总结 LPM 的使用方法。

(2)调用计数器宏模块设计二十四进制计数器,要求输出为 BCD 码。

项目 15　存储器的 Verilog 设计

15.1　教学目的

(1)学习存储器常用术语。

(2)学习存储器初始化文件的制作方法。

(3)学习设计存储器。

15.2　设计预备知识

在 FPGA 中使用存储器有 3 种方法：①利用 FPGA 设计存储器接口以利用外部存储器；②利用 FPGA 逻辑单元构造存储器；③调用 FPGA 内部存储器单元。

下面介绍存储器的相关知识。

一、初始化文件

初始化文件的作用是定义存储器中初始存放的数据。代码中若定义有存储器，Quartus 在综合时可根据初始化文件对存储器赋值。Quartus Ⅱ能接受的 2 种存储器初始化文件格式分别是 Memory Initialzation File(. mif)和 Hexadecimal (Intel_Format)File(. hex)。

二、相关术语

存储器由若干个存储单元组成，一个存储单元由几个或几十个存储位（由数据总线位宽决定）组成，如图 15-1 所示。

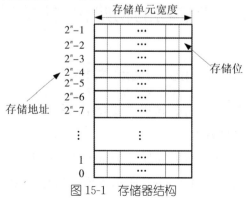

图 15-1　存储器结构

1. 地址总线

地址总线上每一根线传送的数据为存储单元的地址信息,通常以编码的形式表示。地址总线的位宽决定能分辨存储单元的多少,如 n 根地址总线能分辨出 2^n 个存储单元。对于给出的地址线编码,通过译码器可以找到唯一对应的存储单元。

2. 数据总线

数据总线上每根线传送的是存储单元的数据,一般同一个存储单元的所有数据位是同时访问的,因此数据总线的位宽总是大于或等于一个存储单元的位宽,有时可能是存储单元位宽的整数倍。

3. 物理地址

物理地址就是每个存储单元的实际地址,可以通过物理地址直接找到存储单元。在嵌入式系统中,有操作系统的应用程序中一般使用存储单元的虚拟地址,由操作系统负责转化为相应的物理地址。

4. 端口数

单端口:一个存储器的读写共用同一组数据线,同一时刻只能使用读或者写中的一种。

双端口:一个存储器具有两组相互独立的读写控制线路,可以并行独立操作,互不影响。双端口中一组端口专用于读,另一组端口专用于写。

三端口:一个存储器具有三组相互独立的读写控制线路,可以并行独立操作,互不影响。三端口中一般有两组端口专用于读,另一组端口专用于写,可以同时完成三个存储单元的数据操作,加快存储器的读写速度。

5. FIFO 存储器

先进先出(FIFO)存储器是双口缓冲器,其中一个口是存储器的输入口,另一个口是存储器的输出口。与普通存储器相比,FIFO 存储器没有外部读写地址线,使用起来非常简单,但只能按顺序写入数据,按顺序读出数据,其数据地址由内部读写指针自动加 1 完成。

15.3　存储器的初始化文件的制作

一、Hexadecimal File(.hex)文件

建立 HEX 文件有多种方法,这里主要介绍 2 种方法。

1. 使用 Quartus 软件建立

点击菜单"File→New",然后选择"Memory Files"类,从中选择"Hexadecimal (intel-Format) File"后会出现图 15-2 所示界面。这里的字数是指存储单元的数

量,一般设置为 2^n 个,其中 n 为地址总线的位数。字的大小是指存储单元的位宽,一般设置为 8 的倍数,因为一个字节是 8 位宽度。字的大小决定了数据总线的位数。如果是单端口存储器,则需要 4 根地址线和 8 根数据线。设置完点击"OK"会出现图 15-3 所示界面。

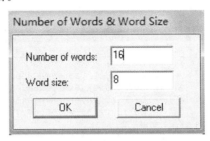

图 15-2　设置存储器的字数及字的宽度

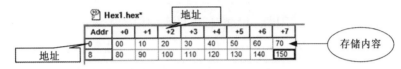

图 15-3　设置存储器的字数及字的宽度

图 15-3 中最左边和最上面都是存储单元的地址,其余部分是存储单元存储的待初始化的内容。系统默认显示十进制数,可以把鼠标移到地址栏上,然后点击右键选择进制方式,如图 15-4 所示。

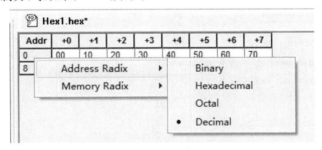

图 15-4　设置显示值的进制方式

图 15-4 中的"Address Radix"用于设置地址栏显示值的进制,"Memory Radix"用于设置存储单元内容显示值的进制。其中,"Binary"为二进制,"Hexadecimal"为十六进制,"Octal"为八进制,"Decimal"为十进制。

存储单元内容输入完成后以 HEX 格式保存。存储器初始化文件不用添加到工程中,放在当前工程目录下即可,系统综合时会自动调用。

2. 使用 Keil 软件建立

各种用于单片机的编译器均能生成 HEX 格式的文件。如用 Keil 软件建立 HEX 文件,首先应建立一工程,选择 51 系列型号的单片机为处理器。这里不需要添加 51 系统单片机的启动代码,因为只是用它生成普通存储器的初始化文件。建立汇编源文件后将其添加到工程项目中,源文件格式如图 15-5 所示。ORG 用于定义写入存储器的开始地址。DB 用于定义字节数据。DB 后面每一个数据占一个字节,即 8 B。如果想让每个数据占 16 B,则应用 DW。end 表示程序结束。

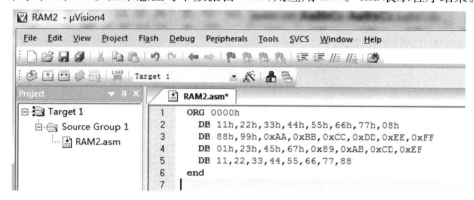

图 15-5　用 Keil 生成存储器初始化文件的源代码

编译之前点击"![icon]"图标,设置工程的输出选项,如图 15-6 所示。点击"Output"选项卡后勾选"Create HEX File"。"Select Folder for Objects..."用于设置输出文件路径。"Name of Executable"后面的文本框用于输入生成文件名,本例命名为"RAM2"。

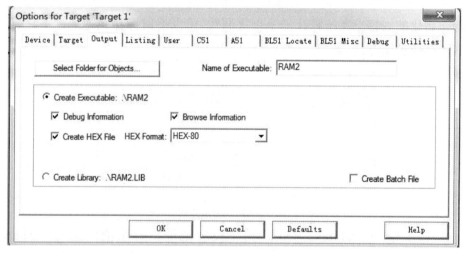

图 15-6　Keil 中编译生成 .hex 文件选项

点击编译后可生成 RAM2.hex 文件。用 Quartus 打开该文件,可以看到文件的内容,如图 15-7 所示。

Addr	+0	+1	+2	+3	+4	+5	+6	+7
00	11	22	33	44	55	66	77	08
08	88	99	AA	BB	CC	DD	EE	FF
10	01	23	45	67	89	AB	CD	EF
18	0B	16	21	2C	37	42	4D	58

图 15-7　用 Quartus 打开 Keil 生成的 HEX 文件

3. HEX 文件格式

用记事本打开 RAM2. hex 文件,内容如下:

:10000000112233445566770888899AABBCCDDEEFFF0

:100010000123456789ABCDEF0B16212C37424D5894

:00000001FF

每行以冒号(:)开始,每行代表一个记录,记录的内容都为十六进制码。每个记录包含 5 个域,按以下格式排列:

:llaaaatt[dd…]cc

①ll 是数据长度域,代表记录中数据字节的数量。

②aaaa 是地址域,代表记录中数据的起始地址。

③tt 是代表记录类型的域,可能是以下数据当中的一个:

00——数据记录

01——文件结束记录

02——扩展段地址记录

03——开始段地址记录

04——扩展线性地址记录

05——开始线性地址记录

④dd 是数据域,代表一个字节的数据。一个记录可以有许多数据字节,记录当中数据字节的数量必须和数据长度域(ll)中指定的数字相符。

⑤cc 是校验和域,表示这个记录的校验和。校验和的值为 256 减去记录当中所有字节的十六进制编码数字值得到的结果(不考虑进位)。

为了便于理解,下面用符号"_"和空格对 RAM2. hex 文件的每个记录的域和数据进行划分:

:10_0000_00_11 22 33 44 55 66 77 08 88 99 AA BB CC DD EE FF_F0

:10_0010_00_01 23 45 67 89 AB CD EF 0B 16 21 2C 37 42 4D 58_94

:00_0000_01_FF

根据以上分析可知,第一个记录共有 16 个数据,开始地址为 0000h,数据为 11、22、33、44、55、66、77、08、88、99、AA、BB、CC、DD、EE、FF,校验和为 F0H。校验和的计算式为:

$$0x100-((0x10+0x00+0x00+0x00+0x11+0x22+0x33+0x44+0x55+0x66+0x77+$$
$$0x08+0x88+0x99+0xAA+0xBB+0xCC+0xDD+0xEE+0xFF)\%256)=0xF0$$

第二个记录的也有 16 个数据,开始地址为 0010h,数据为 01、23、45、67、89、AB、CD、EF、0B、16、21、2C、37、42、4D、58,校验和为 94H。校验和的计算式为:

$$0x100-((0x10+0x00+0x10+0x00+0x01+0x23+0x45+0x67+0x89+0xAB+0xCD+$$
$$0xEF+0x0B+0x16+0x21+0x2C+0x37+0x42+0x4D+0x58)\%256)=0x94$$

　　第二个记录的有 0 个数据,开始地址为 0000h,该记录表示文件结束,校验和为 FFH。校验和的计算式为:

$$0x100-((0x00+0x00+0x00+0x01)\%256)=0xFF$$

二、Memory Initialzation File(.mif) 文件

建立 MIF 文件有多种方法,这里主要介绍 2 种方法。

1. 使用 Quartus 软件建立

点击菜单"File→New",然后选择"Memory Files"类,从中选择"Memory Initialization File"后会出现图 15-2 所示界面。设置为 32 个字,每个字的宽度为 8 位,设置完会出现如图 15-8 所示界面。输入图 15-8 所示内容,命名为"RAM3.mif"并保存。

Addr	+0	+1	+2	+3	+4	+5	+6	+7
0	11	22	33	44	55	66	77	88
8	99	100	110	120	130	140	150	160
16	170	180	190	200	210	220	230	240
24	250	251	252	253	254	255	0	1

图 15-8　用 Quartus 生成.mif 文件

2. MIF 文件格式

用记事本打开 RAM3.mif 文件,可以看到如下内容:

—Copyright (C) 1991—2009 Altera Corporation

—中间略去

—Quartus Ⅱ generated Memory Initialization File (.mif)

WIDTH=8;

DEPTH=32;

ADDRESS_RADIX=UNS;

DATA_RADIX=UNS;

CONTENT BEGIN

0 ： 11；

1 ： 22；

2 ： 33；

3 ： 44；

中间略去

```
29  :  255;
30  :  0;
31  :  1;
END;
```

以符号"—"开始的为注释语句。每行以";"结束。WIDTH 表示字的宽度，本例为 8 位。DEPTH 表示字数，本例为 32 个。ADDRESS_RADIX 表示存储单元地址的进制，本例为 UNS，即无符号的十进制数。DATA_RADIX 表示存储单元的进制，本例中也为无符号的十进制数。存储器的地址可以选无符号的十进制、二进制或十六进制数，而存储内容可以选二进制（BIN）、八进制（OCT）、十六进制（HEX）、十进制（DEC）和无符号的十进制（UNS）。CONTENT BEGIN 表示存储单元数据开始（注意：此句后没有分号），END 表示文件结束。符号"："前面的是存储单元的地址，后面的是存储单元内容。如果几个连续的存储单元内容一样，可以简化，如[3..9]:3E 表示 3 到 9 存储单元的内容都为 3E。

3. 使用记事本建立 MIF 文件

了解 MIF 文件的格式后，就可以用记事本建立 MIF 文件。图 15-9 就是用记事本生成的 RAM4. mif 文件。注意：新建文本文件时一定要把文件的扩展名".txt"改为".mif"。有时，文本文件的扩展名会隐藏起来，这时需要让电脑显示扩展名。以 Windows 7 系统为例，在文件夹中打开菜单"组织→文件夹和搜索选项→查看"，取消勾选"隐藏已知文件类型的扩展名"，如图 15-10 所示。

图 15-9 用记事本生成 MIF 文件

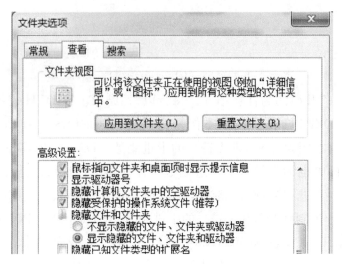

图 15-10　显示已知文件类型的扩展名

如图 15-11 所示为用 Quartus 软件打开的 RAM4. mif 文件。数据量大且数据有一定规律的 MIF 文件可以借助 Excel 软件和记事本共同生成：利用 Excel 的公式生成数据后复制到记事本中，再用记事本生成 MIF 文件。

Addr	+0	+1	+2	+3	+4	+5	+6	+7
0	11	22	33	4F	4F	4F	4F	4F
8	4F	4F	4F	4F	CC	DD	EE	FF

图 15-11　用 Quartus 打开的 RAM4. mif 文件

15.4　存储器的 Verilog 设计

一、调用宏生成

【例 15-1】　调用存储器参数模块生成一端口 8 位宽度 32 个存储单元的随机存储器（RAM）。

1. 生成存储器参数模块

（1）点击菜单"Tools→MegaWizard Plug-In Manager"后选择生成新的宏模块，然后点击"Next"，出现图 15-12 所示界面。

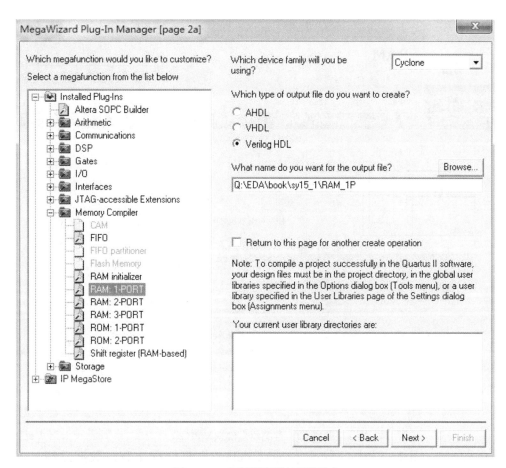

图 15-12　存储器宏模块设置(1)

(2)在图 15-12 所示界面中点击"Memory Compiler"前面的"＋"，从中选择"RAM：1-PORT"。根据实验条件选择 FPGA 器件的种类，这里选择"Cyclone"类。生成的输出文件类型选"Verilog HDL"。设置输出文件的位置及名称，这里命名为"RAM_1P"。设置完成后点击"Next"会出现图 15-13 所示界面。

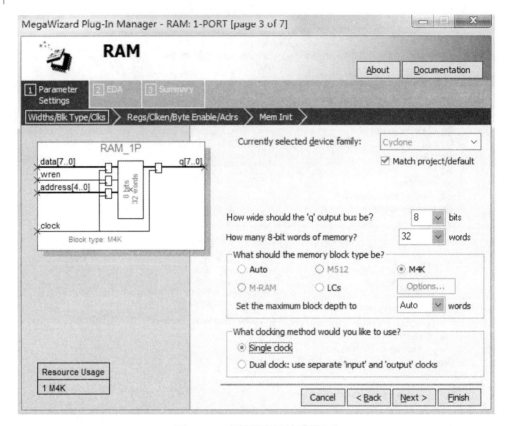

图 15-13　存储器宏模块设置(2)

(3)勾选图 15-13 中"Match project/default",即匹配工程。数据总线(q 输出)位宽设置为 8 位,即每个存储单元为 8 位宽度。存储单元的数量设置为 32 个。存储器的类型有 3 种:M4K 表示选择 Cyclon 中已有的存储单元,Cyclon 已预置有 4K 位(0.5 KB)的存储单元;LCs 表示用 FPGA 的逻辑单元构建存储器;Auto 表示让综合器自动选择。最大存储器块的字数可以设置为具体值,也可以设置为自动。时钟可以设置为双时钟,即输出与输入采用不同的时钟,本例中选择单时钟。界面左下角为资源利用情况。设置完成后点击"Next"会出现图15-14所示界面。

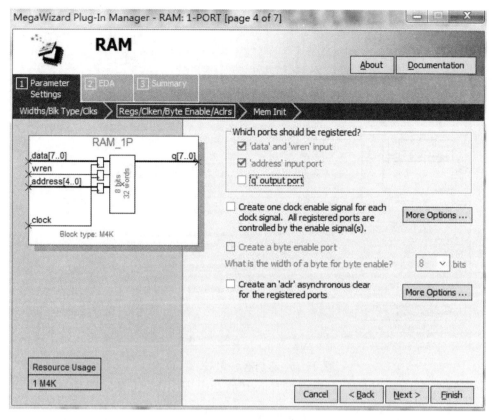

图 15-14   存储器宏模块设置(3)

(4)在图 15-14 所示界面中选择是否给端口增加寄存器。输入数据总线、地址线和读写使能等系统已经默认添加。从图中可以看到,存储器的前面加上了 3 个寄存器。如果勾选"'q'output port",则表示选择在数据输出的端口加上寄存器。本例未勾选。时钟使能可以不选,也可以选中。如果选中,则可以控制端口的寄存器。生成一个字节时,使能端口是灰色的,不用考虑。寄存器异步清零端口也是可选项,可根据需要选择。设置完成后点击"Next"会出现图15-15所示界面。

(5)初始化设置。对于 RAM,可以不用给存储器赋初值,但只读存储器(ROM)必须赋初值。对于 FPGA 而言,如果给 RAM 加上初始化文件,系统上电后根据初始化文件自动初始化存储器,初始化过的 RAM 也可以当 ROM 使用。在图 15-15 所示界面中选择是否初始化,只能二选一,初始化文件可以通过点击"Browse..."查找,此处选用前面建立的 RAM3.mif 文件。图 15-15 最下面的选项用于设置是否允许在线通过 JTAG 接口对存储器读写,本例选择允许,并将此 RAM 命名为"RAM1"。设置完成后点击"Next"会出现是否生成网表文件的对话框。

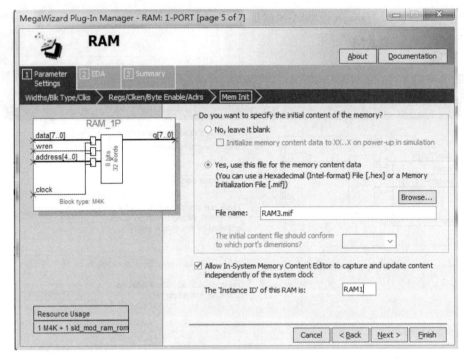

图 15-15　存储器宏模块设置(4)

(6)选择不生成网表,直接点击"Next"后会出现图 15-16 所示界面。

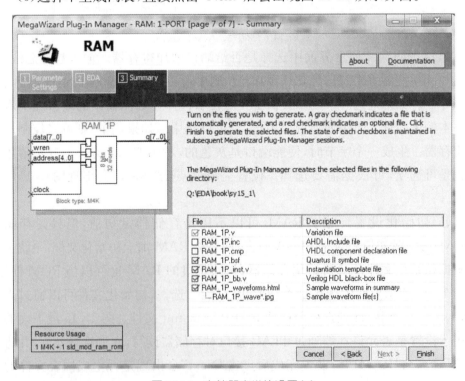

图 15-16　存储器宏模块设置(5)

(7)生成文件时按图 15-16 进行设置,然后点击"Finish"完成。

2. 建立工程

建立工程时要注意器件的选型,须与定义的宏模块类别一致。

3. 添加 Verilog 文件到工程中

直接添加生成的 RAM_1P. v 文件到工程中,可以修改文件中的模块名,保证模块名与项目一致。

```
module RAM1(address,clock,data,wren,q);
    input[4:0]  address;
    input  clock;
    input[7:0]  data;
    input  wren;
    output[7:0]  q;
    wire [7:0]  sub_wire0;
    wire [7:0]  q=sub_wire0[7:0];
    altsyncram  altsyncram_component (.wren_a (wren),.clock0 (clock),
            .address_a (address),.data_a (data),.q_a (sub_wire0),.aclr0 (1'b0),
            .aclr1 (1'b0),.address_b (1'b1),.addressstall_a (1'b0),
            .addressstall_b (1'b0),.byteena_a (1'b1),.byteena_b (1'b1),
            .clock1 (1'b1),.clocken0 (1'b1),.clocken1 (1'b1),.clocken2 (1'b1),
            .clocken3 (1'b1),.data_b (1'b1),.eccstatus (),.q_b (),.rden_a (1'b1),
            .rden_b (1'b1),.wren_b (1'b0));
    defparam
        altsyncram_component. address_aclr_a="NONE",
        altsyncram_component. indata_aclr_a="NONE",
        altsyncram_component. init_file="RAM3. mif",
        altsyncram_component. intended_device_family="Cyclone",
            altsyncram _ component. lpm _ hint = " ENABLE _ RUNTIME _ MOD = YES,
            INSTANCE_NAME=RAM1",
        altsyncram_component. lpm_type="altsyncram",
        altsyncram_component. numwords_a=32,
        altsyncram_component. operation_mode="SINGLE_PORT",
        altsyncram_component. outdata_aclr_a="NONE",
        altsyncram_component. outdata_reg_a="UNREGISTERED",
        altsyncram_component. power_up_uninitialized="FALSE",
        altsyncram_component. ram_block_type="M4K",
        altsyncram_component. widthad_a=5,
        altsyncram_component. width_a=8,
        altsyncram_component. width_byteena_a=1,
        altsyncram_component. wrcontrol_aclr_a="NONE";
endmodule
```

4. 综合

例 15-1 综合后的信息报告如图 15-17 所示，从中可以看出逻辑单元占用 3%。例 15-1 综合后的 RTL 图如图 15-18 所示。

```
Top-level Entity Name      RAM1
Family                     Cyclone
Device                     EP1C6Q240C8
Timing Models              Final
Met timing requirements    Yes
Total logic elements       166 / 5,980 ( 3 % )
Total pins                 23 / 185 ( 12 % )
Total virtual pins         0
Total memory bits          256 / 92,160 ( < 1 % )
Total PLLs                 0 / 2 ( 0 % )
```

图 15-17　例 15-1 综合后的信息报告

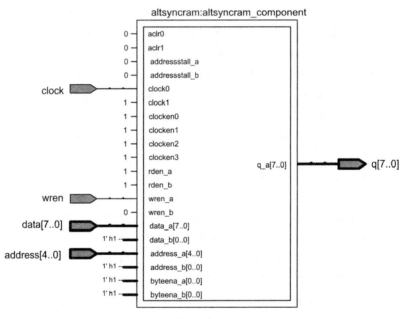

图 15-18　例 15-1 综合后的 RTL 图

5. 验证

读 RAM 的数据结果如图 15-19 所示，图中的 address 表示存储单元的地址；data 是要写进制存储器的值；wren 表示低电平时从存储器中读数据，高电平时给存储器写数据。对比图 15-19 和图 15-8 中存储单元内容可知，读出数据正确。

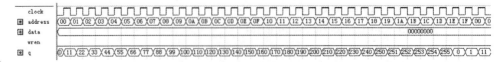

图 15-19　例 15-1 存储器读的结果

　　读完存储器的初始值后向存储器写数据,此时 wren 设置为高电平,设置存储单元的地址及每个时钟要写进的值,如图 15-20 所示。写完后重新从存储器读数据,读出的值如图 15-21 所示,从图中可以看出写进的数据已生效。

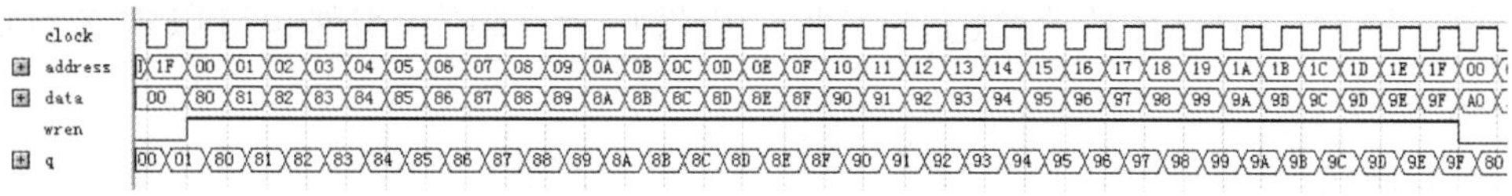

图 15-20　例 15-1 存储器写操作

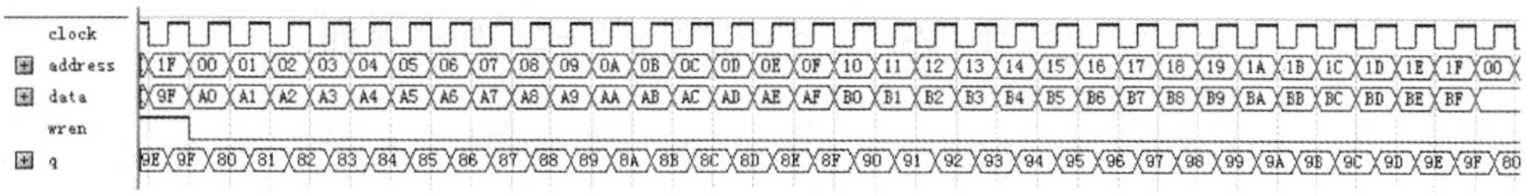

图 15-21　例 15-1 存储器写完再读的结果

二、直接用代码描述存储器

【例 15-2】　用 Verilog 描述一个一端口 8 位宽度 32 个存储单元的 RAM。

1. 建立一工程

2. 建立存储器初始化文件

此处选用前面建立的 RAM3. mif 文件,拷贝该文件到当前工程目录下即可。

3. 建立 Verilog 设计文件

```
module RAM2(DOUT,DIN,ADIN,CLK,WREN);
    output[7:0] DOUT;
    input[4:0] ADIN;
    input [7:0] DIN;
    input CLK,WREN;
    reg[7:0] DOUT;
    ( * ram_init_file="RAM3. mif" * ) reg[7:0]   MEM[31:0] ;
    always @(posedge CLK)
            if (WREN)   begin
                        MEM[ADIN]=DIN;
                        DOUT=8'hzz;
                    end
            else        DOUT=MEM[ADIN];
endmodule
```

　　DOUT 定义为存储数据输出,8 位宽度;DIN 是要写入存储器的值,8 位宽度;ADIN 是地址输入端口,5 位宽度;CLK 为时钟;WREN 为存储器读写控制端,低电平读,高电平写。语句"(* ram_init_file="RAM3. mif" *) reg[7:0] MEM[31:0]"用于定义一个 8 位宽度 32 个存储单元的存储器。前面括号中的语句是存储器初始化格式，引号中是初始化文件的名称，要根据实际情况修改，其余部分不能更改，因为此部分为 Verilog-2001 版规定的为存储器赋初值的固定用法。"reg［7:0］　MEM［31:0］"表示定义 32 个寄存器变量，每个变量的宽度都是8 位。本例定义给存储器写数据时数据输出端口为高阻态，当然也可以定义为别的状态。

4. 综合

综合前要设置，让综合器选择使用内部存储单元或逻辑单元来构建存储器。点击菜单"Assignments→Settings..."会出现图 15-22 所示界面。

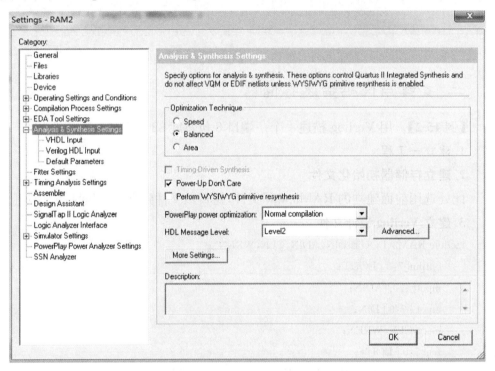

图 15-22　项目综合前设置

在图 15-22 所示界面中选择"Analysis&Synthesis Settings"，然后点击右边的"More Settings"，这时会出现图 15-23 所示界面。

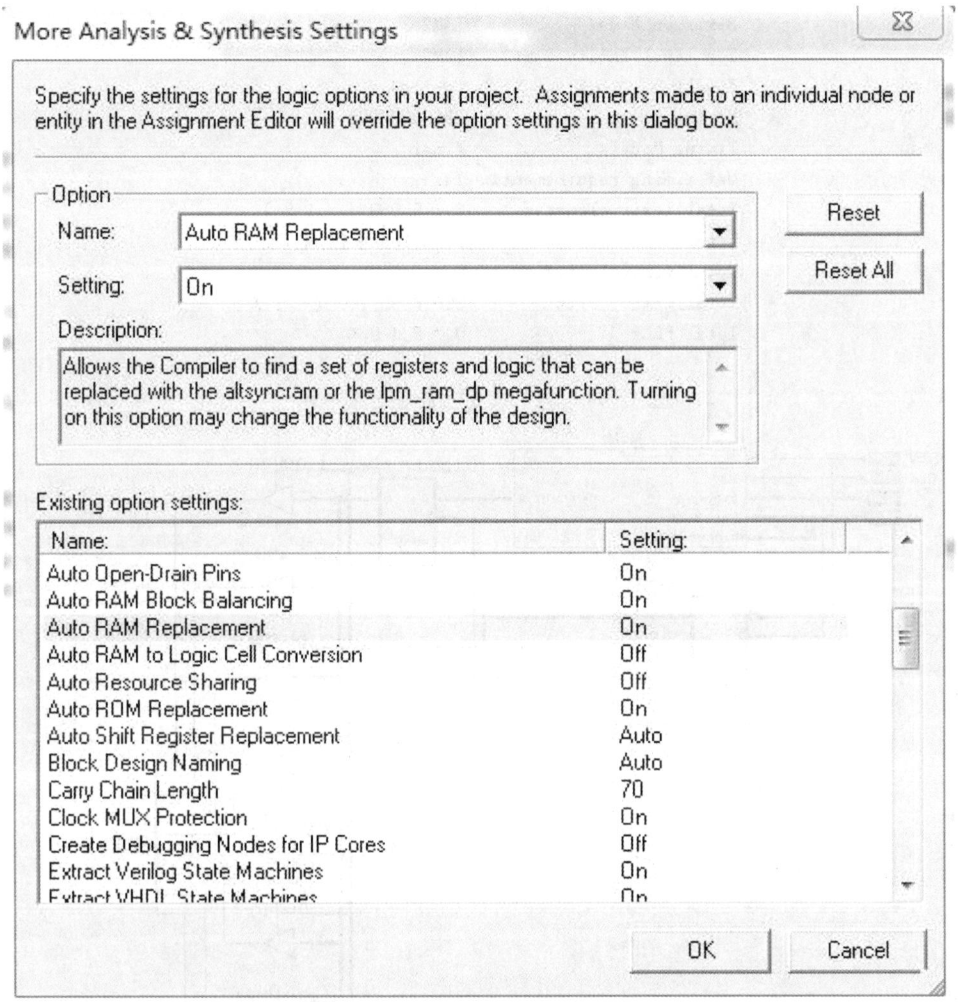

图 15-23　选择 RAM 设计自动替代允许

在图 15-23 所示界面中"Option"区域选中"Auto RAM Replacement",并将 "Setting"设置为"On",然后点击"OK"确认。按此设置,系统综合时可以自动替代 RAM。

设置完成后综合该项目,综合后的信息报告如图 15-24 所示。可以看出,该器件总共有 92160 个存储位,该设计用了 256 个($32 \times 8 = 256$)。也就是说,系统综合时自动调用器件内部的存储单元构建了存储器。

该设计的 RTL 图如图 15-24 所示,从中也可以看出 MEM 是用 SYNC_RAM 构建的。

```
Revision Name          RAM2
Top-level Entity Name  RAM2
Family                 Cyclone
Device                 EP1C6Q240C8
Timing Models          Final
Met timing requirements Yes
Total logic elements   8 / 5,980 （＜1 %）
Total pins             23 / 185 （12 %）
Total virtual pins     0
Total memory bits      256 / 92,160 （＜1 %）
Total PLLs             0 / 2 （0 %）
```

图 15-24　例 15-2 综合后的信息报告

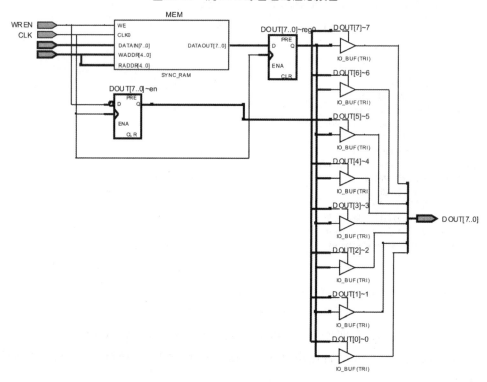

图 15-25　例 15-2 综合后的 RTL 图

5. 仿真验证

图 15-26 为读存储器初始化的数据，图 15-27 为存储器每个单元重写数据，图 15-28 为读重写后的结果。从图中可以看出，在时钟的上升沿时读写才会生效。

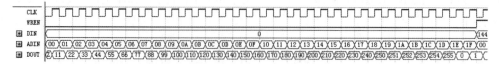

图 15-26　例 15-2 读存储器数据

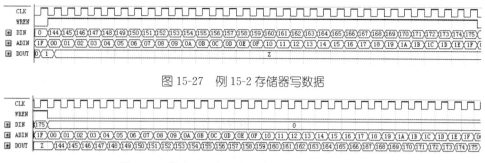

图 15-27　例 15-2 存储器写数据

图 15-28　例 15-2 存储器重写数据后读出的结果

当然,存储器的设计也可以像计数器那样,直接在 Verilog 文件中调用宏模块,端口关联后用 defparam 对参数重定义。

15.5　项目实践练习

练习例 15-1 和例 15-2,结束后设置选择 RAM 设计自动替代,禁止重新综合例 15-2 查看综合报告及 RTL 图。

15.6　项目设计性作业

设计一双端口 8 位 32 个存储单元的 RAM,宏模块生成后用原理图搭建电路。

15.7　项目知识要点

(1)存储器相关知识。
(2)存储器初始化文件。
(3)存储器的 Verilog 设计。

15.8　项目拓展训练

通过菜单"Help→Megafunctions/LPM→Memory Compiler MegaWizards and Megafunctions→RAM:1-PORT→altsyncram Megafunction"查看同步 RAM 参数化模块的帮助信息,说明直接调用该模块时各端口及参数应如何设置。

项目 16　存储器的应用

16.1　教学目的

(1)学习正弦波存储器初始化文件的制作方法。

(2)学习 ROM 参数宏模块的使用方法。

(3)学习 Quartus 软件中 keep、probe_port、chip_pin 属性的使用方法。

(4)学习 Quartus 软件自带的 SignalProbe 探测功能的使用方法。

(5)学习 Quartus 软件自带的嵌入式逻辑分析仪的使用方法。

16.2　正弦波存储器初始化文件的制作

用 FPGA 制作波形信号发生器,可以把一个完整周期波形信号数据存储在存储器中,然后重复读存储器的数据并送至 FPGA 端口输出,再经外部的数模转化器变为相应的模拟波形信号,不断循环。波形信号的频率由存储器读的时钟信号频率决定。如存储器的时钟频率为 1024 Hz,设计中用 512 个存储单元存储一个完整周期的波形信号数据,则输出波形信号的频率为 2 Hz。波形信号的产生也可以直接通过数字合成或调用宏函数等方式实现。

若采用 128 个存储单元保存一个周期正弦波的数据,则要把正弦波的周期 2π 分成 128 等份,然后用正弦公式计算出这 128 个点的正弦值。

1. 用 Excel 产生数据域

图 16-1 是用 Excel 采集的一个周期正弦波信号数据,共有 128 行 4 列,图中省略了其余 124 行。A1 单元输入"0",A2 单元输入"＝A1＋1",然后对 A 列的其余 126 个单元复制这个公式。B 列统一复制半角符号":"。C1 单元输出公式"＝INT((1＋SIN(PI() ＊ 2 ＊ A/128)) ＊ 255/2)",C 列其余 127 个单元复制这个公式即可。公式中的 PI()是 Excel 中的 π 值,SIN 是正弦函数,加上 1 可将正弦值统一变成正数。由于这样计算出来会有许多小数,考虑到数据宽度为 8 位,则乘以 255/2 后取整。如果数据宽度为 16 位,则乘以 $(2^{16}-1)/2$ 后取整。公式中 INT 是取整数的意思,即直接去掉小数部分。如果考虑 4 舍 5 入,则可以加上 0.5 后再取整。D 列统一复制半角符号";"。

C1　fx　=INT((1+SIN(PI()*2*A1/128))*255/2)

	A	B	C	D	E	F	G
1	0	:	127	;			
2	1	:	133	;			
3	2	:	139	;			
4	3	:	146	;			

图 16-1　一个周期正弦波信号的采集

2. 用记事本制作 MIF 文件

用记事本建立 MIF 文件，命名为“SIN128. mif”，添加文件的开始部分和结尾的“END”，中间复制 Excel 的内容，具体内容如下：

```
WIDTH=8;
DEPTH=128;
ADDRESS_RADIX=UNS;
DATA_RADIX=UNS;
CONTENT BEGIN
0:127;
1:133;
2:139;
3:146;
...
126:115;
127:121;
END;
```

保存后用 Quartus 打开，如图 16-2 所示。

../sy16_1/SIN128.mif

Addr	+0	+1	+2	+3	+4	+5	+6	+7
0	127	133	139	146	152	158	164	170
8	176	182	187	193	198	203	208	213
16	217	221	226	229	233	236	239	242
24	245	247	249	251	252	253	254	254
32	255	254	254	253	252	251	249	247
40	245	242	239	236	233	229	226	221
48	217	213	208	203	198	193	187	182
56	176	170	164	158	152	146	139	133
64	127	121	115	108	102	96	90	84
72	78	72	67	61	56	51	46	41
80	37	33	28	25	21	18	15	12
88	9	7	5	3	2	1	0	0
96	0	0	0	1	2	3	5	7
104	9	12	15	18	21	25	28	33
112	37	41	46	51	56	61	67	72
120	78	84	90	96	102	108	115	121

图 16-2　正弦波存储器初始化文件

16.3　LPM_ROM 的定制

ROM 宏模块的参数设置方法基本与 RAM 相同，具体设置如图 16-3～图 16-7所示。ROM 必须用初始化文件对存储器加载数据。初始化文件选用记事本建立的 SIN128.mif，需要将该文件拷贝到当前工程目录下。

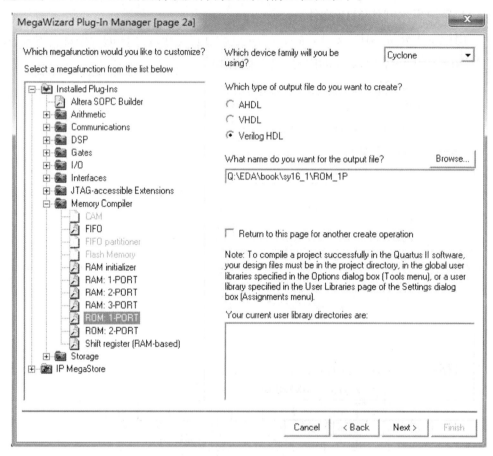

图 16-3　ROM 设置步骤一

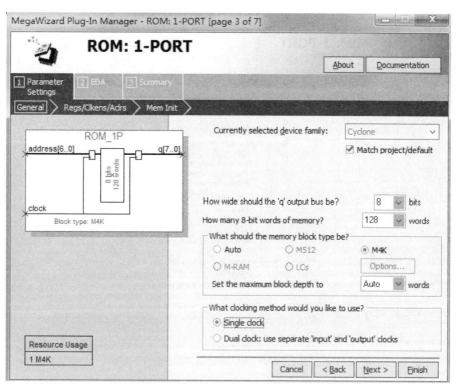

图 16-4　ROM 设置步骤二

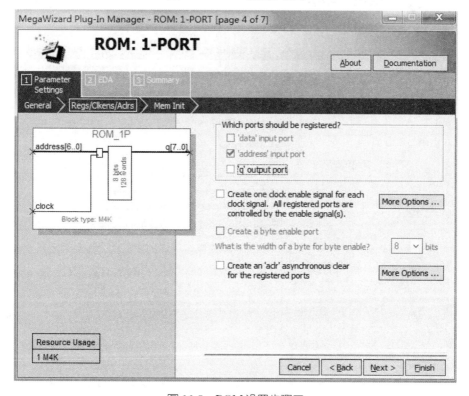

图 16-5　ROM 设置步骤三

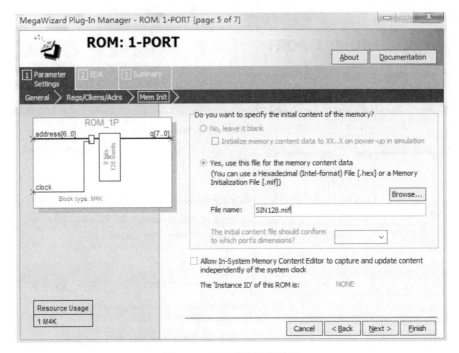

图 16-6　ROM 设置步骤四

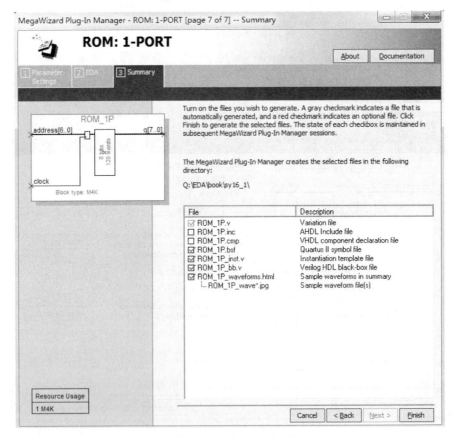

图 16-7　ROM 设置步骤五

16.4 正弦信号发生器的设计

【例 16-1】 正弦信号发生器的设计。

一、Verilog 设计文件

```
module SIN_ROM(CLK,FREQ,DA_IN);
    reg[6:0]        AD;
    input        CLK;
    input [2:0]    FREQ;
    output [7:0]    DA_IN;
    reg [6:0]        CNT;
    ( * synthesis,keep * )   wire    MCLK;
    always @(posedge CLK)    CNT <=CNT+1;
    assign MCLK= (FREQ==0)?    CLK;(FREQ==1)?    CNT[0];(FREQ==2)?
CNT[1];(FREQ==3)?    CNT[2];(FREQ==4)?    CNT[3];(FREQ==5)?    CNT[4];
(FREQ==6)?    CNT[5];CNT[6];
    always @(posedge MCLK)    AD <=AD+1;
    ROM_1P    SIN_ROM1P (. address(AD),. clock(MCLK),. q(DA_IN));
    endmodule
```

CLK 是时钟信号,FREQ 是正弦信号频率调节端口,DA_IN 是要送入数模转化器的信号端口。设计中用一个一百二十八进制的计数器来产生存储单元的地址。为了调整信号的频率,计数器和存储器的主时钟(MCLK)来自一个八选一的数据选择器,即用数据选择器选择不同的存储器读时钟。用一个计数器的不同位直接输出产生不同频率的时钟,这 8 个时钟信号的频率分别为 CLK 频率的 1 倍、1/2 倍、1/4 倍、1/8 倍、1/16 倍、1/32 倍、1/64 倍和 1/128 倍,故此设计可产生 8 种频率的正弦波信号。

语句"(* synthesis,keep *) wire MCLK"用于定义一个网线变量 MCLK,前面加"(* synthesis,keep *)"是为了在综合时保留 MCLK。由于 MCLK 是内部数据通道,综合器在综合时往往会优化掉,因此仿真时无法调出该信号。若给该信号加上 keep 属性,则可以方便仿真时调出查看。keep 属性格式为:

(* synthesis,keep *) wire 变量名

有时虽然使用 keep 属性对网线型变量进行了定义,但在综合时仍有可能被优化掉。这种情况下,就要赋予它"测试属性",即加 probe_port 属性,其格式为:

(* synthesis, probe_port,keep *) wire 变量名

注意:keep 属性和 probe_port 属性是 Quartus 软件自带的,并不属于 Verilog 语法。

二、仿真验证

例 16-1 仿真波形文件建立时,首先把模块的所有端口添加进去,然后再添加 MCLK 信号。在波形文件的栏中点击鼠标右键后选择"Insert→Insert Node or Bus...",然后再点击"Node Finder"会出现图 16-8 所示界面。在"Filter"下拉列表中选择"SignalProbe",然后点击"List",从"Nodes Found"中找到"MCLK"并选中,然后点击"OK"。

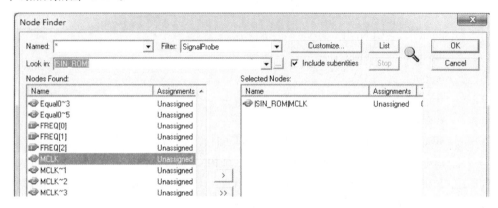

图 16-8　波形文件加入 MCLK 信号的方法

图 16-9 是设置时钟 1 倍频率的正弦波仿真图,可以看出每个时钟信号输出一个存储单元的值,MCLK 与 CLK 的波形一样。图 16-10 中的 FREQ 分别选择 1 和 2,可以看出 MCLK 频率分别为 CLK 的 1/2 和 1/4,读取存储单元的时间间隔变长。

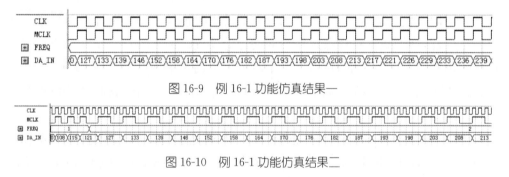

图 16-9　例 16-1 功能仿真结果一

图 16-10　例 16-1 功能仿真结果二

16.5　代码配置端口引脚

Quartus Ⅱ 允许用户在代码中利用属性对器件的引脚进行配置,如对例 16-1 的前几行代码做如下修改:

```
module SIN_ROM(CLK,FREQ,DA_IN);
    reg[6:0]      AD;
```

input　　　CLK / * synthesis chip_pin="152" * /;

input [2:0]　FREQ / * synthesis chip_pin="22,21,18" * /;

output [7:0]　DA_IN / * synthesis chip_pin="162,161,160,159,146,145,144,143" * /;

reg [6:0]　　CNT;

(* synthesis,keep *)　wire　MCLK;

保存文件并重新综合后,通过菜单"Assigments→Pins"可以看到项目的引脚已经配置,如图 16-11 所示。

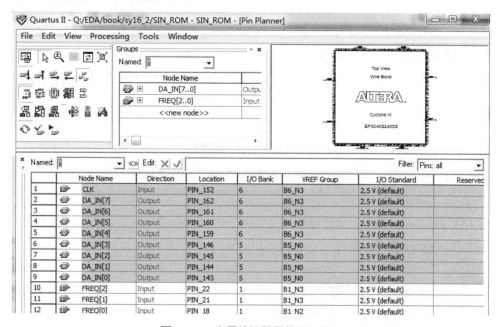

图 16-11　利用代码配置的端口引脚

用/ * synthesis chip_pin="xx" * /来配置端口引脚,放在端口定义后、分号前,用户需要根据器件修改引号中引脚编号,多个引脚之间用逗号隔开。需要注意的是,这种方法是 Quartus II 软件自带的,不属于 Verilog 语法。用代码配置引脚,要求工程建立时选好目标器件,而且只能在顶层设计文件中配置。

连接 FPGA 的 DA_IN 输出端口与模数转化的输入端口后,下载项目到器件中,可以用示波器在数模转化器的模拟输出端口看到正弦波信号,如图 16-12 所示。

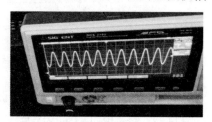

图 16-12　下载后接示波器显示效果

16.6　SignalProbe 的使用

例 16-1 的设计中正弦波信号的频率与 MCLK 的频率有关，为 MCLK 频率的 1/128。假若想用示波器测量 MCLK 的频率，可以利用 Quartus 软件的 SignalProbe 功能来实现。Quartus 提供的 SignalProbe 能在不改变原设计布局的情况下利用 FPGA 内空闲的连线和端口将用户需要的内部信号引出 FPGA。同样要注意的是，这个是 Quartus 软件自带的功能，并不是 Verilog 规定的语法。

1. 给信号加上 probe 特性

把例 16-1 中的语句"(＊ synthesis，keep ＊)　wire　MCLK;"改为"(＊ synthesis，probe_port，keep ＊)　wire MCLK;"，保存后重新综合。

2. 给要引出的信号添加端口

选择菜单"Tools→SignalProbe Pins"会出现图 16-13 所示界面。图中的 6、9 等数字代表可用引脚，可以选中一个作为输出，本例选中引脚 6。"Pin name"后文本框可输入对测试信号的命名。"Source"栏可设定需要观察的信号，点击后面的"…"可添加待测信号。设置完成后点击"OK"弹出如图 16-14 所示界面。"Filter"栏选择"SignalProbe"后点击"List"，找到 MCLK 后将其添加进来。勾选"SignalProbe Enabled"，表示使能生效。"Registers"和"Clock"栏可用于添加寄存器：Registers 设置寄存器数量，Clock 设置寄存器的时钟，本例不需要。"I/O standard"栏用于设置选择端口输出电压的标准，本例选择默认值。

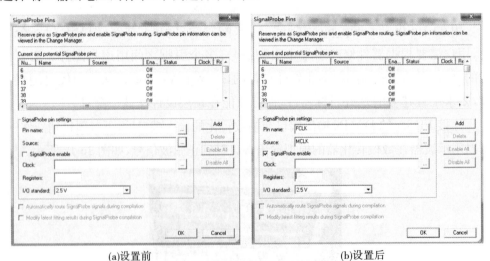

(a)设置前　　　　　　　　　　　　(b)设置后

图 16-13　SignalProbe Pins 对话框

设置完成后通过菜单"Assigments→Pins"可以看到工程已经给 MCLK 配置好引脚，如图 16-15 所示。

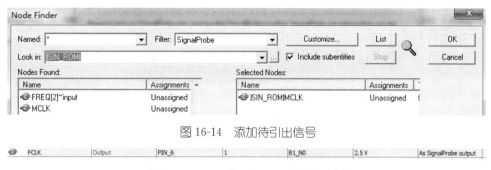

图 16-14　添加待引出信号

| FCLK | Output | PIN_6 | 1 | B1_N0 | 2.5 V | As SignalProbe output |

图 16-15　SignalProbe Pins 配置完成后

3. 综合

选择菜单"Processing→Start→Start SignalProbe Compilation"进行编译。编译成功会出现图 16-16 所示对话框。下载工程文件后可用示波器观察 6 引脚的信号。注意：不能用全程编译，因为加入 SignalProb 的前提是不能改变工程的原有结构。

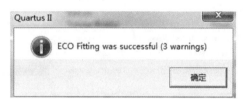

图 16-16　SignalProbe Pins 配置成功

16.7　SignalTap Ⅱ 的使用

图 16-9 和图 16-10 的仿真虽然能验证正弦波信号，但不直观。为了更直观地观察输出的正弦波信号，可以借助 Quartus 软件自带的 SignalTap Ⅱ。SignalTap Ⅱ 全称为 SignalTap Ⅱ Logic Analyzer，它可以捕获并显示实时信号。SignalTap Ⅱ 获取的实时数据暂存于 FPGA 片上的 RAM 资源中，可通过器件的 JTAG 接口传送回 Quartus Ⅱ软件进行分析。Quartus Ⅱ软件可以选择要捕获的信号、开始捕获的时间，以及捕获数据样本的量。由此可知，若工程中剩余的 RAM 资源比较充足，则 SignalTap Ⅱ一次可以采集较多数据；若 FPGA 的 RAM 资源已被工程耗尽，则无法使用 SignalTap Ⅱ调试。

使用 Quartus 软件自带的逻辑分析仪，首先要下载设计到目标 FPGA 中，在调试过程中通过 JTAG 实时传递数据给 Quartus 软件，因此需要对项目配置引脚并下载，FPGA 运行过程还要连接 JTAG 仿真器才能完成数据的采集。

1. 建立 STP 文件

打开菜单"File→New…"，然后在"Verification/Debugging Files"类中选中

"SignalTap Ⅱ Logic Analyzer File"，如图 16-17 所示，点击"OK"后出现图 16-18
所示编辑窗口。

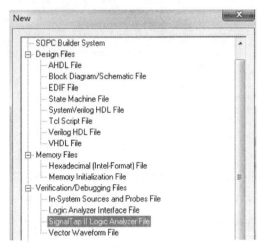

图 16-17　新建逻辑分析文件

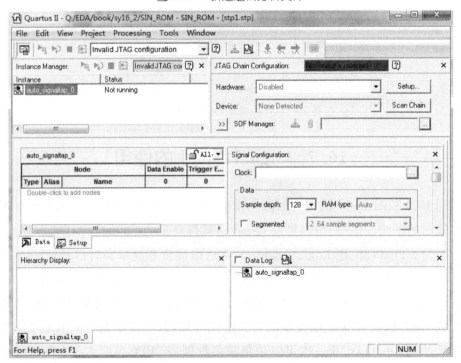

图 16-18　SignalTap Ⅱ 编辑窗口

2. 连接 JTAG 仿真器并添加下载文件

点击图 16-18 所示编辑窗口右上角的"Setup…"，选择要连接 JTAG 的仿真
器。点击"SOF Manager"右边的"…"添加要下载的文件。选择已经配置引脚且
综合后的 SOF 文件并添加进来，如图 16-19 所示，点击图中" ⚒ "可以下载综合
后的文件到 FPGA 器件中。

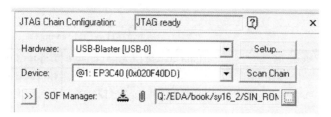

图 16-19　连接 JTAG 并添加下载文件

3. 给测试命名

逻辑分析文件建立后系统自动为测试命名，如图 16-20 中的命名为"auto_signaltap_0"，选中后点击鼠标右键选择"Rename Instance"可重新命名。本例将测试命名为"SINOUT"。

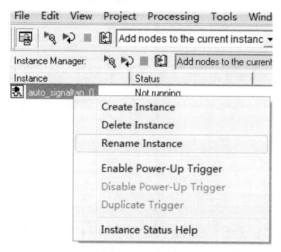

图 16-20　给测试命名

4. 添加测试点

测试点也是数据采集点，添加测试点即给文件添加要采集数据的节点。图 16-18 所示编辑窗口左边中间框为添加框，在"Double-click to add nodes"处双击鼠标，添加要测试的电路节点。本例想通过输出的数据查看波形，因此只需要添加 DA_IN 输出端口。在图 16-21 所示界面中，可以通过设置"Filter"和点击"List"找到想要的节点。选择测试信号后，点击"OK"会出现图 16-22 所示界面。

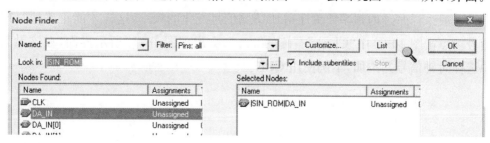

图 16-21　添加测试端口

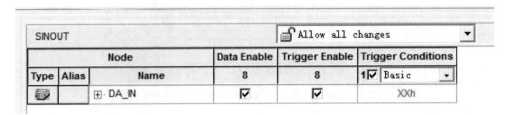

图 16-22　测试端口添加完成后

5. 设置采集时钟、数据和触发信号

图 16-18 所示编辑窗口右边中间部分用于设置采集时钟、数据和触发信号，如图 16-23 所示，其中(a)图是设置前的状态，(b)图是设置后的状态。

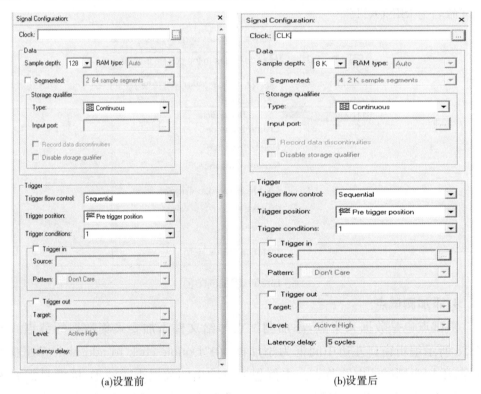

(a)设置前　　　　　　　　　　　　(b)设置后

图 16-23　设置采集时钟、数据和触发信号

（1）添加采样时钟信号。

一般采样时钟的频率要大于等于待测信号变化的频率，这样才能正确地复现信号。点击图 16-23 中"Clock"右侧的"..."，会出现图 16-24 所示界面，在该界面中选择时钟信号并添加，本例使用 CLK。

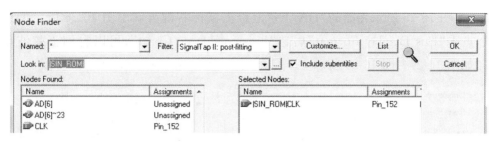

图 16-24　添加采样时钟信号

（2）采集数据设置。

采集数据在图 16-23 的"Data"框中设置。在"Sample depth"后面选择逻辑分析仪的采样点数，点数选择要根据工程本身及所选器件情况决定，本例中选择 8 K，即用 FPGA 内部 8 K 的 RAM 来存储采集数据，存满后会自动覆盖以前的采集数据。其余项按默认设置。

Segmented：对采集的 RAM 进行分段设置，每一段可以独立存储采集的信息。

Storage qualifier：存储限定，用来设置采集数据的存储方式。"Type"后面选"Continuous"表示一直不断存储。"Input port"后面可以选择一信号作为存储使能，当该信号为高电平时，采集到的数据才被存储。

（3）设置触发信号。

触发在本例中所有项均选默认值。

Trigger flow control：触发条件控制，有 2 种选择，一种是 Sequential，表示顺序判断触发条件，另一种是 State-based，表示根据状态选择。

Triggle position：触发位置设置，有 3 种位置可选，分别为 Pre-trigger position、Center-trigger position 和 post-trigger position。

Trigger condition：触发条件的级别设置，最多可以指定 10 级。

Trigger in：从工程中选择一信号用作触发信号。

Trigger out：选用一端口作为触发事件发生后的输出标志。

6. 保存 STP 文件并添加到工程中后综合

文件设计好后以 STP 格式保存并添加到工程中，然后与原有工程捆绑综合，综合后下载到 FPGA 器中运行观察。

7. 下载查看

下载后运行逻辑分析仪，可以看到图 16-25 所示界面，数据采集界面和设置界面可以通过采集框下面的"Data"和"Setup"切换。

Type	Alias	Name	0	16	32	48	64	80	96	112	128
🖾		⊞- DA_IN	4Eh	48h	43h	3Dh	38h	33h	2Eh	29h	25h	21h	1Ch	19h	15h	12h	0Fh	0Ch	09h

图 16-25　逻辑分析仪采集到的数据

在图 16-25 所示界面的"DA_IN"上点击鼠标右键可调出图 16-26 所示的选项,点击"Bus Display Format"后选"Unsigned Line Chart",可以看到正弦波形图,如图 16-27～图 16-29 所示。

图 16-26　逻辑分析仪数据显示方式选择

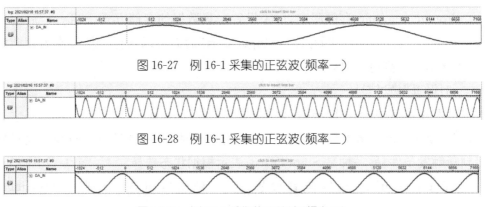

图 16-27　例 16-1 采集的正弦波(频率一)

图 16-28　例 16-1 采集的正弦波(频率二)

图 16-29　例 16-1 采集的正弦波(频率三)

8.逻辑分析仪的去除

工程正式发布时需要去除逻辑分析仪:点击菜单"Assignments→Settings"后选择"Timing Analysis Settings"中的"SignalTap Ⅱ Logic Analyzer",如图 16-30 所示,取消勾选"Enable SignalTap Ⅱ Logic Analyzer",即不使能逻辑分析仪,然后重新综合下载。

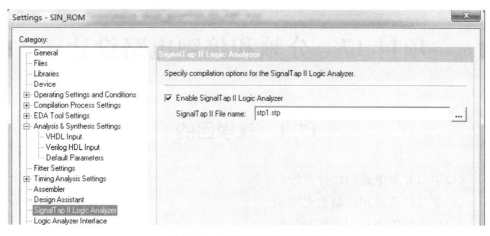

图 16-30　逻辑分析仪使能设置

16.8　项目实践练习

练习例 16-1，学习并掌握 keep、probe_port、chip_pin、SignalProbe 和 SignalTap II 的使用方法。

16.9　项目设计性作业

调用 ROM 参数宏模块，设计一个能计算 2 个 10 以内数字相乘的 BCD 码乘法器。

16.10　项目知识要点

(1) ROM 参数宏调用。

(2) keep、probe_port、chip_pin 属性。

(3) SignalProbe 的使用。

(4) SignalTap II 的使用。

16.11　项目拓展训练

查看 ROM 参数宏模块的帮助信息，使用 Verilog 直接调用该模块设计一个能计算 2 个 10 以内数字相乘的 BCD 码乘法器。

项目 17　分频和倍频电路设计

17.1　教学目的

(1)学习分频电路的设计方法。

(2)学习调用锁相环参数宏模块。

(3)学习使用锁相环倍频和分频。

(4)学习几种常用的编译预处理指示性语句。

17.2　分频电路设计

分频电路是电子系统常用的模块之一。如例 16-1 中要产生不同频率的正弦波,需要用不同的时钟频率读取存储器的正弦波数据。一般而言,分频电路不但对输出的信号频率有要求,而且要求这种信号的占空比为 50%。这需要分几种情况来实现。

一、偶数分频

偶数分频是指把输入信号频率分成 $1/x$(偶数)输出,如 $1/2,1/4$ 和 $1/6$ 等。

【例 17-1】　对输入的时钟频率实现 $1/2,1/4$ 和 $1/6$ 分频输出。

```
module FDIV1(CLK,FC1,FC2,FC3);
    input      CLK;
    output      FC1,FC2,FC3;
    reg [1:0]   CNT;
    always @(posedge CLK) CNT <=CNT+1;
    assign FC1=CNT[0];
    assign FC2=CNT[1];
    reg [1:0]      CNT1;
    reg             C1;
    always @(posedge CLK)
        begin
            if (CNT1<2)   CNT1 <=CNT1+1;
            else begin
                CNT1 <=0;
```

```
                    C1=~C1；
                end
        end
    assign FC3=C1；
endmodule
```

例 17-1 综合后的仿真波形图如图 17-1 所示,图中 FC1 输出的是 2 分频,FC2 输出的是 4 分频,FC3 输出的是 6 分频。

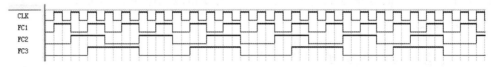

图 17-1　偶数分频仿真结果

偶数分频实现的思路:①如果同时实现多个 $2n$ 分频,则可以直接用计数器不同位输出实现。②如果是任意偶数 N,则设计一个 $N/2$ 进制计数器,每计满一次对要输出的信号取反。

二、奇 数 分 频

【例 17-2】　对输入的时钟频率实现 1/5 分频输出。

```
module FDIV2(CLK,FC)；
    input      CLK；
    output      FC；
    parameter S=5；
    reg [2:0]  CNT1,CNT2；
    ( * synthesis,keep * )  wire  FT1,FT2；
    always @(posedge CLK)
            if(CNT1<(S-1))  CNT1 <=CNT1+1；
                else CNT1 <=0；
        always @(negedge CLK)
            if (CNT2<(S-1))   CNT2 <=CNT2+1；
                else   CNT2 <=0；
        assign FT1=(CNT1>(S/2))?    1:0；
        assign FT2=(CNT2>(S/2))?    1:0；
    assign FC=FT1|FT2；
endmodule
```

例 17-2 综合后的仿真波形图如图 17-2 所示,图中 FC 是 CLK 经过 5 分频后的输出波形。为了说明原理,仿真时调出 FT1 和 FT2(同时显示)。

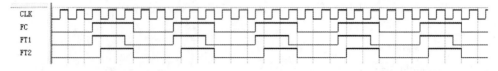

图 17-2　5 分频仿真结果

奇数分频实现的思路：①先设计 2 个 S 进制计数器，其中一个用时钟的上升沿计数，另一个用下降沿计数。②用 2 个网线型变量充当中间值，当 2 个计数器计数值小于 $S/2$ 时变量取低电平，大于 $S/2$ 时变量取高电平。③对 2 个网络型变量取或后输出。

三、含小数的分频

1. 半整数分频

在电路设计中有时需要分频比为小数才能分得想要的频率。如想用 5 MHz 的时钟得到 2 MHz 的时钟，这时的分频比为 2.5。分频原理如图 17-3 所示，图中的 CLK1 为 CLK 经 2.5 分频后占空比为 50% 的时钟信号。从图中可以看出，要求 CLK1 在 CLK 的 1.25 处变换，而 1.25 处既不是上升沿也不是下降沿，不容易实现。

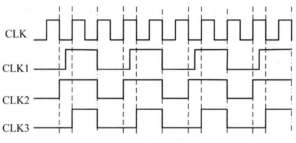

图 17-3　2.5 分频原理图

可以对图 17-3 中 CLK1 电平转化点前移或后移 0.25 个 CLK，这样就可以利用 CLK 的上升或下降沿来实现电平转化。当然，这样得到的时钟信号的占空比不再为 50%。图 17-3 中的 CLK2 为前移 0.25 个 CLK 进行电平转化，CLK3 为后移 0.25 个 CLK 进行电平转化。从图 17-3 中可以看出，这种半整数分频需要在上升沿和下降沿进行电平转化，因此需要设计一个上升沿触发的计数器和一个下降沿触发的计数器同时计数。

【例 17-3】　设计 2.5 分频的分频电路。

```
module FDIV3(CLK,FC);
    input      CLK;
    output        FC;
    reg [2:0]    CNT1,CNT2;
    ( * synthesis,keep * )   wire   FT1,FT2;
    always @(posedge CLK)
```

```
      if (CNT1<4)   CNT1 <=CNT1+1;
         else CNT1 <=0;
   always @(negedge CLK)
      if (CNT2<4)   CNT2 <=CNT2+1;
         else   CNT2 <=0;
    assign FT1=[(CNT1 >=1)  (CNT1<3)]  ?   1:0;
    assign FT2=(CNT2 >=4)   ?   1:0;
  assign FC=FT1|FT2;
endmodule
```

例 17-3 综合后的仿真结果如图 17-4 所示,从图可以看出 2.5 个 CLK 时钟会产生一个 FC 时钟信号。

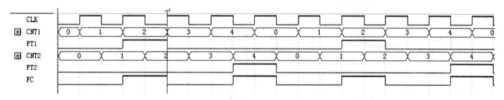

图 17-4　2.5 分频的仿真结果

半整数分频实现的思路:要实现系数为 $X+0.5$ 的分频,即要求 $(2X+1)$ 个时钟分频后输出 2 个时钟。(1)先设计 2 个 $(2X+1)$ 进制的计数器,其中一个用时钟的上升沿计数,另一个用下降沿计数。(2)用 2 个 1 位网线型变量 FT1 和 FT2 充当中间值,上升沿计数器计数值大于 $\dfrac{X}{2}$ 且小于 $X+0.5$ 的一段时间内 FT1 送出高电平,下降沿计数器计数值大于 $\left(X+0.5+\dfrac{X}{2}\right)$ 且小于 $(2X+1)$ 的一段时间内 FT2 送出高电平,其余时间 FT1 和 FT2 均送出低电平。(3)对 2 个网络型变量取或后输出。

根据上述思路对例 17-3 修改后很容易得到 1.5 分频的电路设计,其仿真结果如图 17-5 所示。

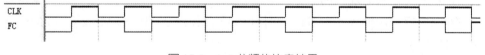

图 17-5　1.5 分频的仿真结果

2. 任意小数分频

想用 4 MHz 的时钟得到 3 MHz 的时钟,这时的分频比为 4/3,可通过设计计数器控制实现。

【例 17-4】　设计 3/4 分频的分频电路。

```
module FDIV4(CLK,FC);
   input     CLK;
   output      FC;
```

```
    reg [2:0]   CNT;
    ( * synthesis,keep * )   wire   FT;
    always @(posedge CLK)
        if (CNT<3)   CNT <=CNT+1;
            else CNT <=0;
        assign FT= (CNT<3)   ?   1:0;
    assign FC=CLK&FT;
endmodule
```

例 17-4 综合后的 RTL 如图 17-6 所示,其仿真结果如图 17-7 所示。从图中可以看出,每 4 个 CLK 时钟会产生 3 个 FC 时钟信号。

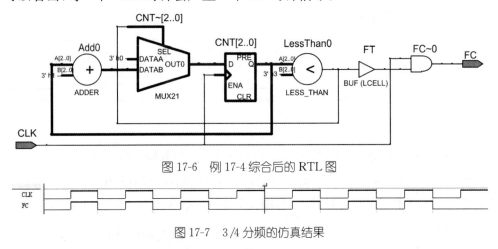

图 17-6   例 17-4 综合后的 RTL 图

图 17-7   3/4 分频的仿真结果

17.3   倍频电路设计

倍频可以用 FPGA 内部的嵌入式锁相环来实现,Cyclone 系列 FPGA 中含有高性能的嵌入式锁相环(PLL),可以以一个输入的时钟信号为基准,输出一至多个同步倍频或分频的片内时钟。

【**例 17-5**】   用输入 10 MHz 的时钟信号输出 20 MHz、30 MHz 和 50 MHz 的 3 路时钟信号。

(1)与其他参数宏调用一样,新建一参数宏。当出现图 17-8 所示界面时,需要从"I/O"类中选择"ALTPLL",根据实验条件选择器件类型,本例选择"Verilog HDL",给参数宏命名后点击"Next"会出现图 17-9 所示界面。

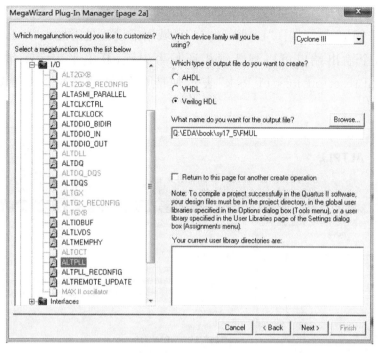

图 17-8 ALTPLL 主要设置一

（2）在图 17-9 中主要设置输入频率，这里输入 10 MHz，其余选择默认值，然后点击"Next"会出现图 17-10 所示界面。

图 17-9 ALTPLL 主要设置二

（3）图 17-10 所示界面的"Optional inputs"区域主要用于设置输入选项，如是否需要异步复位、使能端。"Lock output"区域用于设置是否加入"locked"输出端口，通过这个输出端口可以判断锁相环是否失锁，高电平表示正常。下面的"Enable self-reset on loss of lock"表示使能失锁自动复位。设置好后点击"Next"。

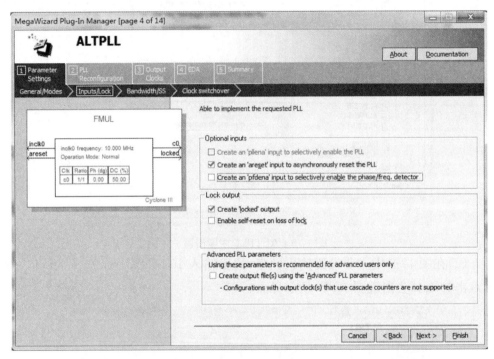

图 17-10　ALTPLL 主要设置三

（4）接下来几个界面全部选默认值，连续单击"Next"直到弹出图 17-11 所示界面。在图 17-11 所示界面中设置输出时钟端口，这里显示可以配置 5 组（从 clk c0 到 clk c4）。clk c0 是必选的，其他由用户选择。设置 clk c0 时需要选中"Use this clock"，即选用该输出，输出信号的频率可通过分频因子和倍频因子设置，也可以直接输入输出信号的频率。本例直接输入频率 20 MHz，相位偏移值设为 0，占空比设为 50％，如图17-11所示。设置好后点击"Next"，跳到 clk c1 设置界面。

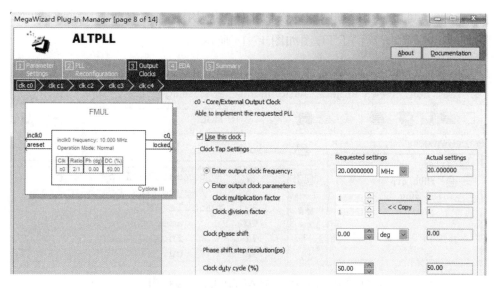

图 17-11　ALTPLL 主要设置四

　　(5)按照设置 clk c0 的方法设置另两组时钟信号,即选中使用 clk c1 和 clk c2,直接输入频率 30 MHz 和 50 MHz,相位偏移值设为 0,占空比设为 50%。

　　(6)接下来设置不使用 clk c3 和 clk c4,单击"Next",在网表选择页直接单击"Next",出现图 17-12 界面时按照图中参数设置,然后点击"Finish"。

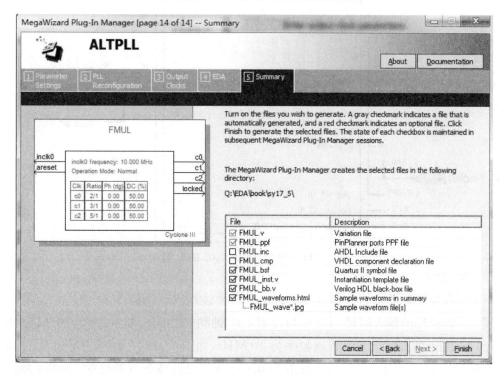

图 17-12　ALTPLL 主要设置五

　　(7)直接添加生成的 FMUL. v 文件到工程中,如图 17-13 所示,然后直接综合。当然,也可以使用原理图作为设计文件,即调用生成的原理图,然后自动添加引脚。例 17-5 综合后的 RTL 图如图 17-14 所示。

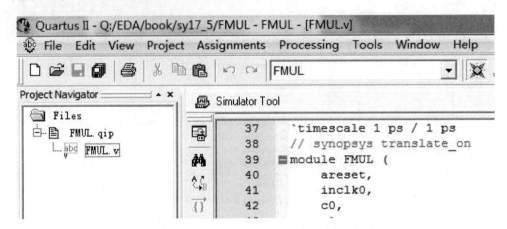

图 17-13　添加生成的 ALTPLL 设计文件到工程

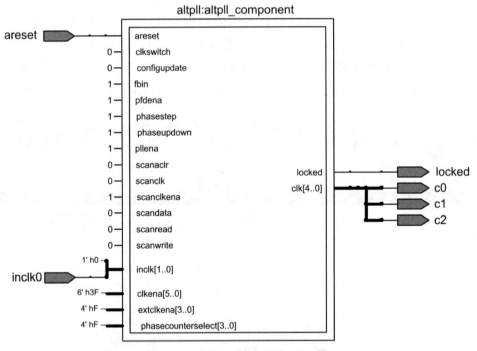

图 17-14　例 17-5 综合后的 RTL 图

(8)验证。

含有锁相环的电路在仿真或下载验证时要注意以下几点:

①锁相环的输入时钟一定要与设置的时钟频率相同。如例 17-5 中的 inclk0 为 10 MHz,仿真时也要设置该频率为 10 MHz,如图 17-15 所示,直接设置时钟周期为 100 ns,占空比为 50%,偏移值为 0。在硬件设计或下载验证时,inclk0 要求必须从 FPGA 外部接入,而且要求从规定的引脚送入,不能随便配置一个引脚,具体用哪一个引脚需要查看相应的器件手册。不同的 FPGA 型号对锁相环输入和

输出时钟频率大小也有不同的要求。在进行锁相环参数模块设置时,若出现"Able to implement the requested PLL"(图 17-11),则表示参数可接受。

②含锁相环电路仿真时要求仿真区域要足够长。锁相捕捉需要一定的时间,仿真也较慢,因此此类电路仿真时可以先去掉锁相环仿真,正式下载之前加入锁相环综合。本例设置仿真结束时间为 10 μs。

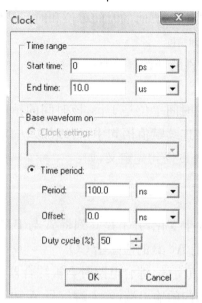

图 17-15   锁相环仿真输入时钟设置

图 17-16 为例 17-5 的功能仿真结果,其中 areset 表示引脚高电平复位。从图 17-16 中可以看出,几个周期后才完成锁相,一个 inclk0 周期内 c0 输出 2 个周期,c1 输出 3 个周期,c2 输出 5 个周期,完成倍频功能。

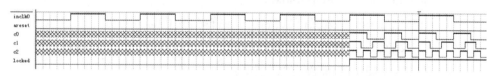

图 17-16   例 17-5 的仿真结果

17.4   编译预处理指示性语句

在例 17-5 的 FMUL.v 文件中能看到以"`"开头的语句(图 17-13)。此为 Verilog HDL 编译预处理语句,要在最终综合前要处理好,其功能与 C 语言预处理指令差不多。为区别于一般语句,这些预处理语句以符号"`"开头。Verilog HDL 规定的预编处理语句有:

`accelerate,`autoexpand_vectornets,`celldefine,`default_nettype,`define,`else, `endcelldefine,`endif,`endprotect,`endprotected,`expand_vectornets,`ifdef,`include,

`noaccelerate、`nocxpand_vectornets、`noremove_gatenames、`noremove_netnames、
`nounconnected_drive、`protect、`protecte、`remove_gatenames、`remove_netnames、
`reset、`timescale、`unconnected_drive

下面对几种常用的编译预处理语句进行介绍。

1.`timescale 语句

`timescale 用于定义模块仿真时的时间单位和时间精度,其格式如下:

　　`timescale　时间单位/时间精度

如例 17-5 的 FMUL.v 文件的开始部分有:

　　`timescale 1 ps / 1 ps

该语句表示仿真用的时间单位是 1 ps,该时间的精度也是 1 ps,要求时间精度不能大于时间单位。在连续赋值语句中,可以加入一定时间来延时赋值,这个时间的单位就得用`timescale 语句先定义,如:

　　`timescale 1ns/1ps

　　assign #5 CO＝A&B;

表示仿真时,若 A 与 B 发生变化,并不是立刻将 A 与 B 的值赋给 CO,而是延时 5 个单位时间即 5 ns 后才把 A&B 的值赋给 CO。

注意:该语句只对仿真有效,综合电路时会被综合器忽略,但真正的电路也会有延时。如上述 CO 是与门的输出端,输入端信号 A 和 B 发生变化时,输出不可能立刻改变。因此,在语句中人为加入延时,会使仿真的逻辑结果更接近综合布线后器件的实际运行效果。

2.`define、`ifndef 和`ifdef

(1)宏定义`define 和宏取消`undef。

宏定义格式:`define　标识符(宏名)　字符串(宏内容)

取消宏定义格式:`undef　标识符(宏名)

注意:宏定义和取消后面没有";"。例:

`define　WORDSIZE 8

reg[1:`WORDSIZE]　data;//这相当于定义 reg[1:8]　data

…

`undef WORDSIZE　//取消 WORDSIZE 的定义

宏定义允许带参数,如:

`define max(a,b)　((a)>(b)?　(a):(b))

n=`max(p+q,r+s);

编译时被替换为"n=((p+q)>(r+s))?　(p+q):(r+s);"。

(2)条件编译`ifndef 和`ifdef。

条件编译是指条件满足的情况下才会被综合,条件编译命令有 2 种形式:

格式 1

`ifdef 宏名

　　语句块

`endif

格式 2

`ifdef 宏名

　　语句块 1

`else

　　语句块 2

`endif

格式 1 的含义是若宏名已经被定义（已用`define 定义），则语句块编译综合。格式 2 的含义：若宏名已经被定义（已用`define 定义），则编译综合语句块 1；若宏名未被定义，则编译综合语句块 2。

`ifndef 与 ifdef 的格式相同，不同的是未定义时判断为真。

观察例 17-5 的 FMUL. v 文件，发现有下列语句：

`ifndef ALTERA_RESERVED_QIS

// synopsys translate_off

`endif

　　tri0　areset；

`ifndef ALTERA_RESERVED_QIS

// synopsys translate_on

`endif

上述语句中的"//synopsys translate_off"不是注释语句，而是预处理指示语句，用于提示综合器不编译综合；同样，"//synopsys translate_on"用于提示开始编译综合。其中 synopsys 是早期用的，目前可以用 synthesis 替换。也就是说，位于这两条语句之间的语句会在编译综合时被忽略。用 tri0 定义下拉型网线型变量 areset。若需要定义为上拉，则用 tri1 关键字。端口被定义成下拉或上拉时未连接相当于 0 或 1。tri0 和 tri1 综合时也被忽略。因此，上述语句的意思是，若没有定义 ALTERA_RESERVED_QIS 宏，则不编译语句"tri0 areset；"。

（3）文件包含处理 include。

`include 的作用是在一个源文件里包含另外一个源文件的全部内容，其作用与 C 语言的 include 比较类似，其格式为：

`include "文件名"

例：

`include "H_ADDER. v"

module F_ADDER （AIN,BIN,CIN,COUT,SUM）；

　　output COUT,SUM；

　　input AIN,BIN,CIN；

　　wire NET1,NET2,NET3；

　　H_ADDER　U1 （AIN,BIN,NET1,NET2）；

H_ADDER　U2 (. A(NET1) ,. SO(SUM) ,. B(CIN) ,. CO(NET3)) ;

　　or　U3 (COUT,NET2,NET3) ;

endmodule

这种包含对 Quartus 软件而言意义不大,因为只要把 H_ADDER. v 放在当前工程目录下,软件编译综合时就会自动查找。但可以像 C 语言那样,用一个文件来定义工程用的宏、参数或任务,即组建自己的元件库,然后用`include 命令将这个文件包含进来。

使用`include 要注意以下几点:

①一条`include 语句只能包含一个文件,如果要包含 $n$ 个文件,要用 $n$ 个`include命令。

②`include 语句可以出现在 Verilog HDL 源程序的任何位置。

③被包含文件名可以是相对路径名,即以当前工程目录开始查找,也可以是绝对路径名,即以磁盘开始查找。

④允许包含嵌套,如文件 1 包含文件 2,文件 2 包含文件 3。

17.5　项目实践练习

练习例 17-1～例 17-5,掌握锁相环参数模块的设置方法。

17.6　项目设计性作业

音名与频率的对应如表 17-1 所示。请设计分频器,对输入 50 MHz 频率的时钟信号分频得到表中中音、高音、倍高音中的一组并输出。

表 17-1　简谱中音名与频率的对应关系

中音音名	频率/Hz	高音音名	频率/Hz	倍高音音名	频率/Hz
C	261. 6	C	523. 3	C	1046. 5
D	293. 7	D	587. 3	D	1174. 7
E	329. 6	E	659. 3	E	1318. 5
F	349. 2	F	698. 5	F	1396. 9
G	392	G	784	G	1568
A	440	A	880	A	1760
B	493. 9	B	987. 8	B	1975. 5

17.7　项目知识要点

(1)锁相环。

(2)`timescale 语句。

(3)`define 语句。

(4)`ifdef 语句。

(5)`ifndef 语句。

(6)`include 语句。

(7)关键字 tri0 和 tri1。

(8)语句// synopsys translate_off 和// synopsys translate_on。

(9)语句//synthesis translate_off 和// synthesis translate_on。

17.8　项目拓展训练

(1)利用锁相环能实现哪些电路的功能?

(2)课外继续完善本项目的设计性作业,要求完整地输出 3 组音名对应的频率,实现根据按键选择输出不同频率以驱动蜂鸣器,即完成简易电子琴的设计。

项目 18　状态机的设计

18.1　教学目的

(1)掌握状态机的概念。

(2)学习 Moore 型状态机的设计方法。

(3)掌握状态变量的使用方法。

(4)掌握状态编码方式。

(5)学习状态机的综合和仿真。

18.2　状态机的设计

【例 18-1】

设计一个串行数据检测电路。正常情况下,串行的数据不应连续出现 3 个或 3 个以上的 1。当检测到连续 3 个或 3 个以上的 1 时,要求给出"错误"信号。

想完成上述设计需要用到状态机。一般时序逻辑电路可用图 18-1 的结构表示,描述这样的电路可以用 3 组方程,即驱动方程组、输出方程组和状态方程组。

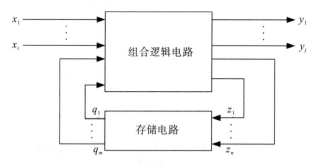

图 18-1　四选一数据选择器原理示意图

$$\begin{cases} y_1 = f_1(x_1, x_2, \cdots, x_i, q_1, q_2, \cdots, q_m) \\ \vdots \\ y_j = f_j(x_1, x_2, \cdots, x_i, q_1, q_2, \cdots, q_m) \end{cases} \Rightarrow 输出方程组$$

$$\begin{cases} z_1 = g_1(x_1, x_2, \cdots, x_i, q_1, q_2, \cdots, q_m) \\ \vdots \\ z_n = g_n(x_1, x_2, \cdots, x_i, q_1, q_2, \cdots, q_m) \end{cases} \Rightarrow 驱动方程组$$

$$\begin{cases} q_1* = h_1(z_1, z_2, \cdots, z_n, q_1, q_2, \cdots, q_m) \\ \vdots \\ q_m* = h_m(z_1, z_2, \cdots, z_n, q_1, q_2, \cdots, q_m) \end{cases} \Rightarrow 状态方程组$$

上述 3 组方程虽然能描述电路,但不直观,为了方便直观地观察时序电路的变化情况,常用状态图、状态表、时序图和流程图等来描述电路。如计数器就可以看成几个状态在不断的转化。图 18-2 是一个八进制计数器的状态转化图,显示 8 个状态按照一定规律不断循环转换。有效时钟到达之前,电路的状态称为现态;到达以后,电路的状态称为次态。图 18-2 中 S_0 的次态为 S_1。

有限状态机(FSM)是表示有限个状态以及在这些状态之间的转移和动作等行为的数学模型。有限状态机可根据信号的输出方式分为 Mealy 型和 Moore型。Mealy 型有限状态机的信号输出与状态和输入有关,而 Moore 型有限状态机的输出仅与状态有关,因此 Mealy 型属于异步性质的电路,而 Moore 型属于同步性质电路。设 Y 为电路的输出,X 为输入,Q 为状态,则可用公式表示为:

Mealy 型:$Y = F(X, Q)$

Moore 型:$Y = F(Q)$

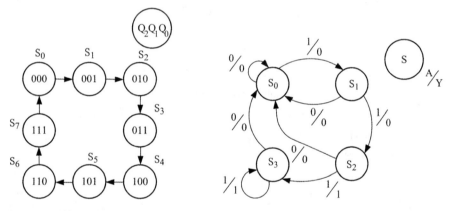

图 18-2　八进制计数器的状态转化图　　　图 18-3　例 18-1 状态转化图

对于例 18-1,假设输入 0 个 1 的情况为状态 S_0,连续输入 1 个 1 的情况为状态 S_1,连续输入 2 个 1 的情况为状态 S_2,连续输入 3 个或 3 个以上 1 的情况为状态 S_3,则电路在这 4 个状态之间转换,其状态图如图 18-3 所示,图中 A 代表输入,Y 代表输出,输出 1 代表错误输出。

18.3　二过程状态机

一、状态机的 Verilog 描述

例 18-1 的 Verilog 描述代码如下:

```
module   FSM_18_1 (CLK,RESET,A,Y);
    input    CLK,RESET,A;
    output Y;
    reg Y;
    reg [3:0]   ST;
    parameter   S0=0,S1=1,S2=2,S3=3;
    always @ (posedge CLK or posedge RESET)
        begin
            if (RESET)   ST<=S0;
            else
                case (ST)
                    S0:  if  (A)   ST<=S1;
                    S1:  begin
                              if  (A)   ST<=S2;
                              else   ST<=S0;
                          end
                    S2:  begin
                              if  (A)   ST<=S3;
                              else   ST<=S0;
                          end
                    S3:  if  (~A)     ST<=S0;
                    default:   ST<=S0;
                endcase
        end
    always @(ST)
        begin
            case(ST)
                    S0:Y=1'b0;
                    S1:Y=1'b0;
                    S2:Y=1'b0;
                    S3:Y=1'b1;
                    default:Y=1'b0;
            endcase
        end
endmodule
```

代码中的 ST 是存储状态的变量,S0～S3 是定义的 4 个状态常量,CLK 为时钟,RESET 为异步复位输入端,A 为数据输入端,Y 为输出端。描述图 18-3 所示的状态转化图用了 2 个过程,其中一个过程描述状态的变化规律,另一个过程定义每种状态的输出。

二、综合前设置及综合后查看

用 Quartus 综合状态机的设计时要打开状态机萃取开关。点击菜单"Assignments→ Settings. . . "后,在弹出的界面中选择"Analysis&Synthesis Settings",点击右边的"More Settings"会出现图 18-4 所示界面,选中"Extract Verilog State Machines",再在上面的"Setting"栏中选择"On",设置完成后点击"OK"确认。

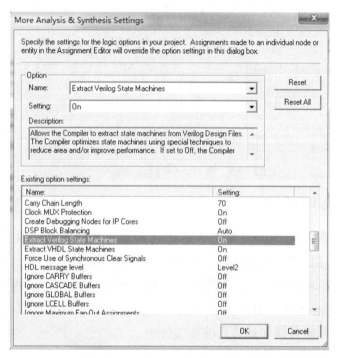

图 18-4　打开状态机萃取开关

例 18-1 综合后的 RTL 图如图 18-5 所示,其中 ST 为状态变量。双击图中 ST 下面的方框可以看到如图 18-6 所示界面。图 18-6 所示界面可也以通过菜单"Tools→Netlist Viewers→State Machine Viewer"打开,左下角为状态转化的关系,共 3 列,第 1 列是原状态,第 2 列是目的状态,第 3 列是原状态转化到目的状态的条件。状态的编码方式也可以通过点击左下角的"Encoding"选项卡查看。

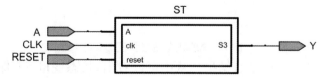

图 18-5　例 18-1 综合后的 RTL 图

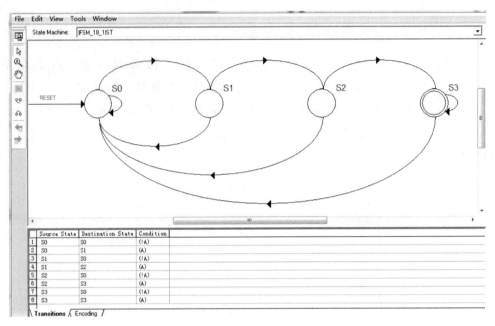

图 18-6　例 18-1 综合后的状态转化图

三、状态机的仿真

状态机仿真验证往往需要把状态变量调出来加以分析。在仿真波形文件"Name"栏点击鼠标右键选择"Insert→Insert Node or Bus..."后,在弹出来的对话框中点击"Node Finder..."出现图 18-7 所示界面。在图 18-7 的"Filter"下拉列表中选择"Design Entry(all names)",然后点击"List"可以看到状态变量,选中相应的状态变量后将其添加到仿真波形文件中。

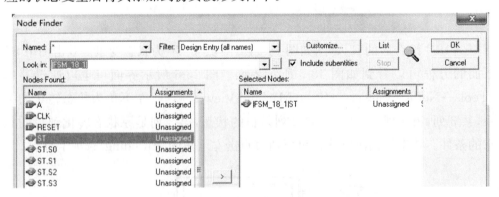

图 18-7　添加状态变量到波形文件中

图 18-8 是例 18-1 的仿真结果。从中可以看出,状态变量 ST 保存的是状态。在 S3 状态时,电路输出为高电平。

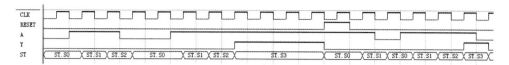

图 18-8　例 18-1 的仿真结果

四、二过程状态机的另一种描述

【例 18-2】 例 18-1 的另一种描述方法。

```
module   FSM_18_2 (CLK,RESET,A,Y);
    input   CLK,RESET,A;
    output Y;
    reg Y;
    reg [3:0]   C_ST,N_ST;
    parameter   S0=0,S1=1,S2=2,S3=3;
    always @ (posedge CLK or posedge RESET)
        begin
            if (RESET)   C_ST <=S0;
            else C_ST=N_ST;
        end
    always @ (C_ST,A)
        begin
            case (C_ST)
                S0:  begin
                        if  (A)   N_ST <=S1;
                        else N_ST <=S0;
                        Y <=1'b0;
                     end
                S1:  begin
                        if  (A)   N_ST <=S2;
                        else   N_ST <=S0;
                        Y <=1'b0;
                     end
                S2:  begin
                        if  (A)   N_ST <=S3;
                        else   N_ST <=S0;
                        Y <=1'b0;
                     end
                S3:  begin
                        if  (~A)      N_ST <=S0;
```

```
                                else N_ST <= S3；
                                Y <= 1′b1；
                            end
                    default：  N_ST <= S0；
                endcase
            end
    endmodule
```

例 18-2 定义了 2 个状态变量,其中 C_ST 用于存储当前状态,N_ST 用于存储当前状态的下一状态。用 2 个过程来描述状态机,一个是时序过程,另一个是组合过程。时序过程中规定了时钟或复位信号有效时状态的变化规律,纯组合过程中规定了每种状态下的输出和该状态的下一个状态。

例 18-2 综合后打开 RTL 图,能看到其被综合成了状态机,其状态图如图18-9 所示,与图 18-6 明显不同,该图无返回 S0 的指示。例 18-2 的仿真结果如图18-10 所示。从图中可以看出,每个状态下如果输入是 0 都会转到 S0 状态,仿真结果完全正确。由此可见,Quartus 系统识别状态机有一定的局限性,所以 Quartus 是否综合成状态机或综合的状态机是否正确,需要通过仿真和下载验证才能确定。

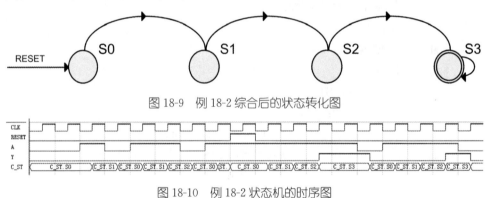

图 18-9　例 18-2 综合后的状态转化图

图 18-10　例 18-2 状态机的时序图

18.4　三过程状态机

【例 18-3】　例 18-1 的设计用 3 个过程来描述。

```
module   FSM_18_3 (CLK,RESET,A,Y)；
    input   CLK,RESET,A；
    output Y；
    reg Y；
    reg [3:0]  C_ST,N_ST；
    parameter  S0=0,S1=1,S2=2,S3=3；
    always @ (posedge CLK or posedge RESET)
```

```
        begin
            if（RESET）  C_ST<=S0;
            else C_ST=N_ST;
        end
    always @（C_ST,A）
        begin
            case（C_ST）
                S0：   if （A）  N_ST<=S1;
                        else N_ST<=S0;
                S1：   if （A）  N_ST<=S2;
                        else  N_ST<=S0;
                S2：   if （A）  N_ST<=S3;
                        else  N_ST<=S0;
                S3：   if （～A）   N_ST<=S0;
                        else N_ST<=S3;
                default： N_ST<=S0;
            endcase
        end
    always @（C_ST）
        begin
            case（C_ST）
                S0:Y=1'b0;
                S1:Y=1'b0;
                S2:Y=1'b0;
                S3:Y=1'b1;
                default:Y=1'b0;
            endcase
        end
    endmodule
```

例 18-3 是把例 18-2 的组合过程分成了 2 个,其中一个过程专门用来描述状态的转化,另一个过程描述每个状态的输出值。

例 18-3 综合后的 RTL 图与状态转化图与例 18-2 完全一样,其仿真结果也相同。

18.5 一过程状态机

【**例 18-4**】 例 18-1 的设计用一个过程来描述。

```verilog
module  FSM_18_4 (CLK,RESET,A,Y);
    input   CLK,RESET,A;
    output Y;
    reg Y;
    reg [3:0]   ST;
    parameter   S0=0,S1=1,S2=2,S3=3;
    always @ (posedge CLK or posedge RESET)
            begin
                if (RESET)   ST<=S0;
                else
                    case (ST)
                        S0： begin
                                if  (A)   ST<=S1;
                                Y<=1'b0;
                            end
                        S1： begin
                                if  (A)   ST<=S2;
                                else   ST<=S0;
                                Y<=1'b0;
                            end
                        S2： begin
                                if  (A)   ST<=S3;
                                else   ST<=S0;
                                Y<=1'b0;
                            end
                        S3： begin
                                if  (~A)   ST<=S0;
                                Y<=1'b1;
                            end
                        default： begin
                                    ST<=S0;
                                    Y<=1'b0;
                                end
                    endcase
            end
endmodule
```

例 18-4 是把例 18-1 的组合过程融入时序过程中,即用一个过程描述状态之间的变化和每种状态的输出。例 18-4 综合后的状态转化图如图 18-11 所示,与例 18-1 完全相同,其仿真结果也与例 18-1 完全相同。

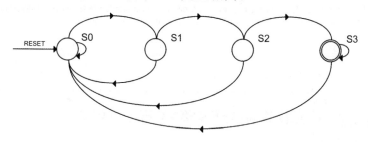

图 18-11　例 18-4 综合后的状态转化图

18.6　状态机设计过程的注意事项

一、在软件中打开自动推断开关

在"Extract Verilog state machine"选项设置为"On"的情况下,Quartus Ⅱ软件通过查找变量自动推断 Verilog HDL 代码是否要综合成状态机。如果要禁用状态机的自动推断,需要将此选项设置为"Off"。

二、对状态变量的要求

想让软件把设计综合成状态机,对状态变量有 5 点要求:
(1)变量不能声明为模块的输出。
(2)分配给状态变量的值只能是常量文本、参数、枚举或其他状态变量。
(3)状态变量必须有 2 个以上(包括 2 个)状态。
(4)状态变量不能出现在表达式中,也不能当操作数使用。例如,定义 N_ST 为下一个状态,C_ST 为当前状态,不能这样使用:N_ST $\leqslant$ C_ST+1。
(5)状态变量只能有一个异步复位控制。

三、状态常量的定义

状态常量用关键字 parameter 定义,但参数的具体值在软件综合时可能被忽略。如上述案例中定义"parameter S0=0,S1=1,S2=2,S3=3;",但不一定按这些值来综合,因为状态编码有多种形式,软件综合时会根据编码设置来定义状态常量。点击菜单" Assignments → Settings..."后,在弹出的界面中选中"Analysis&Synthesis Settings",点击右边的"More Settings",在弹出的界面中选中"State Machine Processing"项,再点击"Setting"栏右边"▼"打开下拉列表,如

图 18-12 所示。

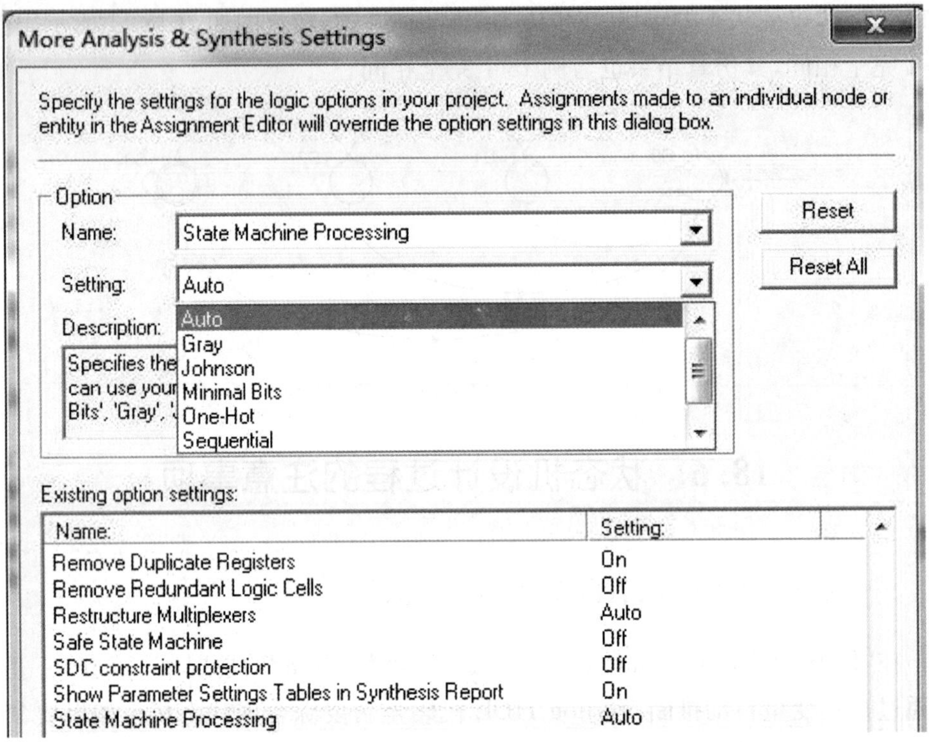

图 18-12　状态编码方式选择

　　"Setting"下拉列表中的"Auto"表示让综合器为设计选择最好的状态机编码方式；"Gray"即格雷编码，其规律是相邻 2 个状态的编码只有一位不同；"Johnson"为约翰逊码，其规律是从 0 开始，右移一位，移出来的位取反填到最高位变为接下来的一个数，以此类推；"Minimal Bits"表示使用最少的比特位编码的状态机；"One-Hot"编码表示每种状态只有一位是 1，其余位均为 0，因此 n 个状态需要 n 位；"Sequential"指顺序编码；"User-Encoded"表示用户自定义状态机的编码。设状态机有 6 个状态，分别为 S0～S5，各种编码值见表 18-1。

表 18-1　几种常用的编码方式

状态	Sequential	Gray	One-Hot	Johnson
S0	000	000	100000	0000
S1	001	001	010000	1000
S2	010	011	001000	1100
S3	011	010	000100	1110
S4	100	110	000010	1111
S5	101	111	000001	0111

四、状态变量的定义

状态变量要定义为寄存器类型,寄存器的宽度最好与状态常量的数量相同以适应不同编码方式的需要。如上述案例中有 4 个状态,则状态变量的宽度为 4 位。

五、软件识别状态机的局限性

综合器是否把设计综合成状态机,要根据设计的结构、仿真和下载的结果来验证。如例 18-2 中显示的状态机并不完整,但仿真和下载验证完全符合设计要求,说明综合出的电路是正确的状态机电路。

18.7 项目实践练习

练习例 18-1~例 18-4,从中学习和掌握使用不同数量过程描述设计状态机的方法。

18.8 项目设计性作业

利用状态机设计一个序列检测器,要求对输入序列检测,然后与预置的 4 位序列"1011"相比较:若相同,则输出 1;若不同,则输出 0。

18.9 项目知识要点

(1)有限状态机、状态图。
(2)Mealy 型状态机和 Moore 型状态机。
(3)一过程状态机设计、二过程状态机设计、三过程状态机设计。
(4)状态变量。
(5)状态编码。
(6)状态机综合后的查看与仿真。

18.10 项目拓展训练

请利用状态机设计一个 4 状态的十字路口交通灯控制系统,4 状态分别是主道红灯(干道绿灯)、主道红灯(干道黄灯)、主道绿灯(干道红灯)、主道黄灯(干道红灯)。设主道的绿灯亮 50 s、红灯亮 30 s,主、干道黄灯统一亮 3 s。可以直接用输入 1 s 的时钟计时。

项目 19　Mealy 型状态机的设计

19.1　教学目的

(1)学习 Mealy 型状态机的设计方法。

(2)学习交通灯的设计方法。

(3)学习序列检测器的设计方法。

(4)学习使用'define 定义状态。

19.2　Mealy 型状态机的 Verilog 设计

【例 19-1】　设计十字路口交通灯控制电路,要求有倒计数提示。

若设计电路有 3 个状态,用 S0、S1 和 S2 分别表示红灯状态、绿灯状态和黄灯状态,因每个状态机的输出随倒计数器变化,故电路的输出是输入和状态的函数,这种状态机属于 Mealy 型。

```
//    MEALY1_Trafic. v
//    器件型号:EP3C40Q240C8N
module MEALY1_Trafic(CLK,LED21,RST,R_ON,G_ON,Y_ON);
    input CLK   /* synthesis chip_pin="152" */;
    input RST   /* synthesis chip_pin="43" */;
    output[7:0] LED21 /* synthesis chip_pin="160,159,146,145,144,143,142,139" */;
    output R_ON / * synthesis chip_pin="44" */;
    output G_ON / * synthesis chip_pin="45" */;
    output Y_ON / * synthesis chip_pin="46" */;
    reg   R_ON,G_ON,Y_ON;
    reg[7:0]   DISP_L;
    reg[7:0]   CNT_R,CNT_G,CNT_Y;
    reg F_CNTR,F_CNTG,F_CNTY;
    reg[2:0]   ST;
    parameter S0=2'b00,S1=2'b01,S2=2'b10;
    assign LED21[7:4]=DISP_L/4'd10;
    assign LED21[3:0]=DISP_L%4'd10;
    always @ (posedge CLK or posedge RST)
```

```
        begin
            if (RST)  ST <=S0；
            else
                case (ST)
                    S0： if  (F_CNTR)  ST <=S1；
                    S1： if  (F_CNTG)  ST <=S2；
                    S2： if  (F_CNTY)  ST <=S0；
                endcase
        end
always @ (ST or CNT_R or CNT_G or CNT_Y)
        begin
            case (ST)
                S0：begin
                    R_ON=1'b1;G_ON=1'b0;Y_ON=1'b0;DISP_L=CNT_R;
                  end
                S1：begin
                    R_ON=1'b0;G_ON=1'b1;Y_ON=1'b0;DISP_L=CNT_G;
                  end
                S2：begin
                    R_ON=1'b0;G_ON=1'b0;Y_ON=1'b1;DISP_L=CNT_Y;
                  end
                default：begin
                        R_ON=1'b1;G_ON=1'b0;Y_ON=1'b0;DISP_L=CNT_R;
                      end
            endcase
        end
always @(negedge CLK or posedge RST)
    begin
        if (RST)  CNT_R <=10；
        else if ((CNT_R>0)&&(R_ON))  CNT_R <=CNT_R-1'b1；
        else  CNT_R <=10；
    end
always @(CNT_R or R_ON )
    if ((CNT_R==0)&&(R_ON))  F_CNTR <=1；
    else    F_CNTR <=0；
always @(negedge CLK or posedge RST)
    begin
        if (RST)  CNT_G <=6；
```

```
            else if ((CNT_G>0)&&(G_ON))   CNT_G<=CNT_G-1′b1;
                else   CNT_G<=6;
        end
    always @(CNT_G or G_ON)
        if ((CNT_G==0)&&(G_ON))   F_CNTG<=1;
        else      F_CNTG<=0;
    always @(negedge CLK or posedge RST)
        begin
        if (RST)   CNT_Y<=3;
        else if ((CNT_Y>0)&&(Y_ON))   CNT_Y<=CNT_Y-1′b1;
        else   CNT_Y<=3;
        end
    always @(CNT_Y or Y_ON)
        if ((CNT_Y==0)&&(Y_ON))   F_CNTY<=1;
        else      F_CNTY<=0;
endmodule
```

例 19-1 中状态变量为 ST，用 2 个过程完成状态机的描述：一个过程描述状态的转化关系，F_CNTR、F_CNTG 和 F_CNTY 分别表示红灯、绿灯和黄灯亮灯倒计数到 0；另一个过程描述状态或输入发生变化时输出变化情况。CNT_R、CNT_G 和 CNT_Y 为 3 盏灯的倒计数输出值，R_ON、G_ON 和 Y_ON 分别表示红灯、绿灯、黄灯，1 表示亮，0 表示灭。DISP_L 表示要送数码管显示的值。有 3 个倒计数器分别计数红灯、绿灯和黄灯亮灯时间，每一个计数器由 2 个过程组成：一个用于计数，计数使能条件为计数值大于 0 且指示灯亮；另一个用于输出计满标志 F_CNTR、F_CNTG 和 F_CNTY 的值。为了让计数输出值转化成十进制数，本例中用了取余(％)和商运算符(/)，因计数值小于 100，故对计数值对 10 取余后显示十进制数的个位，对 10 求商后显示十进制数的十位。

例 19-1 状态机的输出有指示灯标志和倒计时显示，倒计时输出取决于状态和输入。为了更明显地区分状态与输出的关系，倒计数器计数使用 CLK 的下降沿触发。

例 19-1 利用 Quartus 自带的引脚属性语句在代码中对设计配置了引脚，所用器件型号为 EP3C40Q240C8N，其综合后的状态转化图如图 19-1 所示。

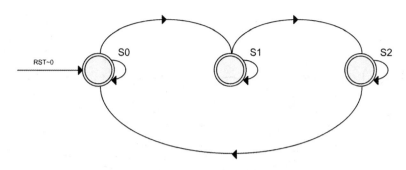

图 19-1　例 19-1 综合后的状态转化图

　　例 19-1 中每个状态计数时间较短,在实际应用中应根据需要设计计数时间。仿真结果如图 19-2 所示,从中可以看出状态变化出现在时钟的上升沿,而电路输出在上升沿和下降沿都有变化。

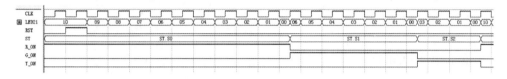

图 19-2　例 19-1 的功能仿真结果

典型的 Mealy 型状态机可用图 19-3 所示结构来描述。

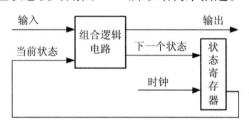

图 19-3　典型 Mealy 型状态机的结构

19.3　状态的定义

　　定义状态编码除用 parameter 外还可以用 define 语句("`"位于键盘的左上角)及 localparam 定义状态,但 localparam 定义的作用的范围仅限于本模块内,不能用于参数传递。

　　【例 19-2】　用 Mealy 型状态机检测序列是否含有"10110"。若检测到"10110",则输出 1;否则输出 0。

　　设 S0 表示检测开始,S1 表示已检测到的序列是 1,S2 表示已检测到的序列是 10,S3 表示已检测到的序列是 101,S4 表示已检测到的序列是 1011,S5 表示已检测到的序列是 10110。检测到序列 10110 后重新开始检测。状态转化图如图 19-4 所示,图例中 A 表示输入,Y 表示输出。

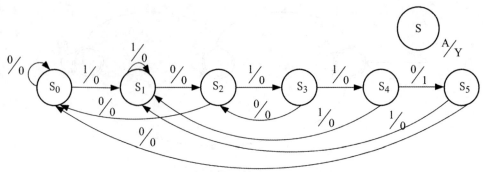

图 19-4　例 19-2 的状态转化图

```
//        MEALY_SEQ. v 文件
`define S0   5′b00000
`define S1   5′b00001
`define S2   5′b00010
`define S3   5′b00101
`define S4   5′b01011
`define S5   5′b10110
module MEALY_SEQ(CLK,RST,DIN,DOUT);
    input CLK,RST,DIN;
    output DOUT;
    reg [6:0]  C_ST,N_ST;
    reg DOUT;
    always @(posedge CLK or negedge RST)
        begin
            if(! RST)  C_ST <=`S0;
            else       C_ST <=N_ST;
        end
    always @(*)
        case(C_ST)
          `S0: begin
                  if(DIN==1′b1)  N_ST=`S1;
                  else  N_ST=C_ST;
               end
          `S1: begin
                  if(DIN==1′b0)  N_ST=`S2;
                  else N_ST=C_ST;
               end
          `S2: begin
                  if(DIN==1′b1)  N_ST=`S3;
```

```
                    else N_ST='S0;
                end
            'S3:begin
                    if(DIN==1'b1)   N_ST='S4;
                    else N_ST='S2;
                end
            'S4:begin
                    if(DIN==1'b0)   N_ST='S5;
                    else N_ST='S1;
                end
            'S5: N_ST='S0;
            default   N_ST='S0;
        endcase
    always @(*)
        begin
            if(! RST)   DOUT<=1'b0;
            else if(C_ST=='S4 && DIN==1'b0)   DOUT <= 1'b1;
            else DOUT<=1'b0;
        end
endmodule
```

例 19-2 综合后的状态转化图如图 19-5 所示,与图 19-4 结构一致。

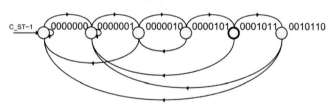

图 19-5　例 19-2 综合后的状态转化图

例 19-2 仿真结果如图 19-6 所示,可以看出当 DOUT 输出高电平时,状态值并没有变化,因此本例属于 Mealy 型状态机。

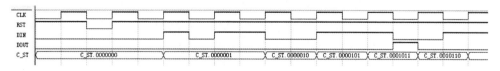

图 19-6　例 19-2 的功能仿真结果

19.4　项目实践练习

(1)建立工程,练习例 19-1 和例 19-2。

(2)用 localparam 定义例 19-2 的状态,查看综合后的状态图。

19.5　项目设计性作业

采用状态机设计一个小灯控制器,要求:控制 16 个 LED 小灯,至少实现 3 种花型,可通过输入控制小灯全亮或全灭。

19.6　项目知识要点

(1)Mealy 型状态机。

(2)状态的定义方式。

19.7　项目拓展训练

课外继续完善项目设计性作业,要求:至少实现 5 种花型,从一种花型变为另一种花型用定时器控制,控制间隔时间为 3 s,可通过输入控制小灯全亮或全灭。

项目 20 状态机的应用设计

20.1 教学目的

(1)学习多个数码管的动态驱动显示方法。

(2)学习 ADC0809 的应用方法。

(3)学习直接输出状态机的编码。

20.2 数码管的动态驱动显示应用设计

一、设计原理

1 位数码管的结构如图 9-11 所示。当用多个数码管显示信息时,因静态驱动电路复杂,常采用动态驱动方式。将所有数码管同名的段码接在一起构成整个显示的段位,每个数码管的公共极单独接出构成整个显示的位选,由位选线控制是哪一位数码管有效。数码管采用动态扫描方式点亮,即不断循环、轮流向各位数码管送出相同的字形码和相应的位选,让每个数码管显示一段时间,利用发光管的余辉和人眼视觉暂留作用,使人感觉数码管同时显示。显示器的亮度与导通电流大小和点亮时间长短等有关。

8 位数码管使用动态显示驱动时,其连接如图 20-1 所示,ABCDEFG DP 代表段,12345678 代表位选,同一时刻只有一位数码管被选中。选中位需送高电平或低电平,未选中位要求送相反电平。如图 20-1 中每位数码管为共阴极,给左边第一个数码管送数据时,要求位选的 1 端送低电平,其余位选端必须都送高电平。

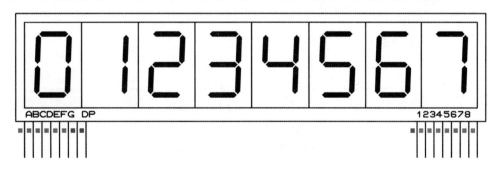

图 20-1 8 位数码管动态驱动连接图

二、使用状态机设计数码管的动态显示控制电路

【例 20-1】 使用 8 个共阳极数码管完成对输入数的动态显示。

```verilog
module LED_M8(CLK,CLR,SEG,SEL,
    DATA1,DATA2,DATA3,DATA4,DATA5,DATA6,DATA7,DATA8);
input CLK,CLR;
output[7:0] SEG,SEL;
input [7:0] DATA1,DATA2,DATA3,DATA4,DATA5,DATA6,DATA7,DATA8;
reg[7:0]  SEG,SEL;
reg[7:0]  ST;
localparam S0=3'b000,S1=3'b001,S2=3'b010,S3=3'b011;
localparam S4=3'b100,S5=3'b101,S6=3'b110,S7=3'b111;
always @(posedge CLK or posedge CLR)
    begin
        if(CLR) ST<=S0;
        else
          case (ST)
          S0: ST<=S1;
          S1: ST<=S2;
          S2: ST<=S3;
          S3: ST<=S4;
          S4: ST<=S5;
          S5: ST<=S6;
          S6: ST<=S7;
          S7: ST<=S0;
          default:ST<=S0;
          endcase
    end
always @( * )
    begin
      case (ST)
        S0: begin SEG<=DATA1;SEL<=8'h01;end
        S1: begin SEG<=DATA2;SEL<=8'h02;end
        S2: begin SEG<=DATA3;SEL<=8'h04;end
        S3: begin SEG<=DATA4;SEL<=8'h08;end
        S4: begin SEG<=DATA5;SEL<=8'h10;end
        S5: begin SEG<=DATA6;SEL<=8'h20;end
        S6: begin SEG<=DATA7;SEL<=8'h40;end
```

```
        S7：begin SEG <=DATA8；SEL <=8'h80；end
              default：begin SEG <=DATA1；SEL <=8'h01；end
      endcase
    end
  endmodule
```

例 20-1 中 SEL 的 8 位从高到低分别代表图 20-1 中从右到左的 8 个数码管的位选值；SEG 中的 8 位从高到低分别代表图 20-1 中段 DP、G、F、E、D、C、B、A 的值。综合后的状态转化图如图 20-2 所示，其仿真结果如图 20-3 所示。

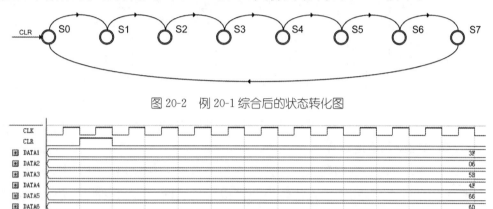

图 20-2 例 20-1 综合后的状态转化图

图 20-3 例 20-1 的功能仿真结果

例 20-1 使用的是共阳极数码管阵列，应用时应结合设备的实际连接电路适当修改代码，如使用共阴极阵列需要在给 SEG 赋值前对数进行位取反运算，也可以加入译码模块，这样可以直接输入要显示的值。

20.3 模数转化的应用设计

一、ADC0809 的工作原理

ADC0809 是采用互补金属氧化物半导体（CMOS）工艺制成的单片 8 位 8 通道逐次渐进型模数转换器（ADC），其内部逻辑框图及引脚排列如图 20-4 所示。

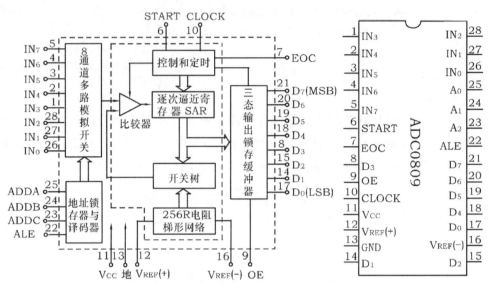

图 20-4　ADC0809 转换器逻辑框图及引脚排列

1. 模拟量输入通道选择

ADC0809 可以对 8 路输入的模拟电压信号分时转换输出。引脚 IN0～IN7：8 路模拟电压输入端,用于输入待转换的模拟电压。同一时刻只能转换一路模拟输入信号,具体选择哪一路转化,由地址输入 ADDA、ADDB、ADDC 和控制线 ALE 决定。ALE 为地址锁存输入线,在此脚施加正脉冲,上升沿锁存地址码。ADC0809 地址码与通道的关系如表 20-1 所示。

表 20-1　ADC0809 地址码与通道的关系

被选模拟通道		IN_0	IN_1	IN_2	IN_3	IN_4	IN_5	IN_6	IN_7
地址	ADDC	0	0	0	0	1	1	1	1
	ADDB	0	0	1	1	0	0	1	1
	ADDA	0	1	0	1	0	1	0	1

2. 电源的连接

Vcc(11 脚)和 GND(13 脚)为芯片的电源,分别接+5 V 电源和接地。

$V_{REF}(+)$、$V_{REF}(-)$:256R 梯形网络基准电压的正极、负极,ADC0809 内部有 256 个等值电阻,把电压 $V_{REF}(+)-V_{REF}(-)$ 均分,可产生 256 个电平等级。转化的原理就是让输入的模拟电压与这 256 个电平等级逐次比较,比较到接近的值时转化结束,输出相应的 8 位电平等级。如转化完输出 8 个 1,表示输入的模拟电压接近 $V_{REF}(+)$;输出 8 个 0,表示输入的模拟电压接近 $V_{REF}(-)$。一般情况下,$V_{REF}(+)$、$V_{REF}(-)$ 分别接待转化电压的最大值和最小值电压。

3. 转换过程

在启动端(START 脚)加启动正脉冲,当上升沿到达时,内部逐次逼近寄存器复位;下降沿到达后,开始 A/D 转换过程。如将启动端(START)与转换结束(EOC)端直接相连,转换将连续进行。用这种转换方式时,一开始要求在外部加启动脉冲。

EOC 为转换结束标志,转换结束后输出高电平信号。

OE 为转化结果输出允许信号,高电平有效。

CLOCK(CP)为时钟信号输入端,外接时钟频率一般为 640 kHz。

$D_7 \sim D_0$ 为 8 位转化结果输出端。

二、应用实例

【例 20-2】 利用 FPGA 控制 ADC0809 完成对一路输入 0~5 V 的模拟电压信号转化,转化结果用数码管显示。

1. 硬件连接

实验连接线路如图 20-5 所示,由于待转化电压在 0~5 V 范围内,因此 V_{REF}(+)直接连接芯片电源引脚接后接+5 V 电源,V_{REF}(一)接地。

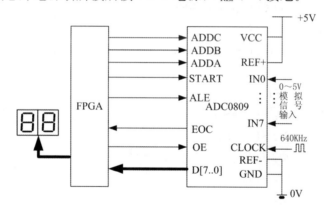

图 20-5　实验连线图

2. 用状态图表示转化过程

设 S0 表示初始化状态,S1 表示启动转化状态,S2 表示正在转化状态,S3 表示允许数据输出状态,S4 表示 ADC 送出的数据状态。这几个状态之间的转化关系如图 20-6 所示。

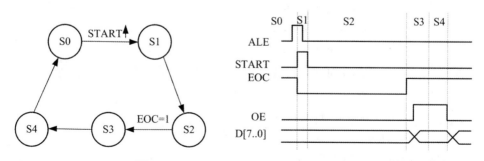

图 20-6　ADC0809 工作时的状态转化关系

3. 设计代码

```verilog
//FSM_ADC.v
module   FSM_ADC（ADC_D,CLK,EOC,RST,ALE,START,OE,ADD_CBA,S_IN,
DOUT,LOCK）；
    input[7:0]   ADC_D;
    input   CLK,RST,EOC;
    input[2:0]   S_IN;
    output   ALE,START,OE,LOCK;
    output[2:0]   ADD_CBA;
    reg[2:0]   ADD_CBA;
    output[7:0]   DOUT;
    reg[4:0]   FOUT;
    reg[7:0]   IN_ADC;
    parameter S0=5'b10000,S1=5'b11100,S2=5'b00000,S3=5'b10010,S4=5'b10011;
    reg[4:0]   ST；
    always@（posedge CLK,posedge RST）
        begin
            if(RST)   begin ST<=S0；ADD_CBA<=S_IN; end
            else
                case（ST）
                    S0：ST<=S1；
                    S1：ST<=S2；
                    S2：if(EOC==1'b1) ST<=S3；
                    S3：ST<=S4；
                    S4：ST<=S0；
                    default：ST=S0；
                endcase
        end
    always@(ST)
            case（ST）
                    S0：FOUT<=S0；
                    S1：FOUT<=S1；
                    S2：FOUT<=S2；
                    S3：FOUT<=S3；
                    S4：FOUT<=S4；
                    default：FOUT<=S0；
            endcase
    always@（posedge FOUT[0]）
```

　　　　　　if(FOUT[0])　IN_ADC <= ADC_D;
　　　assign DOUT=IN_ADC;
　　　assign {ALE,START,OE,LOCK}=FOUT[3:0];
　endmodule

（1）端口说明。

　　ADC_D：8 位宽度，FPGA 的数据输入端，来自 ADC0809 转化数据输出端。CLK：FPGA 状态机的时钟。EOC：数据输入端，连接 ADC0809 的 EOC 端口。RST：系统复位端，要求开始转化前先复位。ALE、START、OE：FPGA 的输出端口，分别连接 ADC0809 的 ALE、START 和 OE 端口。ADD_CBA：FPGA 的输出端口，3 位宽度，从高位到低位分别连接 ADC0809 的 ADDC、ADDB、ADDA。S_IN：FPGA 的输入端口，3 位宽度，用于设置 ADC0809 的模拟输入通道。

　　（2）状态机的编码说明。

　　在例 20-2 中，状态机的编码由用户自定义。用户可为编码值赋予一定意义，在设计中直接输出状态编码控制 ADC0809，这种状态机称为直接输出编码型状态机。该例中状态编码由 5 位组成：位 4 是区分位，无实际意义，主要用于区分输出值一样但状态不同的情况。实际应用中，如果一位不够区分，可设置多位：位 3 表示 ALE 的值，位 2 表示 STRAT 的值，位 1 表示 OE 值，位 0 表示是否要锁存采集到的转化结果。每个状态的 ALE、STRAT 和 OE 值由图 20-6 所示的时序决定。

　　（3）综合后的 RTL 图和状态转化图。

　　例 20-2 综合后的 RTL 图和状态转化图如图 20-7 和图 20-8 所示。

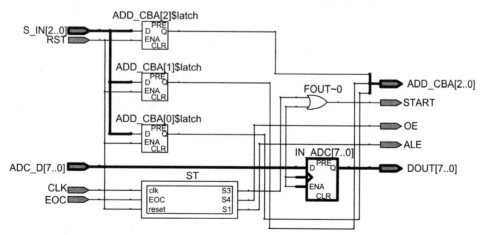

图 20-7　例 20-2 综合后的 RTL 图

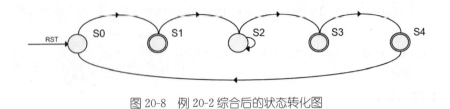

图 20-8　例 20-2 综合后的状态转化图

20.4　状态机设计图形编辑法

Quartus 软件自带状态机图形设计工具,利用该工具很容易设计出状态机,且设置完成后可以生成相应硬件描述语言的代码。若代码不合适,可以适当加以修改。

【**例 20-3**】　利用 Quartus 自带的状态机图形工具设计状态机。

1. 新建工程项目

2. 添加设计文件

点击菜单"File→New",在"Design Files"类中选择"State Machine File",如图 20-9 所示,然后点击"OK",会出现图 20-10 所示界面。

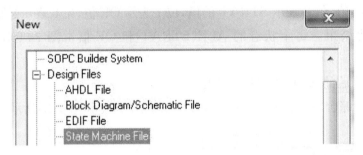

图 20-9　新建状态机文件

在图 20-10 的工具栏中点击" 🎛 "即设计向导,会出现图 20-11 所示界面。

在图 20-11 中选中"Create a new state machine design",然后点击"OK",会出现图 20-12 所示界面。

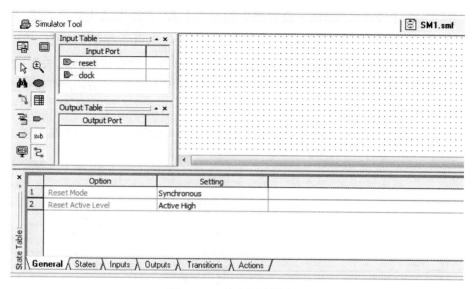

图 20-10　状态图编辑窗口

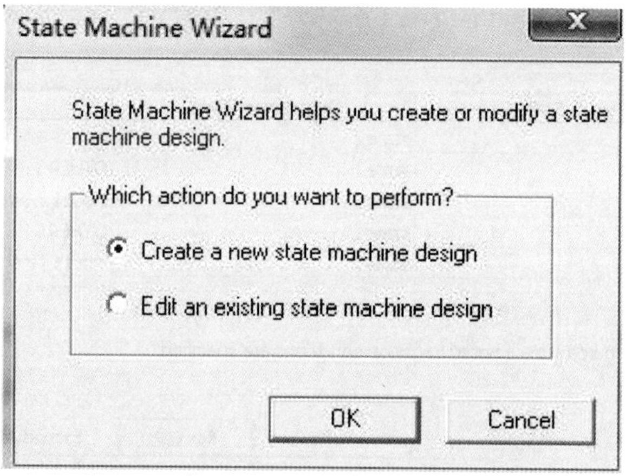

图 20-11　选择生成一个新的状态机设计

　　图 20-12 中的复位方式有同步和异步 2 种,本例选异步;复位信号选择是否为高电平有效,本例选中;输出端口是否寄存,本例选中。点击"Next"后会出现图20-13 所示界面。

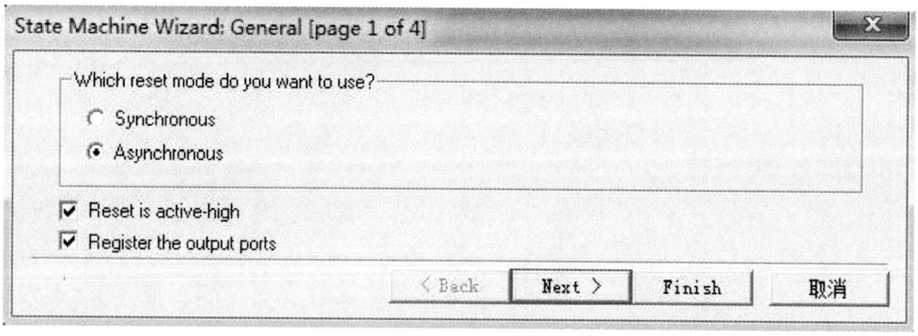

图 20-12　状态机复位及输出设置

图 20-13 中"States"框用于设置状态数量及名称,系统默认为 3 个状态,状态名分别为"state1""state2"和"state3",可修改状态名,也可添加新的状态。"Input ports"框用于设置输入端口。"State transitions"框用于设置状态转化关系,其中"Sourece State"栏是现态,"Destination State"栏是次态,"Transition"栏是现态转次态的条件。从图20-13可以看出,state1 转 state2 的条件是"input1&input2",即 input1 和 input2 同时为高电平时 state1 转 state2,否则保持 state1 状态不变。

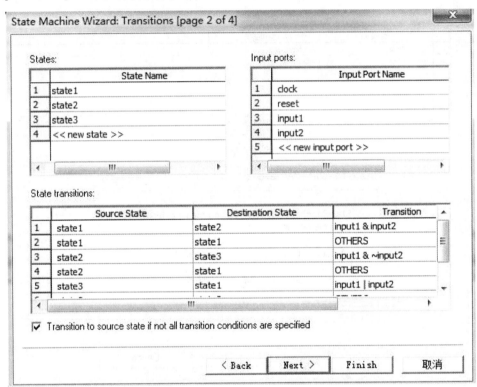

图 20-13　状态机转化关系设置

本例选择图 20-13 中的默认值,然后点击"Next"出现图 20-14 所示界面。

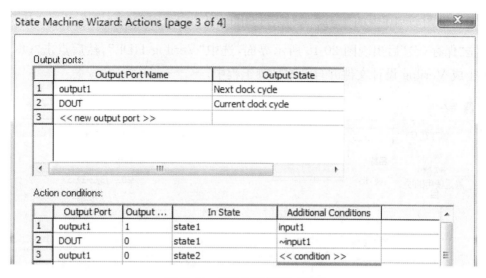

图 20-14 状态机输出端口设置

图 20-14 用于设置输出端口的值。"Output ports"框用于设置输出端口。"Action conditions"框用于设置输出端口在每个状态下输出的值及附加条件。设置完成点击"Next",会出现图 20-15 所示设计小结界面。

图 20-15 状态机小结

点击图 20-15 中"Finish",会出现图 20-16 所示界面。

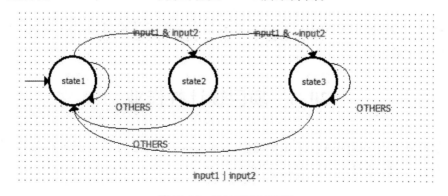

图 20-16 设计好的状态机

点击图 20-10 中的工具"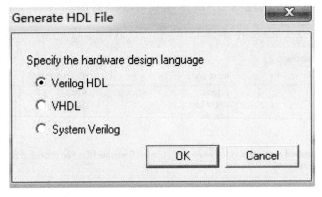"后会出现图 20-17 所示界面，此处选默认值。点击"保存(S)"后出现图 20-18 所示界面，选中"Verilog HDL"，然后点击"OK"，则生成 Verilog 设计文件并自动添加到工程中。

图 20-17　保存状态机文件

图 20-18　选择生成 Verilog 设计文件

20.5　项目实践练习

建立工程，练习例 20-1～例 20-3，并根据实验设备结构对例 20-1 和例 20-1 配置引脚后下载验证。

20.6　项目设计性作业

参考例 20-1 设计电路，让 8 个数码管显示日期，要求可通过按键修改日期：若日期为 2020 年 12 月 25 日，则显示为"20－12－25"。

20.7　项目知识要点

(1)数码管动态显示控制。

(2)ADC0809 的应用。

(3)直接输出编码的状态机。

20.8　项目拓展训练

(1)借助网络和图书资料了解安全状态机和异步有限状态机的概念。

(2)用绘制状态图的方法设计简单的交通灯控制系统。

项目 21　SOPC 系统设计

21.1　教学目的

(1)学习 SOPC 系统软、硬件的设计方法。

(2)学习使用 JTAG 调试 SOPC 系统。

21.2　SOPC 系统的设计

一、SOPC 的概念

片上可编程系统(SOPC)的概念由 Altera 公司提出,是指将传统的 EDA 技术、计算机系统、嵌入式系统、数字信号处理等融为一体,在 FPGA 上构建一个可编程的片上系统。

嵌入式处理器内核是 SOPC 的核心。Nios Ⅱ 嵌入式处理器是 Intel(Altera)公司推出的采用哈佛结构、具有 32 位指令集的第二代片上可编程的软核处理器。Nios Ⅱ 可以使用 Altera 提供的开发工具 SOPC Builder 构建。

二、Nios Ⅱ 硬件系统设计流程

【例 21-1】　使用 Nios Ⅱ 核构建一个系统,让实验箱上的 16 个 LED 小灯实现跑马灯花型。

1. 新建一工程项目

这里将工程命名为"SOPC_LED",顶层实体名也为"SOPC_LED"。

2. 构建 SOPC 系统硬件

(1)新建 SOPC 组件。

点击菜单"Tools→SOPC Builder"后会出现图 21-1 所示界面,在其中设置系统的名称和要使用的硬件描述语言。按图 21-1 设置后点击"OK"会出现图 21-2 所示界面。

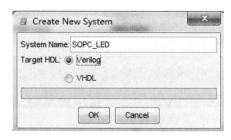

图 21-1　设定 SOPC 的名称及硬件语言

图 21-2 所示界面左侧用树形结构罗列了可利用的有效组件；右侧中间区域显示构建系统时已经加入的组件；右侧上部用于设置器件类型和系统时钟，该例中设置器件类型为 Cyclone Ⅲ；最下面是信息提示窗。

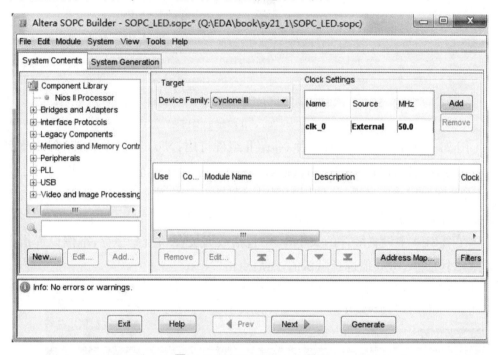

图 21-2　SOPC Builder 主界面

（2）添加 Nios Ⅱ核。

在图 21-2 所示界面点击"System Contents"选项卡，选中"Nios Ⅱ Processor"组件，然后点击左下方的"Add..."，出现图 21-3 所示界面。

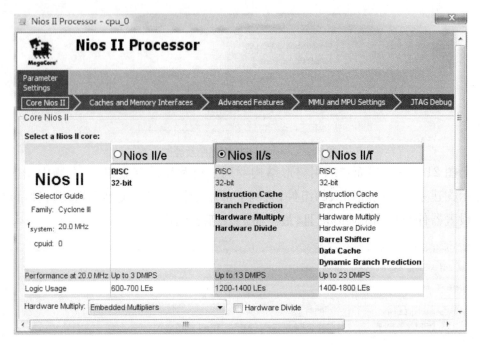

图 21-3　Nios Ⅱ核类型选择

图 21-3 所示界面显示有 3 种 Nios Ⅱ组件可用：Nios Ⅱ/f 是快速型，该类型执行指令速度快，但占用的逻辑资源较多；Nios Ⅱ/s 是标准型；Nios Ⅱ/e 是经济型，该类型运行速度最慢，但使用的逻辑资源最少。本例选择标准型，然后点击图 21-3 界面下面的"Next"，这时会弹出图 21-4 所示界面。

在图 21-4 中设置缓存的大小，其中包括数据缓存和指令缓存，本例设置指令缓存大小为 4 KB，其他选择默认值，然后点击"Next"。

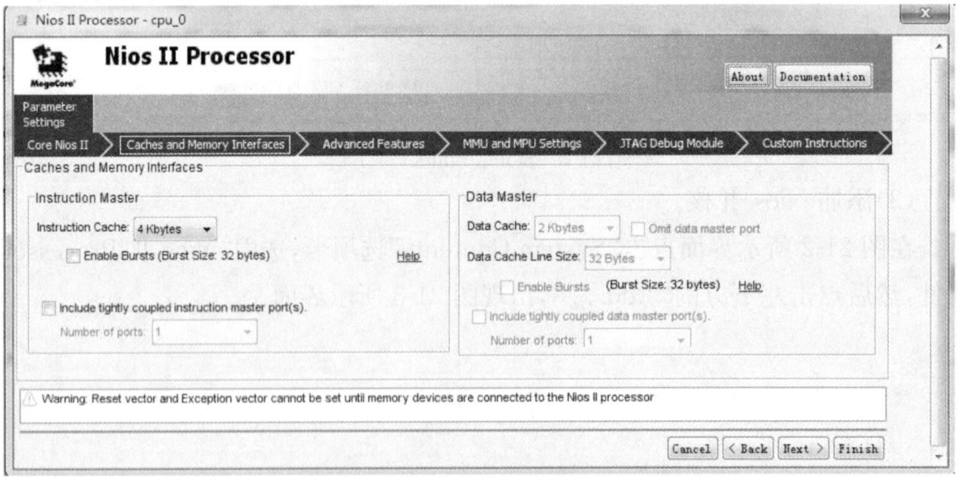

图 21-4　Caches 和存储器接口选择

在接下来的"Advanced Features"和"MMU and MPU Settings"两个页面中直接点击"Next"，进入 JTAG 调试模块设置页面，如图 21-5 所示。

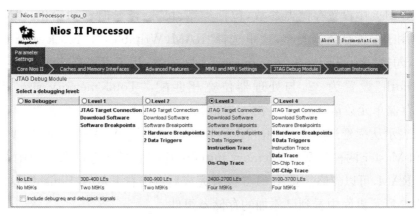

图 21-5　设置 JTAG 调试级别

在图 21-5 所示界面中选择 JTAG 调试级别(级别设置越高占用资源越多,该例选择 Level 3),然后点击"Next"。在接下的指令设置页面中直接点击"Finish"完成添加,这时可以看到图 21-6 所示界面,显示 CPU 已经添加。

图 21-6　Nios Ⅱ核设置完成后

(3)添加存储器。

在图 21-2 所示界面选择"Memories and Memory Controllers"类组件,从"On-Chip"类中选择"On-Chip Memory(RAM or ROM)",如图 21-7 所示,然后点击下面的"Add...",这时会出现图 21-8 所示界面。

图 21-7　添加片上存储器

在图 21-8 中设置存储器参数,包括类型、尺寸、读延时和初始化。"Memory type"框用于设置存储器类型,这里选择"RAM(Writable)","Block type"设置为"Auto",勾选"Initialize memory content"。"Size"框用于设置存储器的尺寸,这里"Data width"设置为 32,与处理器位宽相匹配,"Total memory size"设置为 32 KB,存储单元数量一般选 2^n 个,n 为整数。"Read latency"框中的"Slave s1"设置为 1,表示从读延迟 1 个周期。Nios II 处理器使用 Avalon 总线,其接口分为 Slave 和 Master 两种类型。"Memory initialization"框用于存储器初始化设置,这里选择 RAM,可以忽略。按图 21-8 设置完成后点击右下角的"Finish",这时可以在图 21-2 所示界面中看到已添加的存储器组件。

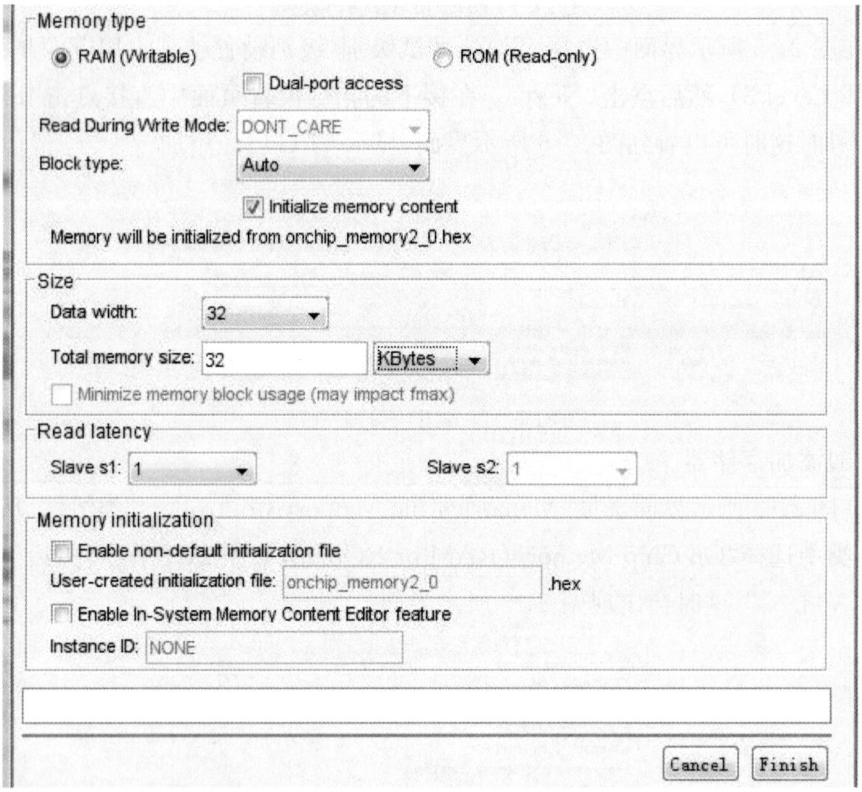

图 21-8　设置片上存储器

(4)添加 I/O 组件。

从图 21-2 所示界面左侧组件"Preipherals"栏中选择"Microcontroller Peripherals"类,如图21-9所示,然后选择并添加"PIO(Parallel I/O)",弹出如图21-10 所示对话框,按默认设置,即宽度为 16 位,仅作为输出口,然后点击"Finish"完成添加。

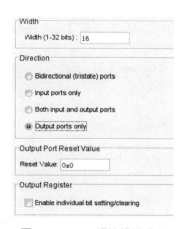

图 21-9　添加 PIO 组件　　　　　图 21-10　PIO 组件组件设置

（5）添加 JTAG UART 接口。

JTAG UART 可以实现 PC 主机和 SOPC Builder 系统之间的串行通信，用于调试、下载数据等。从图 12-2 所示界面左侧组件"Interface Protocols"中选择"Serial"类，如图 21-11 所示，然后选择并添加"JTAG UART"，弹出如图 21-12 所示对话框，按默认设置，然后点击"Next"，出现图 21-13 所示界面。在 21-13 中选择"Create ModelSim alias to open a window showing output as ASCII text"，然后点击"Finish"完成设置。

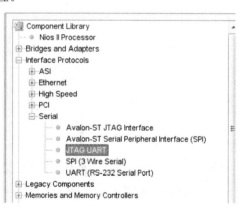

图 21-11　添加 JTAG UART 组件

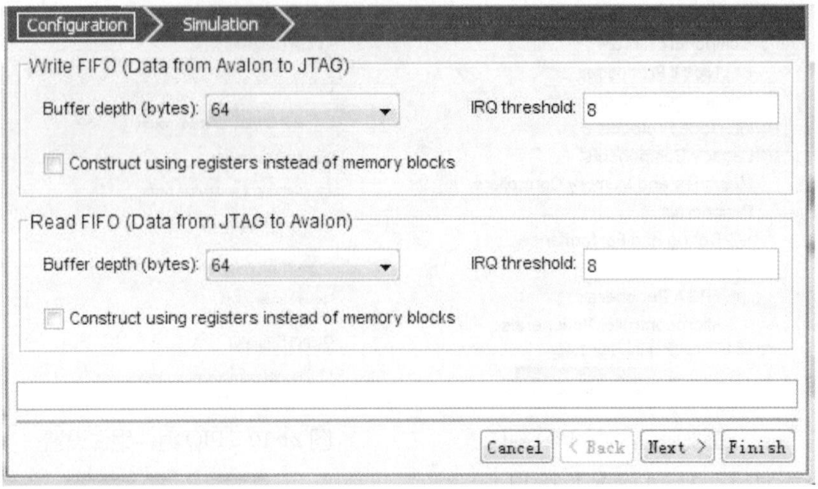

图 21-12　配置 JTAG UART 组件

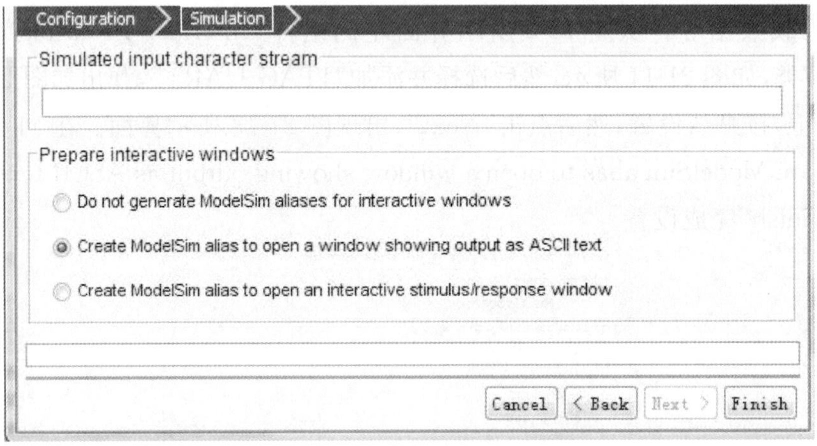

图 21-13　JTAG UART 组件仿真设置

(6)添加锁相环组件。

利用锁相环可为 SOPC 系统提供时钟。该例利用实验箱上的 20 MHz 时钟倍频后为 SOPC 提供 50 MHz 的时钟信号。在添加锁相环组件之前，先在图 21-2所示主界面右上方设置外部输入时钟 clk_0 的频率为 20 MHz。

从左边组件栏中选中"PLL"类，如图 12-14 所示，点击"Add..."添加，这时出现图 21-15 所示界面。点击图 21-15 中的"Launch Altera's ALTPLL MegaWizard"设置锁相环，锁相环的设置方法可参考本书 17.3 中内容。因为这里主要是为 SOPC 系统提供时钟信号，可省略锁相环的其他参数的设置。出现图 21-16所示界面时，设置输入时钟为 20 MHz；出现图 21-17 所示 c0 输出设置时，直接输入"50"，单位选"MHz"。然后点击"Finish"完成添加。

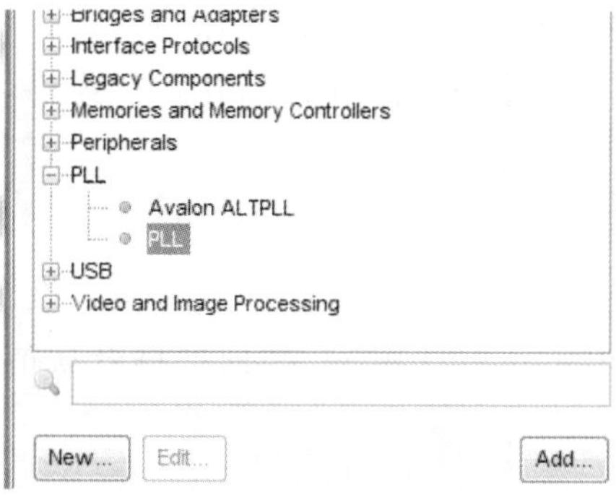

图 21-14　添加锁相环组件 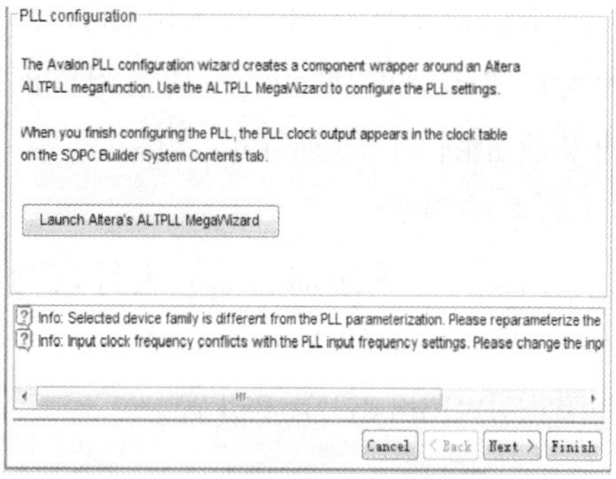　　　　图 21-15　进入锁相环设置向导

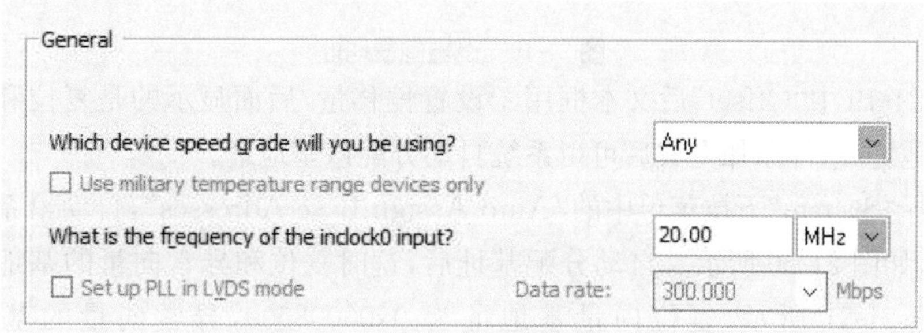

图 21-16　设置锁相环组件的输入时钟频率

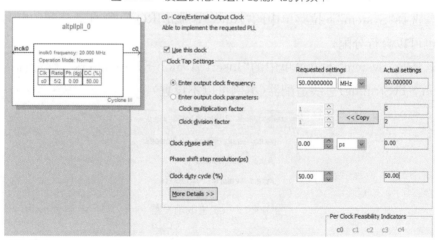

图 21-17　设置锁相环组件的输出时钟

（7）重命名已添加的组件并设置时钟。

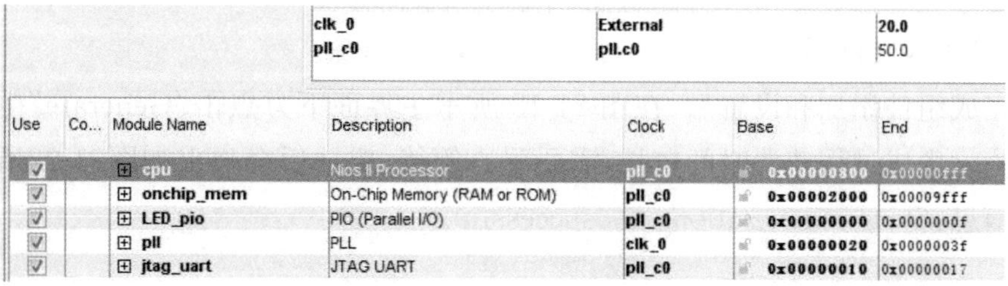

Use	Co...	Module Name	Description	Clock	Base	End
				clk_0	External	20.0
				pll_c0	pll.c0	50.0
☑	⊞	cpu	Nios II Processor	pll_c0	0x00000800	0x00000fff
☑	⊞	onchip_mem	On-Chip Memory (RAM or ROM)	pll_c0	0x00002000	0x00009fff
☑	⊞	LED_pio	PIO (Parallel I/O)	pll_c0	0x00000000	0x0000000f
☑	⊞	pll	PLL	clk_0	0x00000020	0x0000003f
☑	⊞	jtag_uart	JTAG UART	pll_c0	0x00000010	0x00000017

图 21-18　重命名已添加组件并设置时钟

选中已添加的组件,点击鼠标右键选择"rename"可对组件重命名。锁相环的时钟为片外输入时钟 clk_0,其余组件时钟为锁相环的输出时钟 pll_c0。组件名和时钟参数如图 21-18 所示。

(8)系统设置。

双击图 21-18 添加的 cpu 组件,在弹出的界面中按图 21-19 所示参数设置向量地址,设置向量的 Memory 均为已经添加的 onchip_mem,其他选择默认值,然后直接点击"Finish"完成设置。

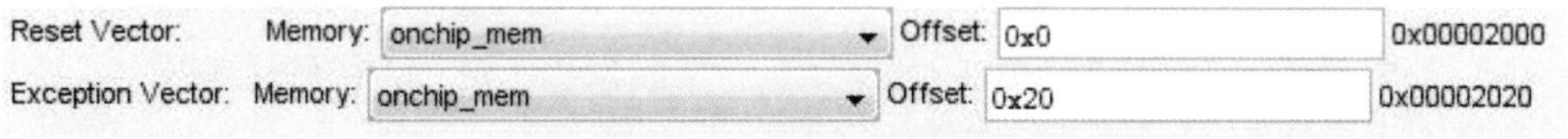

Reset Vector:	Memory: onchip_mem	▼	Offset: 0x0	0x00002000
Exception Vector:	Memory: onchip_mem	▼	Offset: 0x20	0x00002020

图 21-19　设置向量地址

图 21-19 中"Offset"后文本框用于设置偏移量,后面显示的是复位和异常向量的基地址,组件添加完成后可由系统自动分配该基地址。

选择"System"下拉菜单中的"Auto-Assign Base Adresses",自动给系统分配基地址,如图 21-20 所示。自动分配基址后,这时复位和异常向量的基地址均更新,如图 21-21 所示,复位向量基地址为 0x00008000,异常向量的基地址为 0x00008020。当然,用户也可以自行指定基地址。

若选择"System"下拉菜单中的"Auto-Assign IRQs",则自动分配中断号。中断号也可以自行分配。

若选择"System"下拉菜单中的"Insert Avalon-ST Adapters",则会插入自动 Avalon-ST(Strming)总线适配器(本例可以不设置)。

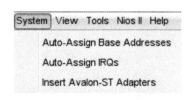

图 21-20　系统生成前设置

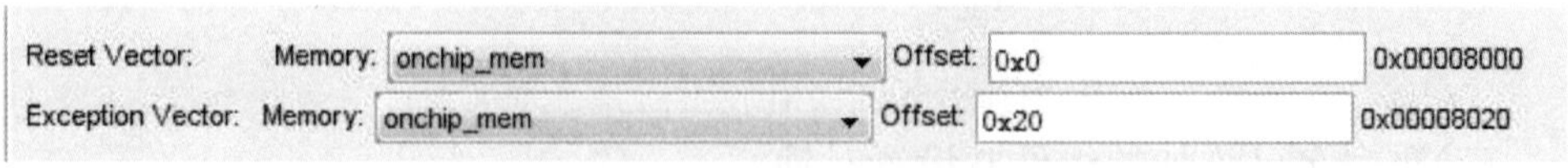

Reset Vector:	Memory: onchip_mem	▼	Offset: 0x0	0x00008000
Exception Vector:	Memory: onchip_mem	▼	Offset: 0x20	0x00008020

图 21-21　自动分配基地址后

(9)生成硬件系统。

完成组件添加和设置后,在图 21-18 所示主界面下方点击"Generate"生成硬件系统。生成过程花费时间较长,需要耐心等待,成功后会弹出如图21-22所示的提示信息:System generation was successful。

图 21-22　SOPC 系统生成成功

3. 添加项目设计文件

为工程新建一原理图设计文件，然后把生成的 SOPC_LED 添加进来，在 SOPC_LED 上点击鼠标右键，然后选"Generate Pins for Symbol Ports"，自动生成引脚并连接，连接好后删除 pll_c0_out 的引脚，如图 21-23 所示。保存文件并添加到工程，这里原理图文件命名为"LED. bdf"。

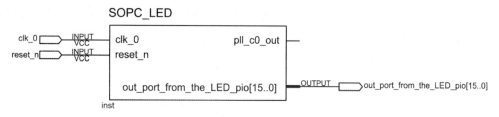

图 21-23　例 21-1 项目原理图设计文件

4. 编译

5. 配置引脚

端口引脚配置如图 21-24 所示。

Node Name	Direction	Location
clk_0	Input	PIN_152
out_port_from_the_LED_pio[15]	Output	PIN_166
out_port_from_the_LED_pio[14]	Output	PIN_171
out_port_from_the_LED_pio[13]	Output	PIN_176
out_port_from_the_LED_pio[12]	Output	PIN_184
out_port_from_the_LED_pio[11]	Output	PIN_232
out_port_from_the_LED_pio[10]	Output	PIN_236
out_port_from_the_LED_pio[9]	Output	PIN_240
out_port_from_the_LED_pio[8]	Output	PIN_226
out_port_from_the_LED_pio[7]	Output	PIN_9
out_port_from_the_LED_pio[6]	Output	PIN_6
out_port_from_the_LED_pio[5]	Output	PIN_239
out_port_from_the_LED_pio[4]	Output	PIN_235
out_port_from_the_LED_pio[3]	Output	PIN_183
out_port_from_the_LED_pio[2]	Output	PIN_177
out_port_from_the_LED_pio[1]	Output	PIN_173
out_port_from_the_LED_pio[0]	Output	PIN_169
pll_c0_out	Output	
reset_n	Input	PIN_18

图 21-24　端口引脚配置

6. 重新编译

7. 下载

三、Nios Ⅱ 软件设计

1. 安装 nios2eds 软件

在进行软件设计之前需要安装 Quartus 配套的 nios2eds 软件。nios2eds 是 Nios Ⅱ 核的集成开发环境。该例硬件使用 Quartus 9.0 Ⅱ 创建,因此需要安装 90_nios2eds_windows软件,软件安装过程中全部选择默认即可。

若软件已经安装好,可忽略此步。

2. 打开 IDE 软件

用 Quartus 打开已经建好的硬件项目,然后点击菜单"Tools → SOPC Builder",出现图 21-25 所示界面,点击菜单"Nios Ⅱ → Nios Ⅱ IDE",启动 nios2eds 的集成开发环境,此时会出现欢迎界面。

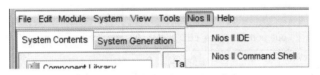

图 21-25　启动 IDE

关闭欢迎界面后会出现如图 21-26 所示 IDE 主界面。左边显示工程名和应用文件名,中间是文件内容,右边是"Outline"窗口和"Make Targets"窗口,右下方分别为"Problems""Console"和"Properties"窗口。

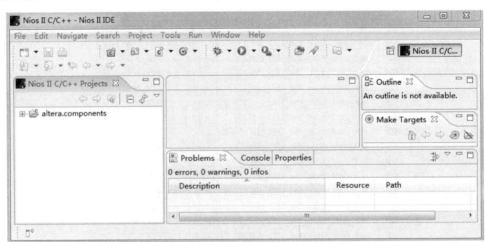

图 21-26　启动 IDE 后的主界面

3. 新建工程

点击菜单"File→New→Nios Ⅱ C/C++ Application",新建一个软件工程项目,如图 21-27 所示。

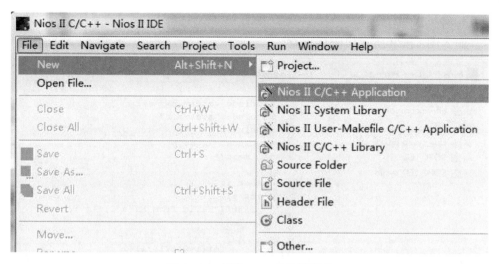

图 21-27　新建 Nios Ⅱ软件项目

在图 21-28 所示界面中选择使用"Hello world"项目作为模板,这里将项目命名为"LED",项目位置按默认设置,即存放在当前硬件工程下的"software"中。目标硬件按图中的默认值设置,然后点击"Finish"完成。注意:如果有多个 CPU 核,这里要指定为哪一个核设计软件代码。

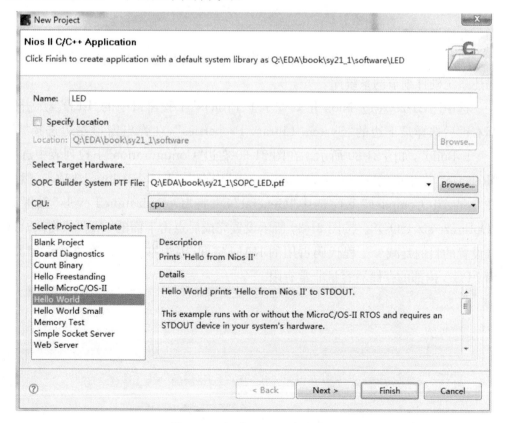

图 21-28　新建 Nios Ⅱ软件项目

4. 编写代码

输入图 21-29 所示代码后保存。

```c
#include <stdio.h>
#include "system.h"
#include "altera_avalon_pio_regs.h"
#include "alt_types.h"
int main()
{
  char i;
  int j;
  printf("Hello from Nios II!\n");
  while (1)
    {
        for(i=0;i<16;i++)
          {
            IOWR(LED_PIO_BASE,0,(1<<i));
            j=0;
            while(j<300000) j++;
          }
    }
  return 0;
}
```

图 21-29　例 21-1 软件设计代码

5. 编译设置

图 21-29 中左边的"LED"为刚写的应用程序,"LED_syslib［SOPC_LED］"是描述系统硬件细节的系统库。

选中图 21-29 左边"Nios Ⅱ C/C＋＋ Projets"工程窗口中的"LED",点击鼠标右键后选择最下边的"System Library Properties",在弹出窗口左边选择"C/C＋＋ Build",如图 21-30 所示。在图 21-30 右边"Configuration"下拉列表中选择"Release",在下面的"Configuration Settings"中点击"Tool Settings"选项卡,然后在"Nios Ⅱ Compiler"下面选中"General",再将"Optimization Levels"设置为"Optimize size(-Os)"。按图 21-30 所示设置完成后点击下面的"Apply"确认。这样设置的目的是减少工程代码占用的 RAM 空间,因为本例中没有外接存储器,而 FPGA 内部的存储器容量非常有限。

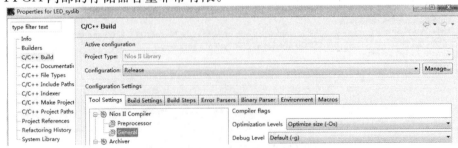

图 21-30　编译前 C/C＋＋Build 设置

点击图 21-30 左边下面的"System Library"，会出现图 21-31 所示设置页面，勾选"Small C library"和"Reduced device drivers"，取消勾选"Support C++"，其他选默认值，但要按图 21-31 核对其他条目的设置，特别要确保其中许多条目设置为"onchip_mem"。按图 21-31 设置完成后点击"Apply"确认，然后点击"OK"退出设置界面。

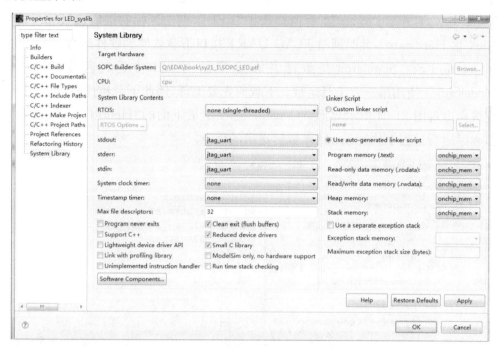

图 21-31　编译前 System Library 设置

6. 编译工程

编译前先保存工程，然后选择菜单"Project→Build Project"项编译整个工程。编译工程也需要相当长的时间，编译完成后会给出提示信息，如图 21-32 所示。

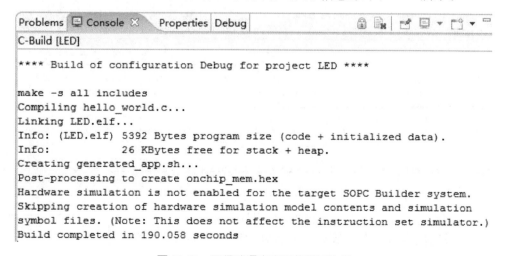

图 21-32　工程编译完成后的提示信息

四、程序下载调试和运行

1.下载

SOPC 系统运行要求硬件系统已经下载到实验设备上，且设置 20 MHz 时钟信号。注意：正常工作时复位键要置高电平（低电平复位）。在图 21-33 左边"Nios Ⅱ C/C++ Projets"工程窗口选中"LED"，点击鼠标右键后选"Run As→Nios Ⅱ Hardware"，此时通过 JTAG UART 接口下载软件到硬件运行。Nios Ⅱ Instruction Set Simulator 是编译并在虚拟的 NiosII 中运行程序；Nios Ⅱ ModelSim 是使用第三方工具运行。下载前先要编译，因此下载也比较费时，下载完成会出现图 21-34 所示界面，"Console"选项卡最下面的"Hello from Nios II!"是程序运行过程中执行 printf 函数后送出的信息。

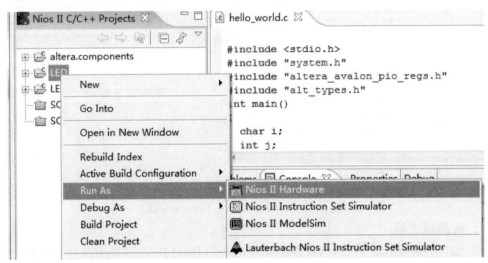

图 21-33　软件下载

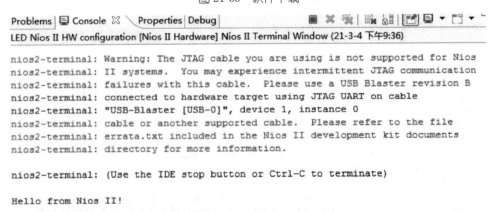

图 21-34　软件下载完成

下载完成后可以在实验设备上看到程序运行的效果。

2.调试

调试之前可以通过 Nios Ⅱ IDE 系统中菜单"Run→Debug"进行设置,如检测连接、断点设置等。本例直接下载调试,在左边"Nios Ⅱ C/C++ Projets"工程窗口选中"LED"(这点一定要注意),然后点击菜单"Run→Debug As→Nios Ⅱ Hardware",如图 21-35 所示。点击后会重新编译后下载,也需要一定的时间。

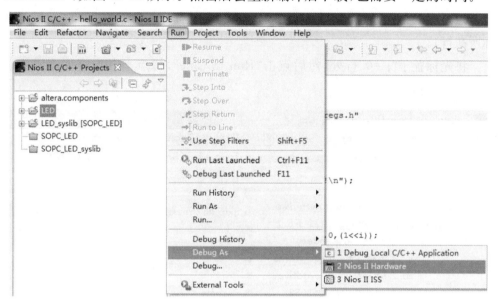

图 21-35　以调试模式下载到 Nios Ⅱ硬件系统

下载完成后会出现图 21-36 所示界面,问是否打开调试界面,点击"Yes",可以勾选"Remember my decision"。

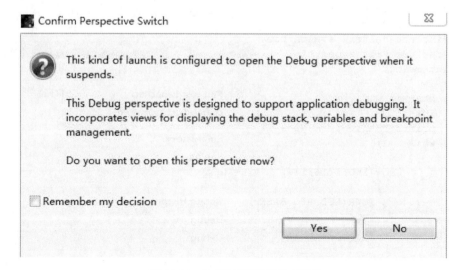

图 21-36　选择是否打开调试界面

在图 21-37 的调试窗口中,可运用菜单"Run"对程序进行调试。断点功能包括:Toggle Line Breakpoint(在行上设置断点),Toggle Method Breakpoint(设置方法断点），Toggle Watchpoint（观察断点），Skip All Breakpoints（跳过所有断点），Remove All Breakpoints（去除所有断点）。运行功能包括：Restart（重新开始运行），Resume Without Signal（接收到信号后断续运行），Resume At Line（在 C 或 C＋＋的行处恢复运行），Resume（从当前代码处恢复运行），Suspend（暂停运行），Terminate（停止调试），Step Into（单步运行时进入子程序），Step Over（单步运行时不进入子程序），Step Return（运行并跳出子程序），Run to Line（运行到光标所在行）。

将光标置于"j＝0"行处，然后点击"Run to Line"，每点击一次会发现实验设备上的小灯移位一次。

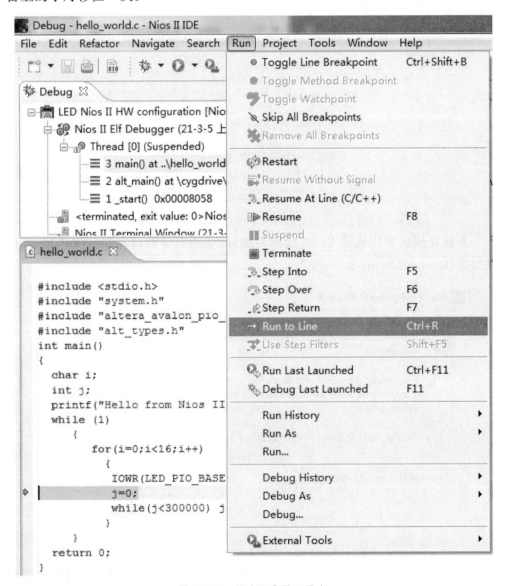

图 21-37　调试模式运 C 程序

3. IDE Flash 编程下载

上述下载方法为调试时的下载方法。一个独立的 SOPC 系统上电后应该能自动运行整个系统,包括系统的硬件和程序。含有 SOPC 的硬件系统启动后需要含有程序的存储器支持运行,这种存储器一般是外接 Flash 类型的,因此要求集成开发环境(IDE)系统能对 Flash 编程。

受学时限制,此处不展开介绍,但需要知道的是,对于一个复杂的 SOPC 系统,当代码容量很大时,必须外接存储器存放系统代码。

21.3　项目实践练习

练习例 21-1,从中学习 SOPC 系统设计的流程。

21.4　项目设计性作业

在例 21-1 的基础上设计能显示 2 种小灯花型的 SOPC 系统。

21.5　项目知识要点

(1)SOPC 的概念。
(2)SOPC 系统的硬件设计。
(3)SOPC 系统的软件设计。
(4)SOPC 系统的调试。

21.6　项目拓展训练

总结 SOPC 系统的设计和调试流程。

项目 22 ModelSim 工具的使用

22.1 教学目的

(1)学习 ModelSim 软件的使用方法。

(2)学习在 ModelSim 中使用命令行仿真验证 Verilog 模块。

(3)学习编写 Test Bench 程序并在 ModelSim 中调试的流程。

(4)学习 initial 语句的使用方法。

22.2 ModelSim 工具的使用

一、学习 ModelSim 的原因

Quartus Ⅱ 9.x 及以前的版本都内置了前面项目中使用的这种门级波仿真器,可使设计的建模、仿真及下载均在一个系统中进行,这对初学者而言非常实用,但这种仿真不适合大型数字逻辑系统专业级仿真验证。Quartus Ⅱ 10.0 版本开始不再支持这种仿真。虽然 Quartus Ⅱ 从 13.1 版本开始又增加了波形仿真器工具,但是要借助于 ModelSim ASE,因此需要在安装 Quartus 软件时同时安装相应的 ModelSim ASE。

ModelSim 是 Mentor 公司开发的 HDL 语言仿真软件,具有不同的版本(SE、PE、LE 和 OEM),Actel、爱特梅尔(Atmel)、Altera、赛灵思(Xilinx)以及 Lattice 等 FPGA 厂商设计工具均使用 OEM 版本。不同版本的 ModelSim 在功能上也不尽相同,本书案例均使用 Quartus Ⅱ 13.1 内置的 ModelSim Altera Starter Edition。该版本功能受到一定的限制,但可供学习 ModelSim 使用。

打开 ModelSim 软件后关闭欢迎窗口会出现如图 22-1 所示的界面,其中罗列了一些可用的库。

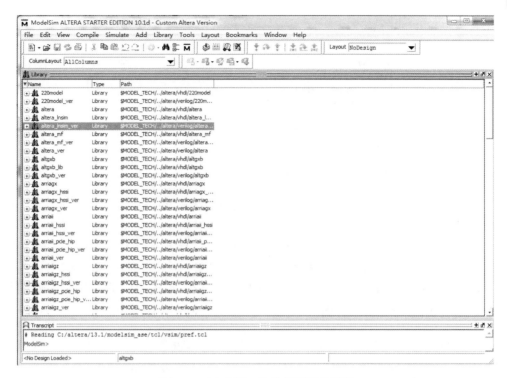

图 22-1　ModelSim 软件打开后的界面

二、利用 ModelSim 仿真

【例 22-1】　使用 ModelSim 仿真十二进制计数器。

1. 新建工程

点击菜单"File→New→Project"新建一个工程，如图 22-2 所示。在弹出的对话框中，给该工程命名并指定存放的路径，如图 22-3 所示。注意：命名要规范，不能包含汉字。"Default Library Name"框中默认的库名为"work"。选中"Copy Library Mappings"，点击"OK"后会出现图22-4所示界面。

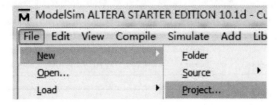

图 22-2　新建一工程

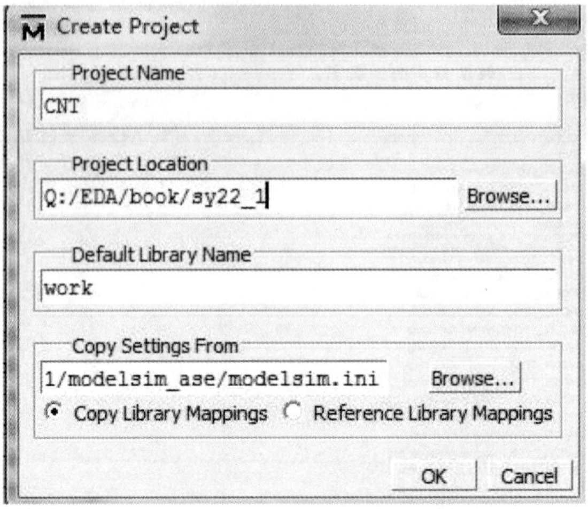

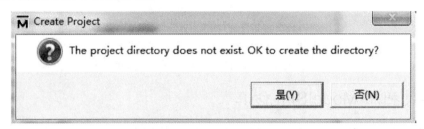

图 22-3　新建工程设置

图 22-4 提示该工程目录不存在,询问是否生成。点击"是(Y)"选择生成该目录,然后会出图 22-6 所示界面。

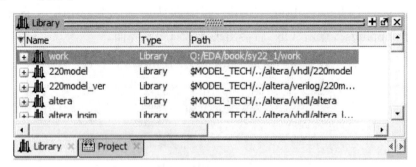

图 22-4　选择生成新的目录

项目建好了,会在图 22-1 界面上多一个"Project"窗口,点击"Library"会看到多一个"work"库,如图 22-5 所示。点击图中"Project"又会回到空工程的窗口,界面如图 22-6 所示。

图 22-5　项目建立后的界面

2. 添加设计文件

图 22-6 中间的对话框用于添加条目到工程中,其中包括新建文件或添加已经存在的文件,这里选择新建,点击"Create New File",这时会出现图 22-7 所示界面。

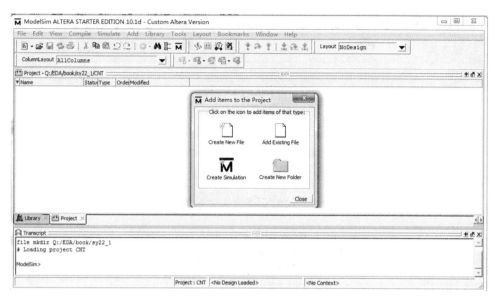

图 22-6　选择生成一新文件

在图 22-7 的"File Name"文本框中输入新建文件的名称,注意名称要规范。将"Add file as type"设置为"Verilog",这一点一定要注意,因为系统默认的是 VHDL。将"Folder"设置为"Top Level"。按图 22-7 设置完成后点击下面的"OK",这时会在图 22-6 的"Projet"窗口中多一个 CNT_12.v 文件。

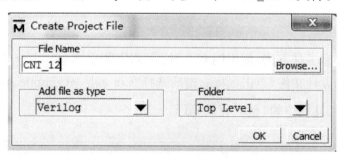

图 22-7　要生成的新文件设置

点击图 22-6 中间对话框中的"Close",然后在"Project"栏中"Name"下面双击 CNT_12.v,这时会打开该文件,把例 11-5 的十二进制计数器设计代码添加进来,然后保存文件内容,如图 22-8 所示。当然,文件可以用外部的本文编辑器编辑,以".v"为拓展名保存后可添加到当前工程中。已经存在的文件可以通过在"Project"窗口中点击鼠标右键,然后选择"Add to Project→Existing File…"进行添加。

```
Q:/EDA/book/sy22_1/CNT_12.v - Default

Ln#
1       module   CNT_X3 (CLK,RES,LD,ENA,DATA,C,CV) ;
2           parameter X=12,S=4;
3           output  [S:1]   CV;
4           output C;
5           input   CLK,RES,LD,ENA;
6           input [S:1] DATA;
7           reg   [S:1] CV;
8           always @(posedge CLK or negedge RES)
9               begin
10                  if (!RES) CV<=4'h0;
11                  else if (ENA)
12                      begin
13                          if (LD) CV<=DATA;
14                          else if (CV<(X-1))   CV<=CV+1'b1;
15                          else   CV<=4'h0;
16                      end
17                  else CV<=CV;
18              end
19          assign C=(CV==(X-1)) ?  1 : 0;
20      endmodule
```

图 22-8   添加模块设计文件

3. 编译

编译工程有多种方法，常用的有 3 种：①调用菜单"Compile→Compile All"；②选中项目的设计文件，点击鼠标右键后选择"Compile→Compile All"，如图 22-9 所示；③点击工具栏中的"▦"完成编译。

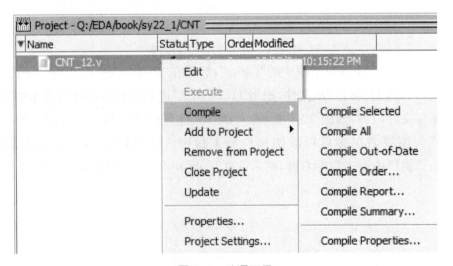

图 22-9   编译工程

　　编译成功后，主界面最下面的"Transcript"窗口中会出现编译成功的提示信息。本例显示"Compile of CNT_12. v was successful"，同时图 22-9 中"Status"栏中"?"变为"√"。当编译出错时，"Transcript"窗口会弹出错误帮助信息，"Status"栏中会出现"×"。在错误信息上双击鼠标会出现错误提示，如图 22-10 所示，这时应按 Verilog 的语法规则检查代码，修改后重新编译直至成功。

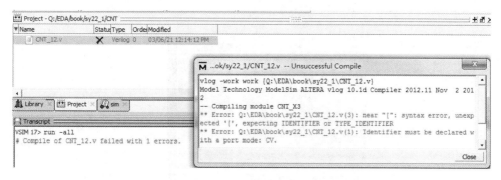

图 22-10　编译出错界面

4. 运行仿真

（1）装载。

　　点击菜单"Simulate→Start Simulation"或直接点击工具栏的"▨"图标，这时会弹出如图 22-11 所示的窗口，点击"Design"选项卡，然后在下面的"work"库中选择"CNT_X3"，这时"Design Unit(s)"下面的框中会出现已经选中的设计，将"Resolution"设置为"defautl"，然后点击"OK"完成装载。

图 22-11　仿真前设置

项目装载完毕,出现图 22-12 所示的界面。下方的"Transcript"窗口显示加载命令名,左边是"sim"窗口,中间是"Objects"窗口,右边的"Wave"窗口可通过菜单"View→Wave"调出,如图 22-13 所示。同理,通过菜单"View"下的"Objects"选项可关闭或打开"Objects"窗口。

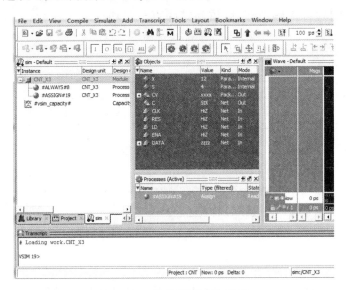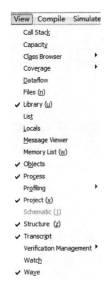

图 22-12　装载项目后的界面　　　　图 22-13　显示窗口设置

(2)添加待测信号。

图 22-12 中"Wave"窗口的观察信号需要添加。如果只是添加项目的部分信号,可以在"Objects"窗口选中相应的条目,点击鼠标右键选择"Add Wave"。如果需要将项目所有端口添加到波形中,可以在"sim"窗口中选中项目名,点击右键,再点击"Add Wave",如图 22-14 所示。

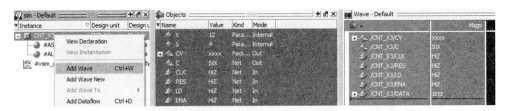

图 22-14　添加待测信号到波形窗口

(3)运行仿真。

运行可以直接按 F9 键或在图 22-12 最下面"Transcript"窗口的命令提示符">"后面输入"run"后按"Enter"键,这时能在"Wave"窗口中看到波形,如图 22-15 所示。这时显示的信号波形逻辑不对,因为还没有设置相应的输入波形。

在图 22-14 中 3 个窗口右上方点击" "可以把相应的窗口从主界面中分离出来。图 22-15 显示的就是分离出来的"Wave"窗口,窗口右上方的" "可以让窗口回到主界面。

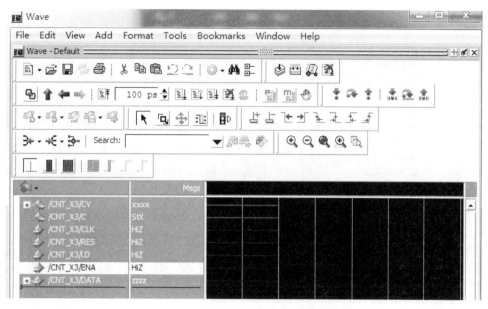

图 22-15   仿真运行后的波形

在图 22-15 的"100 ps"框后有四个常用运行控制的工具：代表 run 命令，即运行单位时间，单位时间显示在前面框中，本例是 100 ps，也可以修改，如在最下面的命令窗口提示符后直接输入"run 1us"代表运行 1 μs；代表 run - continue 命令，表示从中断处继续运行；代表 run -all 命令，表示连续运行仿真；点击可暂停当前仿真。一般常用的仿真控制都可以通过调用菜单 Simulate 实现。

在"Transcript"窗口的命令提示符"＞"后面输入以下命令：

restart

force CLK 0 0,1 10 -r 20

force RES 1 30

force LD   0 40

force ENA 1 50

run -all

输入"restart"命令后按"Enter"键会弹出图 22-16 所示提示框，询问重新开始时是否保留一定信息，这里选择默认，然后点击"OK"确认。

命令输入方式如图 22-17 所示。force 是强制设置，force 后面是端口名，端口名后面是电平，1 表示高电平，0 表示低电平，电平后面是位置，逗号后面重新设置电平，-r 后面的数字表示循环设置的开始位置。如"force CLK 0 0,1 10 -r 20"表示设置 CLK 端口时间 0 处开始为低电平，到 10 时间单位处变为高电平，从 20 时间单位处开始这样的循环设置。

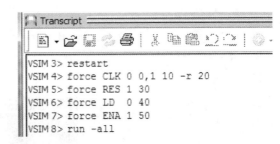

图 22-16　重新开始仿真运行设置　　　　图 22-17　例 22-1 的仿真命令

"run -all"命令执行后可以在"Wave"窗口点击" 🔍 "或" 🔍 "放大或缩小查看运行结果,本例运行的结果如图 22-18 所示。

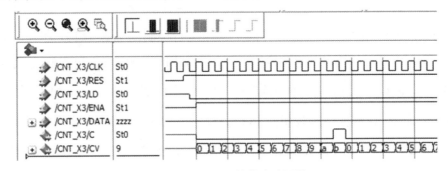

图 21-18　例 22-1 的仿真波形图

(4)结束仿真。

若需要结束仿真,可在命令窗口输入"quit -sim"或点击菜单"Simulate→End Simulation"完成。

22.3　Verilog HDL Test Bench 的使用

通过例 22-1 可知,使用 ModelSim 的命令能够完成仿真,但有时用起来很不方便,如修改命令序列中的一条命令,往往需要再把其他命令重复输入。对一个大的工程进行仿真时往往借助命令与 Test Bench 共同完成,Test Bench 是测试平台,主要是指为仿真测试而建的附件模块或实例。Verilog HDL Test Bench 是指使用 Verilog HDL 语句建立的 ModelSim 测试平台。在这个平台上,首先要编写一个被称为 Test Bench 的 Verilog 程序,用它产生各种激励信号,再把这些激励信号送入设计中进行仿真。Test Bench 也可以收集待测模块的输出结果,必要时可对该结果与预置所期望的理想结果进行比较,给出报告。

【例 22-2】　使用 Verilog HDL Test Bench 仿真十二进制计数器。

1. 新建工程

按照例 22-1 的方法在一新目录下新建一工程,命名为"CNT_12"。

2. 添加设计文件

(1)按照例 22-1 的方法先新建一 Verilog 文件,命名为"test. v"并添加到工程中。

(2)把例 22-1 的 CNT_12. v 文件复制到当前工程所在的目录下,然后添加该文件到当前工程中。

上述两步完成后工程结构如图 22-19 所示。

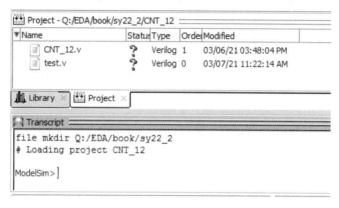

图 22-19　例 20-1 的工程文件

(3)书写 test. v 文件代码。

测试用的 test. v 代码如下:

```verilog
`timescale 10ns/1ns
module   test ();
reg   CLK_T,RES_T,LD_T,ENA_T;
reg  [3:0] DATA_T;
wire  [3:0]   CV_T;
    wire C_T;
    always #10 CLK_T=~CLK_T;
    initial $ monitor ("CNTOUT=%h",CV_T);
    initial
        begin
            #0 CLK_T=1'b0;
            #0 RES_T=1'b0; #30 RES_T=1'b1;
            #40 LD_T=1'b0;
            #0 ENA_T=1'b0; #50 ENA_T=1'b1;
            #0 DATA_T=4'h0;
        end
CNT_12 U1(. CLK(CLK_T),. RES(RES_T),. LD(LD_T),. ENA(ENA_T),. DATA
```

(DATA_T),. C(C_T),. CV(CV_T));

 endmodule

 test. v 文件中例化调用十二进制计数器模块。为了统一命名，双击打开 CNT_12. v，把该文件的模块名改为"CNT_12"，如图 22-20 所示，然后保存修改结果。如果例化调用与被调用的模块名一致，则不用修改。

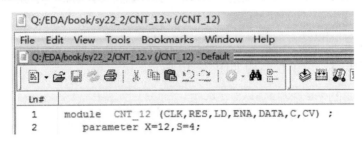

图 22-20 修改模块名

3. 编译

点击工具栏中的" "完成编译。

4. 运行仿真

（1）装载。

 点击工具栏中的" "图标，在弹出窗口中选择"work"下的"test"，其他设置与例22-1相同，如图 22-21 所示，然后点击"OK"完成装载。

图 22-21 仿真前设置

（2）添加待测信号。

按照例 22-1 的方法打开波形窗口,把待测信号添加到波形窗口中,添加完成后如图 22-22 所示。

图 22-22   添加 test 待测信号到波形窗口

（3）运行仿真。

运行 run -all 命令后把光标放在"Wave"窗口中,使用放大或缩小工具查看相应的波形,如图 22-23 所示。

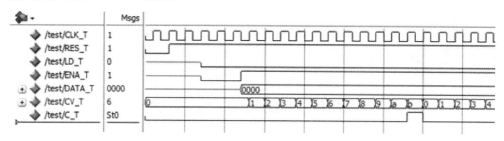

图 22-23   例 22-2 仿真运行后的波形

22.4   编写仿真激励文件的要点

1. 仿真时的时间标度

例 22-2 的 test. v 文件中第一条语句是"`timescale 10ns/1ns",这是仿真时间的标度语句,必须要有。`timescale 是编译预处理语句,其中"`"一定要用键盘左上角对应的键输入,该语句的详细说明见本书 17.4 中相关内容。

2. 激励文件的模块

激励文件的模块也用 module 和 endmodule 定义,但不用写出模块的端口。

3. 输入端口的定义

与待测模块输入端口对应的输入信号赋值一般要放在过程中,因此必须定义成寄存器类型,且寄存器的宽度要与待测模块相应端口的位宽相同。

4. 输出端口的定义

与待测模块输出端口对应的输出信号要定义成 wire 类型,而且位宽要相同。

5. 待测模块与激励信号的关联

激励文件通过例化调用语句把待测模块与相应激励信号关联起来,因此使用时要符合例化调用的语法规则，如例 20-2 中需要修改相应的模块名才能正确地调用。

6. 输入端口的赋值

与待测模块输入端口对应的激励文件中定义的寄存类型变量，其赋值是在 initial 过程中完成的。该语句的使用与 always 过程语句类似，但 initial 主要用于仿真，用 Quartus 综合电路时会忽略该语句。

test. v 文件中的语句" $ monitor ("CNTOUT＝％h"，CV_T) ;"是使用系统函数 monitor 输出 CV_T 的值。因为此语句的存在，仿真运行时可以在命令窗口看到 CV_T 的值。

22.5　项目实践练习

在 ModelSim 中分别建立 2 个工程，练习例 22-1 和例 22-2，从中学习使用 ModelSim 仿真的方法。

22.6　项目设计性作业

补全例 22-2 中预置及中间复位仿真功能。

22.7　项目知识要点

(1) ModelSim 的使用。

(2) ModelSim 仿真命令。

(3) Test Bench 文件的编写。

(4) initial 过程语句。

(5) monitor 函数。

(6) `timescale 语句。

(7) 延时赋值。

22.8　项目拓展训练

总结 Verilog 设计在 ModelSim 中仿真的步骤和方法，以及编写激励文件时的注意事项。

项目 23　Quartus 调用 ModelSim 仿真

23. 1　教学目的

(1)熟悉 ModelSim 软件的使用方法。

(2)学习在 Quartus 中调用 ModelSim 仿真的方法。

(3)学习常用系统任务和函数的使用方法。

(4)学习常用仿真语句的使用方法。

23. 2　Quartus 调用 ModelSim 仿真

安装 Quartus 13. 1 时一般选择同时安装 OEM 版本的 ModelSim,通过适当设置就可以在设计综合后直接调用 ModelSim-Altera 仿真。

【例 23-1】　在 Quartus 中调用 ModelSim 仿真十二进制计数器。

1. 在 Quartus 中新建一设计工程

使用 Quartus 13. 1 新建一工程项目,命名为"CNT_12"。出现如图 23-1 所示的"EDA Tool Settings"页面时,在"Simulation"后面的"Tool Name"栏中选择"ModelSim-Altera",在"Format(s)"栏中选择"Verilog HDL"。

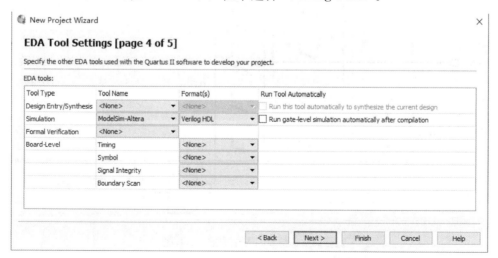

图 23-1　建立工程时设置仿真工具

2. 添加设计文件

本例设计文件继续使用例 22-2 的 CNT_12. v,拷贝该文件到当前工程目录后添加到当前工程中,添加完成后的工程如图 23-2 所示。

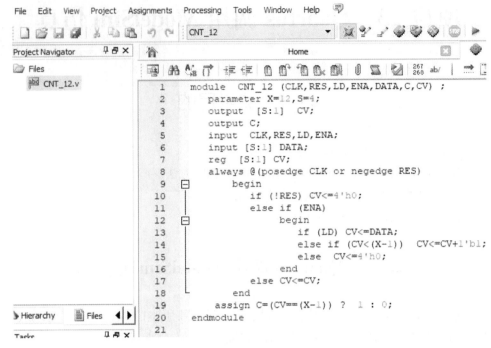

图 23-2　例 23-1 的设计文件

3. 编译

编译后的 RTL 图如图 23-3。请与图 11-9(Quartus 9.0 综合)对比,查看两图是否相同。

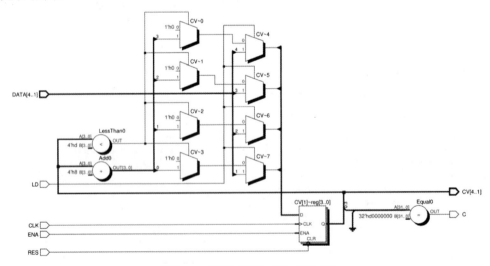

图 23-3　例 23-1 综合后的 RTL 图

4. 调用 ModelSim 仿真

(1)ModelSim 软件路径设置。

点击菜单"Tools→Options",出现图 23-4 所示界面后,在左边"General"下选中"EDA Tool Options",在右边"ModelSim-Altera"后的文本框中可以看到已经安装的 ModelSim 路径。可以按图 23-4 所示路径查找一下,看是否有 ModelSim 软件启动的应用程序"modelsim. exe"文件。如果不存在,则需要修改该路径为 ModelSim 应用程序所在路径,以便 Quartus 仿真时能找到 ModelSim。有时可能需要在"win32aloem"后加上符号"\",这样在调用 ModelSim 才不会出错,即 ModelSim-Altera 后文本框中为"C:\altera\13. 1\modelsim_ase\win32aloem\"。

Quartus 调用 ModelSim 时还要注意 ModelSim 的 license 问题:license 达到上限时无法启动 ModelSim。如已经打开了 ModelSim,再使用 Quartus 调用打开 ModelSim 就会出现错误,关闭 ModelSim 后才能再次调用打开。

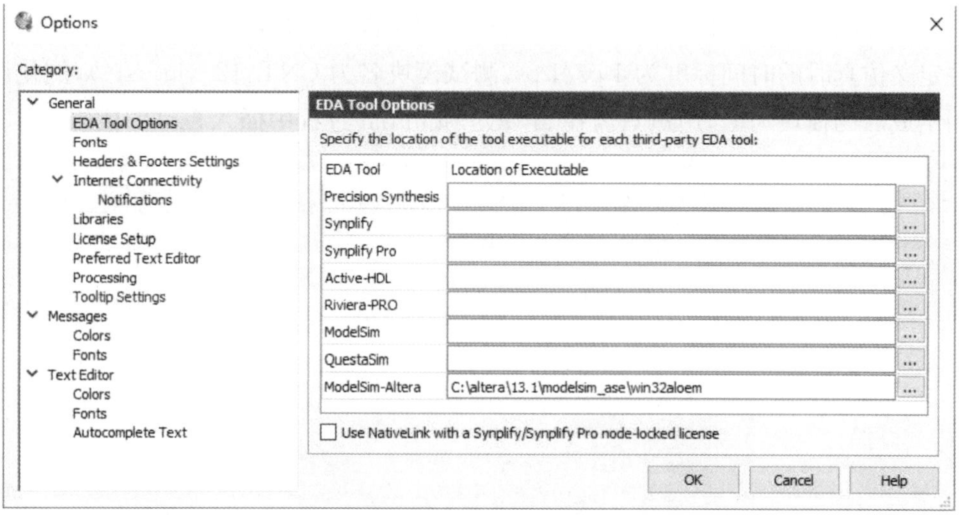

图 23-4　ModelSim-Altera 安装路径

(2)生成 Test Bench 模板。

点击菜单"Processing→Start→Start Test Bench Template Writer",这时系统会自动生成测试文件的模板,该模板文件的路径及名称也显示在信息窗口中。如图 23-5 中倒数第二行显示生成了 CNT_12. vt 文件,存放于"Q:/EDA/book/sy23 _1/simulation/modelsim"。

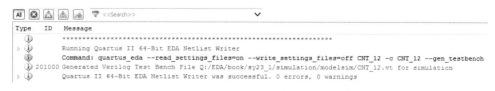

图 23-5　Simulation 设置

(3)利用生成的模板编辑测试文件。

添加测试模板文件到工程中,添加时按图 23-5 倒数第二行的路径去查找,筛选文件类型时选择"Test Bench Output Files(∗ . vht ∗ . vt)",如图 23-6 所示。

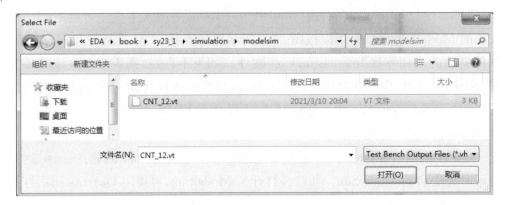

图 23-6　添加模板文件到工程

打开测试模板文件 CNT_12. vt,可以看到文件的内容,如图 23-7 所示。该文件定义仿真时的时间标度为 1 ps/1 ps,测试模块名为 CNT_12_vlg_tst(),例化调用生成后的模块为 i1,用户只需在 always 和 initial 过程中插入自己的代码。

图 23-7　已添加的模板文件内容

本例要插入的代码可参考例 22-2,具体如下:

```
initial
    begin
            #0 CLK=1'b0;
            #0 RES=1'b0; #30 RES=1'b1;
            #40 LD=1'b0;
            #0 ENA=1'b0; #50 ENA=1'b1;
            #0 DATA=4'h0;
            $display("Running testbench");
    end
always
  begin
    #10 CLK=~CLK;
    // @eachvec;
  end
end
```

注意："@eachvec;"语句属于仿真的事件触发语句,分为电平和边沿触发,这里的@eachvec 表示高电平触发。也就是说,只有 eachvec 为高电平时,过程才会执行。因此,仿真时想让 always 过程执行需要注释该语句,或在 initial 过程加语句"#0 eachvec=1'b1",即赋 eachvec 为高电平。若写为"@(posedge eachvec)",则表示在 eachvec 的上升沿触发。

(4)调用 ModelSim 仿真前设置。

调用 ModelSim 仿真前需要设置调用的工具名、输出仿真用的文件格式和路径、仿真的时间单位以及 ModelSim 仿真用的 Test Bench 参数等。

点击菜单"Assignments→Settings",出现图 23-8 所示界面后,在左边"EDA Tool Settings"下选中"Simulation",将"Tool name"设置为"ModelSim-Altera"。若勾选"Run gate-level simulation automatically after compilation",则编译后直接进行门级仿真。"EDA Netlist Writer settings"选项:"Format for output netlist"框选择"Verilog HDL";"Time scale"框为时间单位选择,这里选择"1 ps",与测试文件中的一致;"Output directory"框这里选择默认值,即输出文件会放在当前工程目录下的"simulation/modelsim"中;"Map illegal HDL characters""Enable glitch filtering"和"Generate Value Change Dump(VCD) file sript"项不用勾选。"NativeLink settngs"选项中选中"Compile test bench",表示编译测试平台。点击后面的"Test Benches..."会弹出图 23-9 所示界面。

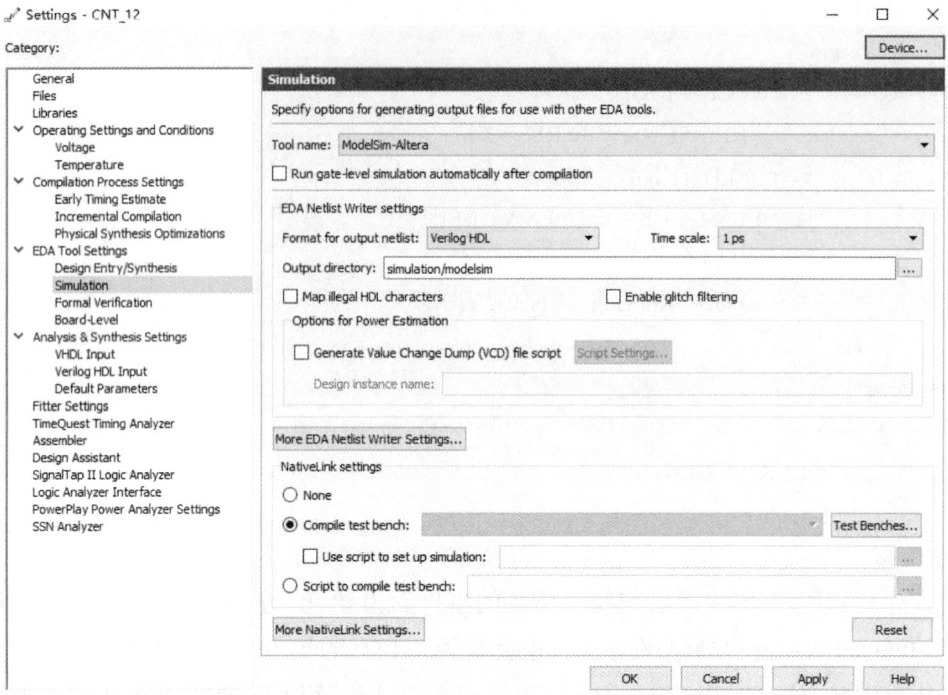

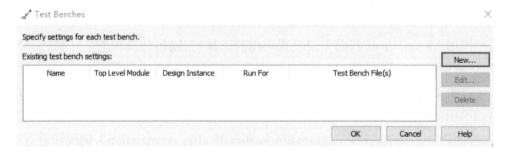

图 23-8　Simulation 设置

在图 23-9 中点击右上角的"New..."，这时会出现图 23-10 所示界面。

图 23-9　添加测试平台

在图 23-10 中的"Test bench name"后的文本框中输入图 23-7 中相应的模块名称，"Top level module in test bench"（测试平台的顶层模块名）默认与项目相同。勾选"Use test bench to perform VHDL timing simulation"，然后在"Design instance name in test bench"后的文本框中输入"i1"（与模板文件中相同）。"Simulation period"选择"End simulation at"，然后在后面输入"20"，单位选"us"，当然也可以选择"Run simulation until all vector stmuli are used"项。在"Test bench and simulation files"中点击"File name"后面的"..."选择要添加的测试文件，点击"Add"添加。具体设置如图 23-10 所示。注意：有些设置要与测试文件相匹配。

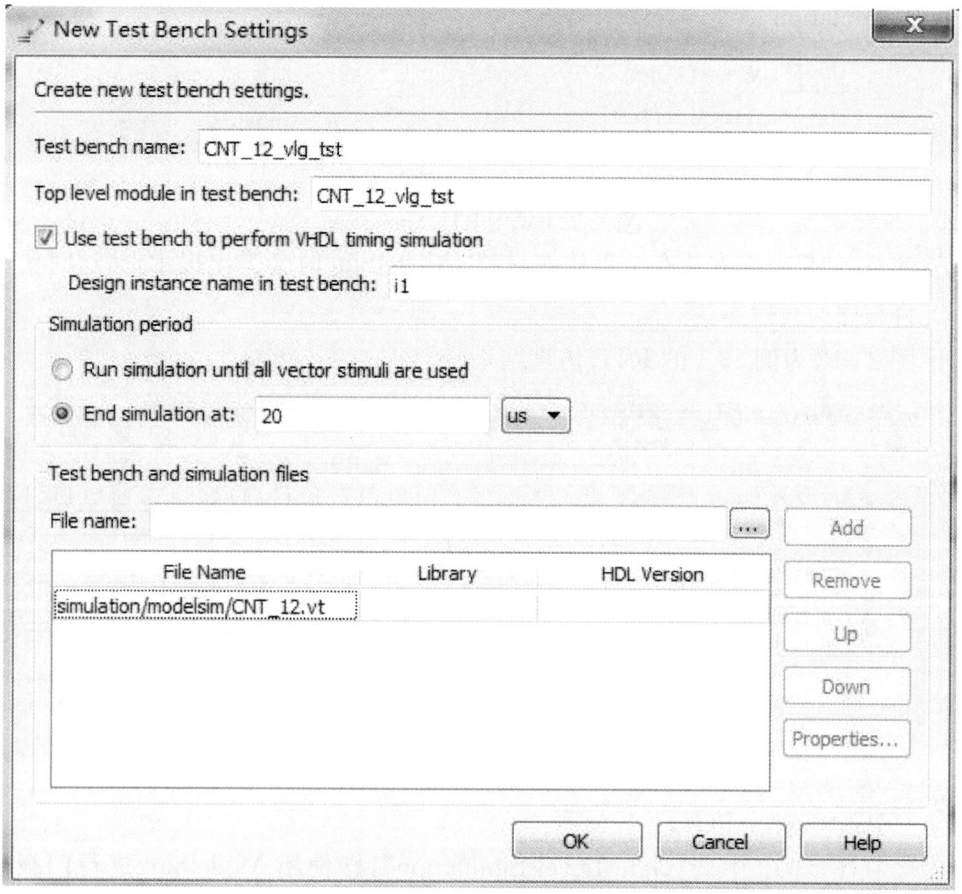

图 23-10　设置测试平台

按图 23-10 设置完成后点击下面的"OK",这时会出现如图 23-11 所示测试文件已经添加的界面,点击"OK"完成设置。

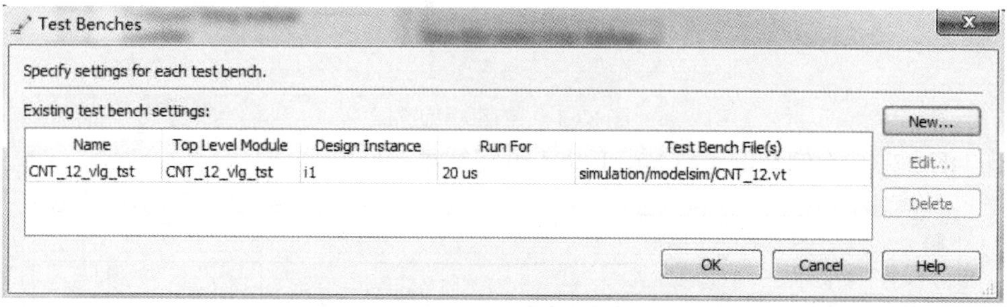

图 23-11　已添加的测试平台设置

Quartus 调用 ModelSim 仿真前要生成 2 个关键文件:一个是网表文件,后缀名为". vo";另一个是 SDF(Standard Delay Format)文件,后缀名为". sdo"。

(5)RTL 仿真。

调用菜单"Tools→Run Simulation Tool→RTL Simulation",如图 23-12 所示,这时会自动调用 ModelSim 进行功能仿真。如要进行时序仿真,则选择"Gate

Level Simulation"。

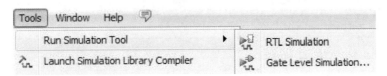

图 23-12　调用 RTL Simulation

注意：如果电脑安装有杀毒软件，打开 ModelSim 时会弹出提示框，这时要选择允许程序所有操作。

图 23-13 为例 23-1 的 RTL 仿真结果。

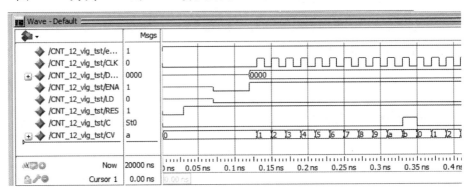

图 23-13　例 23-1 调用 RTL Simulation 仿真的结果

（6）Gate Level 仿真。

若在图 23-12 中选"Gate Level Simulation"，即使用 ModelSim 进行门级仿真，这时会跳出如图 23-14 的界面，要求选择 FPGA 的仿真模型，其中 85 代表温度值，这里选择默认值，然后点击"Run"进行仿真。

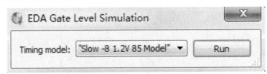

图 23-14　仿真模型选择

图 23-15 为例 23-1 的 Gate Level 仿真结果。

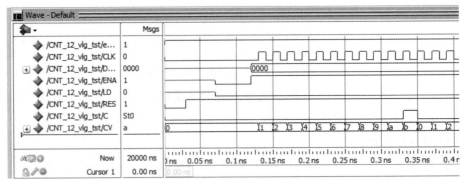

图 23-15　未修改时间标度前门级仿真结果

23.3　Verilog 常用的仿真语句

一、系统函数和系统任务

系统任务和系统函数是 Verilog 语言标准中预先定义的任务和函数,用于完成一些特殊的功能,大多数都是只能在 Testbench 仿真中使用的(为了方便进行仿真验证)。系统任务和系统函数有很多,下面是一些仿真中常用的系统任务和函数。

1. $ display 和 $ write

$ display 和 $ write 在过程中使用,用于输出、打印信息,使用格式为:

$ display ("带格式字符串",参数 1,参数 2,...);

$ write ("带格式字符串",参数 1,参数 2,...);

一般显示类系统函数和任务所带格式的含义如表 23-1 所示。

表 23-1　Verilog 规定的格式含义

参数	含义	参数	含义
\n	换行	%l 或 %L	显示库绑定信息
\t	制表符	%v 或 %V	显示网线型信号强度
\\	\字符	%m 或 %M	显示层次名
\"	"字符	%s 或 %S	字符串格式
\ddd	1 到 3 位八进制字符	%t 或 %T	显示当前时间
%%	%字符	%u 或 %U	未格式化二值数据
%h 或 %H	以十六进制显示输出	%z 或 %Z	未格式化四值数据
%d 或 %D	以十进制显示输出	%e 或 %E	科学计数法显示实数
%o 或 %O	以八进制显示输出	%f 或 %F	十进制显示实数
%b 或 %B	以二进制显示输出	%g 或 %G	取科学计数法和十进制最短的显示
%c 或 %C	以 ASCII 字符形式显示		

$ display 和 $ write 的功能差不多,但 $ display 输出信息后会自动换行。

2. $ strobe 和 $ monitor

$ strobe 和 $ monitor 使用的格式与 $ display 相同。$ strobe 的作用是当前时刻的所有事件处理完后,在这个时间步的结尾输出一行格式化的文本信息。$ monitor 用于监控仿真行为,当一个或多个指定的线网或寄存器列表的值发生变化时,输出一行格式化的文本信息。如例 22-2 使用 $ monitor 语句监控仿真运行过程中计数输出值的变化。当启动一个带有一个或多个参数的 $ monitor 任务时,仿真器会建立一个处理机制,使得每当参数列表中变量或表达式的值发生改变时,整个参数列表中变量或表达式的值都将输出显示。仿真过程中只允许一个 $monitor 被执行,如果有多个 $monitor 语句,则其中最后一个语句被执行。

$monitoron(使能监视)与 $monitoroff(关闭监视)可配合 $monitor 使用。

3. $finish 和 $stop

$stop 用于暂停仿真;$finfish 用于结束仿真。

4. $time、$stime 和 $realtime

$time 用于返回 64 位当前仿真时间;$stime 用于返回 32 位当前仿真时间;$realtime 用于返回一个实数仿真时间。

二、仿真语句

1. 并行执行块

Verilog 一共规定了 2 种块语句,除 begin… end 外还有 fork… join。fork…join 语句块中的语句并行执行,与书写顺序无关,但整个执行终结要由语句块中执行最慢的语句决定。

2. forever 循环语句

forever 循环语句多用在 initial 块中,用于生成时钟等周期性波形。如例 23-1 的时钟产生可放在 initial 块中用 forever 定义。

```
initial
    begin
            #0 CLK=1'b0;
            #0 RES=1'b0; #30 RES=1'b1;
            #40 LD=1'b0;
            #0 ENA=1'b0; #50 ENA=1'b1;
            #0 DATA=4'h0;
            forever   #10 CLK=~CLK;
            $display("Running testbench");
    end
```

3. wait 语句

wait 是不可综合的过程语句,主要用于仿真,有如下 2 种形式:

格式一:wait(条件表达式)　语句/语句块;

格式二:wait(条件表达式);

若条件不成立,则 wait 之后的过程语句保持阻塞状态,直到该条件变为真。如

```
forever   wait (RES) #10 CLK=~CLK
```

表示当 RES 为高电平时,延迟 10 个时间单元后对 CLK 取反。

4. 过程连续赋值语句

(1)force 语句和 assign 语句。

在过程中可以用 force 和 assign 对变量连续赋值,其格式为:

force 寄存器类型变量或者网线类型变量 ＝ 赋值表达式;

assign 寄存器类型变量＝赋值表达式;

用 force 或 assign 在过程中对变量赋值时,语句执行后,该变量将强制由赋值表达式连续驱动,此时将忽略其他较低优先级的赋值语句对该变量的赋值操作,直到执行一条释放对该变量连续赋值的语句。过程连续赋值语句 assign 的优先级高于普通过程赋值语句,所以当 2 种赋值语句并存时,assign 赋值起作用。

(2)release 语句和 dessign 语句。

release 语句和 dessign 语句用于在过程中取消 force 和 assign 语句的作用,其格式为:

release　寄存器类型变量或者网线类型变量;

deassign　寄存器类型变量

23.4　项目实践练习

(1)练习例 23-1,然后使用 forever 和 wait 语句产生时钟。

(2)在 ModelSim 中建立工程,练习例 23-2,结合仿真输出结果理解表 23-1 中格式的含义。把所有的 display 换成 write 后重新编译仿真,结合仿真输出显示结果区分 $display 和 $write。

【例 23-2】　语句 $display 和 $write 的练习。

```
module disp;
    reg [31:0] rval;
    pulldown (pd); //PD 接下拉电阻
    initial begin
        rval = 101;
        $ display("rval = %h hex %d decimal",rval,rval);
        $ display("rval = %o octal\nrval = %b bin",rval,rval);
        $ display("rval has %c ascii character value",rval);
        $ display("pd strength value is %v",pd);
        $ display("current scope is %m");
        $ display("%s is ascii value for 101",101);
        $ display("simulation time is %t", $ time);
    end
endmodule
```

注意:语句"pulldown (pd)"用于将网线型(未定义类型默认为网线型)变量 pd 下拉。此句是为了演示输出 pd 的强度。信号强度用 3 个符号输出表示,前 2 个符号表示信号强度,而第 3 个符号表示信号的逻辑值。信号强度和逻辑值的含义分别如表 23-2 和表 23-3 所示。

表 23-2　信号强度的定义

标记符	驱动	强度值
Su	电源级驱动(supply drive)	7
St	强驱动(strong drive)	6
Pu	上拉级驱动(pull drive)	5
La	大容性(large capacitor)	4
We	弱驱动(weak drive)	3
Me	中级容性(medium capacitor)	2
Sm	小容性(small capacitor)	1
Hi	高容性(high capacitor)	0

表 23-3　信号的逻辑值

标记符	含义
0	表示逻辑 0 值
1	表示逻辑 1 值
X	表示逻辑不定态
Z	表示逻辑高阻态
L	表示逻辑 0 值,或者逻辑高阻态
H	表示逻辑 1 值,或者逻辑高阻态

(3)练习例 23-3 并对仿真结果进行分析,从中学习部分常用仿真语句的使用方法。

【例 23-3】

```
module test;
    reg A,B,C,D;
    reg [1:0] F;
    wire E;
    and and1 (E, A, B, C);
    initial begin
            $ monitor("\ $ monitor:%d D=%b,E=%b,F=%b", $ stime,D,E,F);
            assign D = A & B & C;
            A = 1; B = 0; C = 1; F=0;
            #10;
            force D = (A | B | C);
```

```
                    force E = (A | B | C);
                    F=1;
                     $ display("\ $ display:%d D=%b,E=%b,F=%b", $ stime,D,E,F);
                    F=2;
                     $ strobe("\ $ strobe:%d D=%b,E=%b,F=%b", $ stime,D,E,F);
               #10  $ stop;
                    release D;
                    release E;
                    assign F=3;
                     $ display("\ $ display:%d D=%b,E=%b,F=%b", $ stime,D,E,F);
               #10
                     $ display("\finish,%d", $ time);
                     $ finish;
            end
      endmodule
```

注意:运行到"stop"时会暂停,同时出现一界面标注暂停的位置,这时执行run - all命令让程序继续运行,会弹出结束提示框,如图 23-16 所示,选择"是(Y)"会关闭软件。

图 23-16　是否结束仿真

23.5　项目设计性作业

自行设计一含有并行块和顺序块的仿真测试程序,在 ModelSim 中建立工程进行仿真运行,对比 2 种块仿真波形时序。

23.6　项目知识要点

(1)ModelSim 软件路径设置。

(2)测试文件模板。

(3)Test bench 设置。

(4)事件触发语句。

(5)RTL Simulation 和 Gate Level Simulation。

(6)系统函数和系统任务。

(7)显示格式控制符。

(8)并行过程。

(9)forever 循环语句。

(10)wait 语句。

(11)force 语句和 assign 语句。

(12)release 语句和 dessign 语句。

(13)信号强度。

23.7　项目拓展训练

(1)总结 Quartus 软件直接调用 ModelSim 仿真的流程。

(2)查阅相关资料后总结如何单独使用 ModelSim 对 Quartus 中的设计进行时序仿真。

项目 24　DSP Builder 的应用

24.1　教学目的

(1)熟悉 DSP Builder 开发环境。

(2)学习使用 DSP Builder 构建正弦信号发生器。

(3)学习在 Matlab 中查看仿真结果。

(4)学习使用嵌入式逻辑分析仪和示波器查看设计效果。

24.2　DSP Builder 的应用

一、DSP Builder 的概念

面向 FPGA 的 DSP Builder 结合了 MathWorks 公司 Matlab/Simulink 工具的算法开发、模拟和验证功能。用户借助 DSP Builder 可以在 Matlab/Simulink 中进行图形化设计和仿真，还可以通过 Signal Compiler 把 Matlab/Simulink 的设计文件(. mdl)转成相应的硬件描述语言 VHDL 设计文件(. vhd)，控制综合与编译的 TCL 脚本。

二、应用实例

【例 24-1】　使用 DSP Builder 构建一正弦信号发生器。

1. 打开 Matlab 软件

打开 Matlab 后的界面如图 24-1 所示，有 3 个主要的窗口：Command Window(命令窗口)、Workspace(工作区)和 Command History(命令历史)。命令窗口的"＞＞"提示符后可以输入命令。

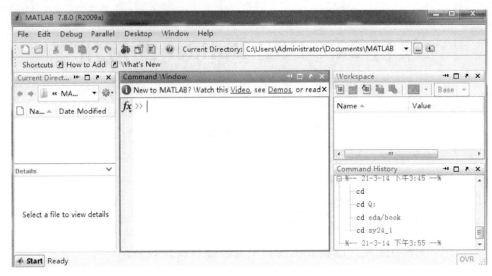

图 24-1　Matlab 打开后的界面

2. 设置工作目录

可以通过点击图 24-1 中工具栏右边"Current Directory"后面"▼"或"..."选择工作目录，也可以通过输入命令"cd"进入相应的工作目录，如图 24-2 所示。

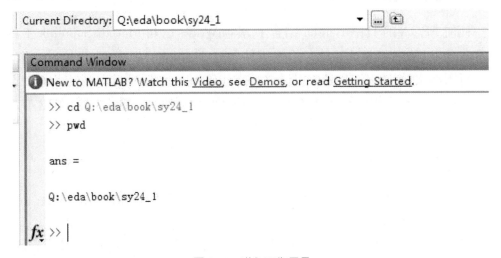

图 24-2　进入工作目录

3. 进入 Simulink 环境

在命令窗口输入"simulink"后按"Enter"键会出现图 24-3 所示界面。在左边库中可以找到"Altera DSP Builder Advanced Blockset"和"Altera DSP Builder Blockset"库，只有用这 2 个库的元件模型构建的电路才能被 DSP Builder 转化为 HDL 代码。

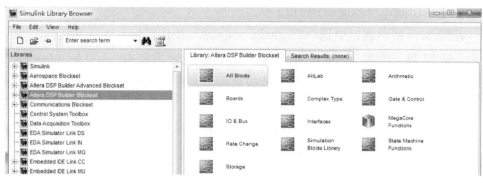

图 24-3　Simulink 库

4. 建立模型文件

在图 24-3 的窗口中点击菜单"File→New→model"后会出图 24-4 所示窗口，该窗口就是新模型文件窗口。

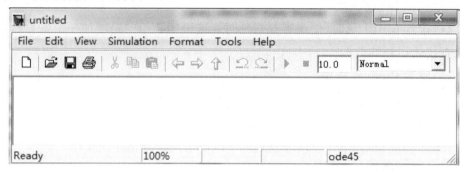

图 24-4　新建的模型文件窗口

5. 为模型文件添加模型

在图 24-3 所示模型库窗口中选中"Altera DSP Builder Blockset"库后展开，然后选择下面的"All Blocks"，这时会在右边窗口出现该库的所有模块（按字母顺序排列），如图 24-5 所示。

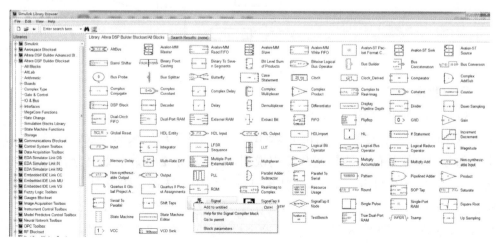

图 24-5　Altera DSP Builder Blockset 库所有模型

（1）放置 Signal Compiler 模块。

在图 24-5 所示窗口中选中"Signal Compiler"，按住鼠标左键将其拖到图 24-4 所示新建模型文件窗口中，也可以点击鼠标右键然后选择"Add to untitled"。Signal Compiler 主要用于把 Matlab 的仿真模型文件生成 Quartus 工程文件。

（2）放置 Increment Decrement 模块。

按照放置 Signal Compiler 模块的方法将 Increment Decrement 模块拖动到模型文件中。该模块可以产生递增或递减的数值，这里主要用于产生存储器的地址值。

（3）放置 LUT 模块。

按照同样方法放置 LUT 模块，LUT 是查找表模块，这里用于放置正弦波的数据。

（4）放置 Delay 模块。

Delay 模块用于延时（使用寄存器延时），这里用于给电路增加一个寄存器，放置从查找表得到的数据。

（5）放置 Product 模块。

Product 模块用于乘法运算，这里用 1 和 0 作为另一个乘数来控制输出。

（6）放置 Input 模块和 Output 模块。

Input 模块和 Output 模块分别对应 FPGA 的输入和输出端口。

6. 连接各模块

摆放完各模块后按图 24-6 所示进行连接。

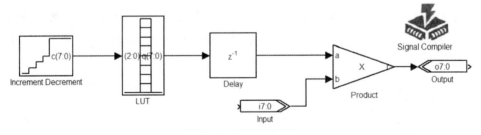

图 24-6　正弦波模型

7. 设置模块参数

（1）Increment Decrement 模块。

双击图 24-6 中的 Increment Decrement 模块会出现模块的参数设置框，框的上半部分是该模块的功能描述和使用说明，下半部分是参数设置部分，如图 24-7 所示。图 24-7 中"Main"选项卡的"Bus Type"框用于选择总线类型，有 3 个选项：Signed Integer（有符号整数）、Signed Fractional（有符号小数）和 Unsigned Integer（无符号整数），如图 24-8 所示。这里这个模型主要用于产生存储器的地址，因此选择无符号整数，即最高位也代表着数值。［Number of Bits］.［］设置为 7，即输出

7 位宽度的地址值。在图 24-7 中"Optional Ports and Settings"选项卡的"Starting Value"(开始值)设置为 0,"Direction"(方向)设置为 Increment(增量方式),"Clock Phase Selection"(时钟相位选择)设置为 1。其他设置采用 Increment Decrement 模块的默认设置,如图 24-7 所示。点击"OK"确认。

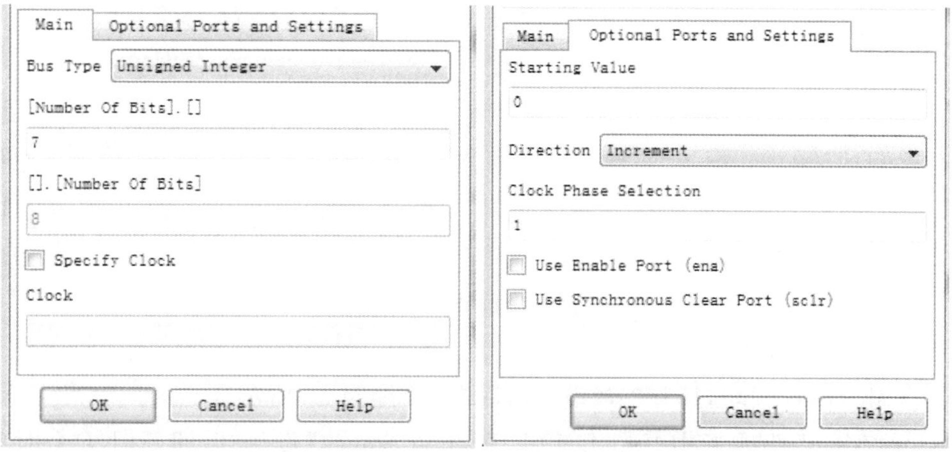

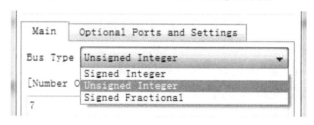

图 24-7　Increment Decrement 模块参数设置

图 24-8　"Bus Type"框可设置的类型

(2)LUT 模块。

双击 LUT 模块,打开参数设置对话框,如图 24-9 所示。

在图 24-9 左图"Main"选项卡中把"Address Width"设置为 7,即与前面的地址发生器的宽度匹配。"Data Type"设置为"Unsigned Integer"(无符号整数)。"[Number of Bits].[]"设置为 8,即输出数据宽度为 8 位。在"MATLAB array"下面的文本框中输入"$127 * (\sin(0:2 * pi/(2^7):2 * pi)+1)$",其中"$0:2 * pi/(2^7):2 * pi$"表示从 0 到 2π 每次按 $2\pi/(2^7)$ 的步长增加,即把 $0\sim2\pi$ 均分为 2^7 个数据点,加 1 的目的是让正弦值整体上移,使结果为非负,127 相当于振幅。

在图 24-9 中右图"Implementation"选项卡按默认设置,勾选"Use LPM"(选中存储器),表示允许 Quartus Ⅱ 利用目标器件中的嵌入式 RAM(在 EAB、ESB 或 M4K 模块中)来构成 LUT。

LUT 模块设置完成后点击"OK"确认。

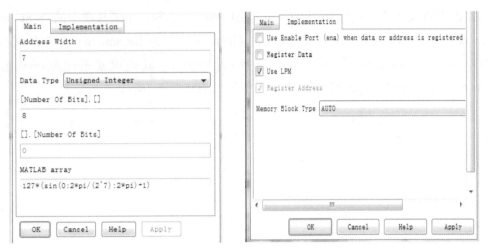

图 24-9　LUT 模块参数设置

（3）Delay 模块。

双击 Delay 模块，打开参数设置对话框，如图 24-10 所示。

将"Main"选项卡中"Nunber of Pipeline Stages"设为 1，即延时 1 个时钟周期。

将"Optional Ports"选项卡中"Clock Phase Selection"参数设为 1，表示每个主频时钟数据都能通过。其他都选默认设置。

"Initialization"选项卡所有项均选默认设置。

Delay 模块设置完成后点击"OK"确认。

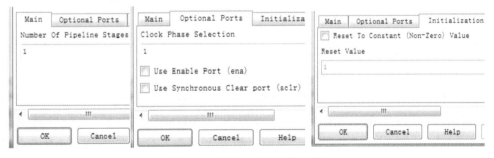

图 24-10　Delay 模块参数设置

（4）Product 模块。

双击 Product 模块，打开参数设置对话框，如图 24-11 所示。

将"Main"选项卡中"Bus Type"设置为"Unsigned Integer"（无符号整数）。"［Number of Bits］.［]"设置为 8，即输出数据宽度为 8 位。其他选择默认设置。

"Optional Ports and Settings"选项卡所有项均选默认设置。勾选"Use Dedicated Circuitry"表示使用 FPGA 内部专用部件构建。

Product 模块设置完成后点击"OK"确认。

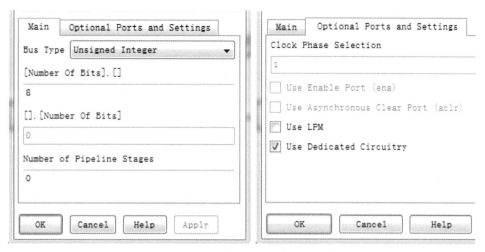

图 24-11　Delay 模块参数设置

（5）Input 模块。

双击 Input 模块，打开参数设置对话框，如图 24-12 所示。"Bus Type"设置为"Unsigned Integer"（无符号整数）。"［Number of Bits］.［］"设置为 1，即输出数据宽度为 1 位。其他选择默认设置。

Input 模块设置完成后点击"OK"确认。

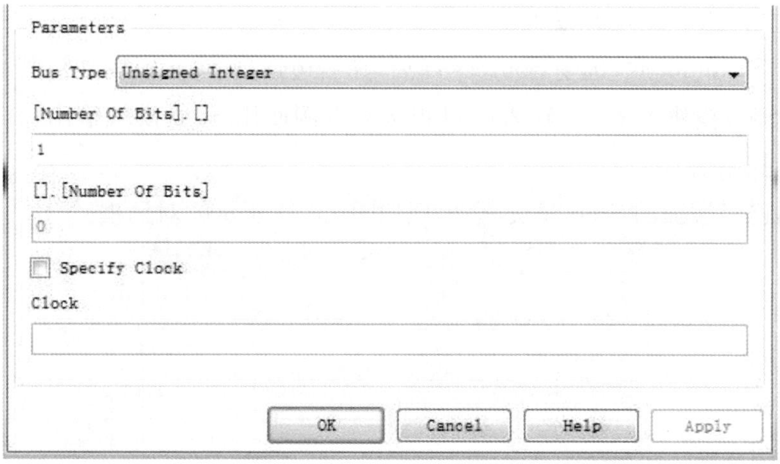

图 24-12　Input 模块参数设置

（6）Output 模块。

双击 Output 模块，打开参数设置对话框，如图 24-13 所示。"Bus Type"设置为"Unsigned Integer"（无符号整数）。"［Number of Bits］.［］"设置为 8，即输出数据宽度为 8 位。"External Type"设置为"Inferred"（推断）。其他选择默认设置。

Output 模块设置完成后点击"OK"确认。

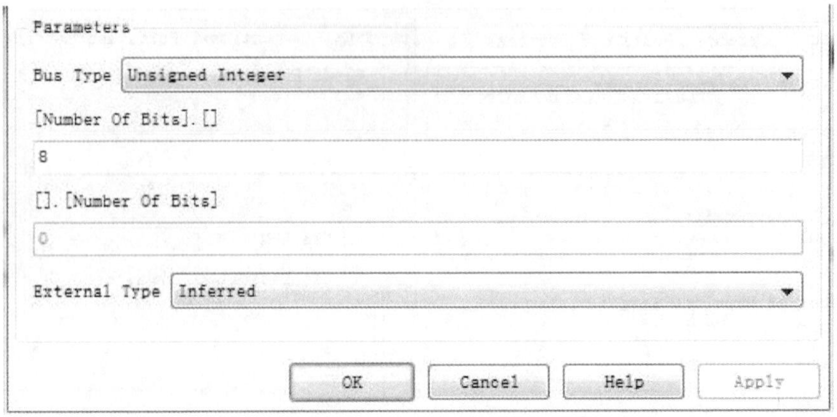

图 24-13　Output 模块参数设置

8. 添加 **Matlab** 仿真模块,连接并初步设置

各模块的参数设置好以后,可以借助 Matlab 仿真,这时需要添加仿真用的模块,如一些测量工具和输入信号。本例需要添加 Input 模块的模拟输入信号,Output 模块的输出需要接示波器观察。

注意:凡是 Altera DSP Builder 以外的库模块都不能将其变成 FPGA 的硬件电路,添加这类库主要是为了在 Matlab 中仿真验证设计效果。

(1)添加 Step 模块并设置。

展开 Simulink 库,选中 Sources 库后,在右边选择 Step 模块并将其添加到文件中,把 Step 模块与 Input 输入端口相接。本例使用 Step 模块输出一个启动波形显示的控制信号。

双击已经添加的 Step 模块,会出现如图 24-14 所示的对话框。

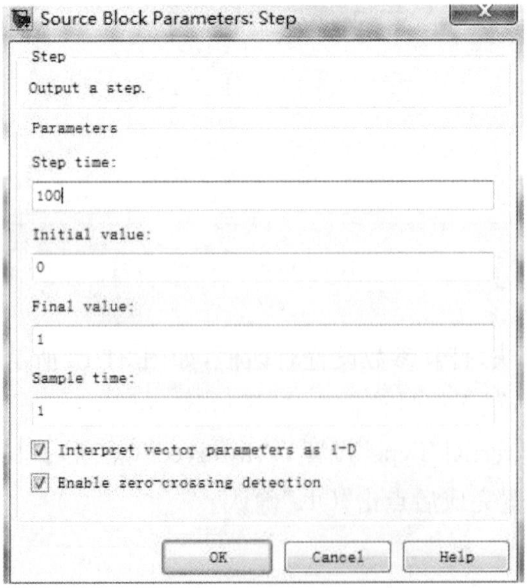

图 24-14　Step 模块参数设置

"Step time"设置为 100，即 100 个时钟信号后变化电平。"Initial value"（初始值）设置为 0。"Final value"（终值）设置为 1。默认勾选"Interpret vector parameters as 1-D"和"Enable zero-crossing detection"。

Step 模块设置完成后点击"OK"确认。

（2）添加 Scope 模块并设置。

展开 Simulink 库，选中 Sinks 库后，在右边选择 Scope 模块并将其添加到文件中。在文件中双击 Scope 模块，打开 Scope 模块参数设置窗口，如图 24-15 所示。点击图标"📋"后在弹出的窗口中设置"Number of axes"为 2，然后点击"Apply"，再点击"OK"，这时示波器会变为二通道。

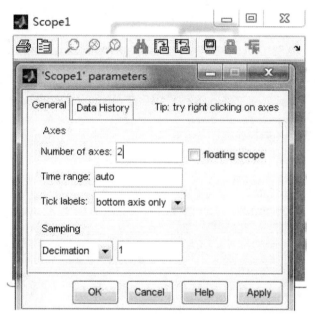

图 24-15　设置二通道示波器

（3）连接 Step 和 Scope 模块。

按图 24-16 连接 Step 和 Scope 模块，用示波器监测输入与输出端口信号。

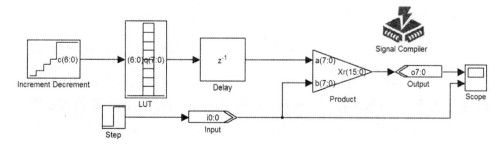

图 24-16　正弦波仿真模型

9. 设计文件存盘

点击新建模型窗口菜单"File→Save",命名后保存,本例中命名为"sine. mdl"。

10. 在 Matlab 中仿真验证

(1)仿真运行前设置。

在模型文件的窗口中点击菜单"Simulation→Configuration Parameters",弹出图 24-17 所示的界面,在左边选中"Solver",然后在右边设置仿真时间段,"Start time"设置为 0.0,"Stop time"设置为 1000,其他选择默认值,然后点击"Apply",再点击"OK"。

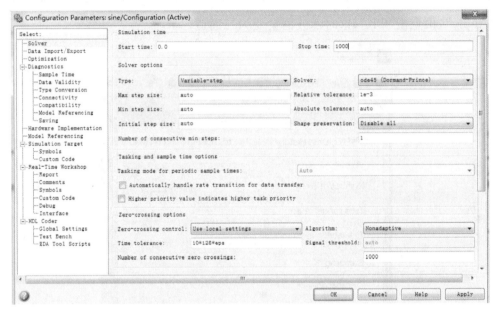

图 24-17　仿真时间设置

(2)仿真。

在模型文件的窗口中点击菜单"Simulation→Start"或点击工具栏上图标"▶"启动仿真,仿真完成后双击 Scope 模块可以查看仿真结果,如图 24-18 所示。可以借助示波器窗口上面的"🔍🔍🔍🔭"缩放显示波形图的大小,鼠标移动到相应的图标上会有工具作用的提示信息。点击"🔭"可以看到全部波形。

为了方便查看仿真结果,可以设置示波器各通道 Y 轴的标尺,在想要设置的通道上点击鼠标右键,选择"Axes Properties"进行设置。本例参数设置如图 24-19 所示,通道 2 分别设置为－2 和 2,通道 1 分别设置为－50 和 300,设置完成点击"Apply",再点击"OK"。

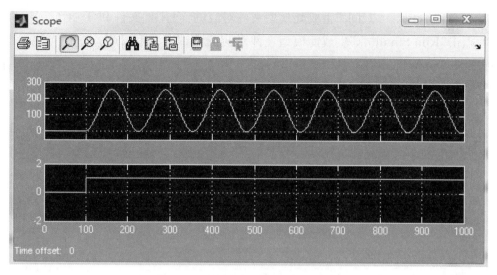

图 24-18　例 24-1 的 Matlab 仿真结果

图 24-19　示波器通道 Y 轴设置

11. 在 ModelSim 中仿真验证

(1)添加 TestBench 模块。

按照前面的方法在 Altera DSP Builder Blockset 的 All Block 中找到 TestBench 模块并将其添加到文件中,添加完成后如图 24-20 所示。

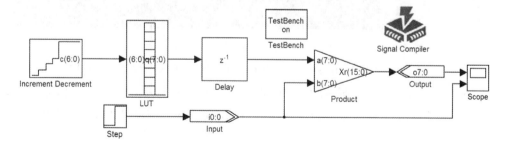

图 24-20　添加 TestBench 模块到仿真文件

(2)使用 TestBench 模块调用 ModelSim 仿真。

双击图 24-20 中的 TestBench 模块,在弹出的窗口中选择"Enable Test Bench generation",然后点击"Advanced"选项卡,如图 24-21 所示。

　　点击"Generate HDL."生成此模型文件对应的 VHDL 文件和 TestBench。然后，点击"Run Simulink"生成此模型文件对应的测试激励和 TCL 文件。最后，勾选"Run ModelSim"右边的"Launch GUI"，再点击"Run Modelsim"，这时会自动调用"ModelSim"启动仿真。

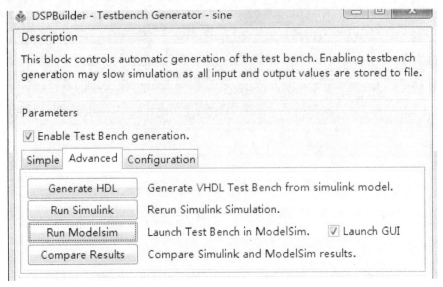

图 24-21　使用 TestBench 模块仿真

　　例 24-1 在 ModelSim 中仿真结果如图 24-22 所示。

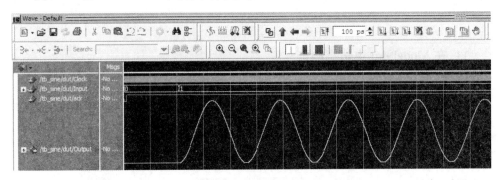

图 24-22　例 24-1 在 ModelSim 中仿真结果

　　在图 24-22 左边的"/tb_sine/dut/Output"上点击鼠标右键，选择"Format→Analog(automatic)"，会显示模拟的波形，如图 24-23 所示，点击右键后选择"Properties"可设置波形显示的位置高度，选择"Format"可设置"Height"的值，如图 24-24 所示。

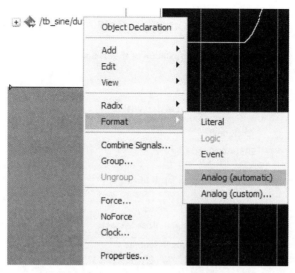

图 24-23　设置输出端口以模拟波形显示

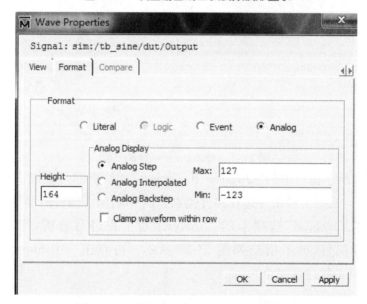

图 24-24　设置输出端口波形显示高度位置

12. 生成 Quartus 工程

双击图 24-20 中"Signal Compiler"，在弹出的窗口中按照图 24-25 所示参数进行设置。

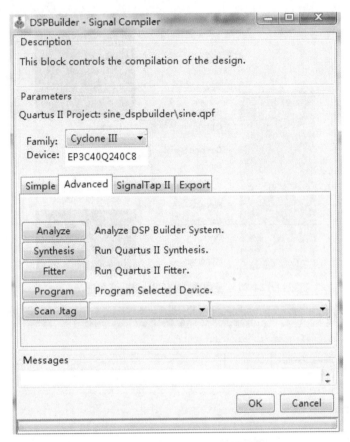

图 24-25　Quartus 工程编译设置

图 24-25 所示窗口中的"Quartus Ⅱ Project"后给出的是生成工程的位置和名称。Family：根据实验条件选择器件类别。Device：输入器件的型号。

先点击"Advanced"选项卡的"Analyze"对工程进行分析，完成后会生成Quartus 工程项目，提示信息如图 24-26 所示。再点击"Advanced"选项卡的"Synthesis"对工程进行综合。

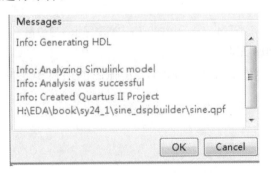

图 24-26　分析工程后的提示信息

13. 用 Quartus 软件打开生成的工程

用 Quartus 软件打开生成的工程，可以看到工程中的文件是 sine. qip。QIP

是 Quartus 用的 IP 核文件。DSP Builder 综合后的 RTL 图如图 24-27 所示。

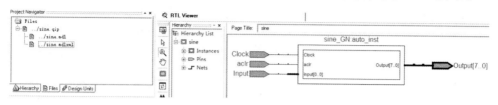

图 24-27   例 24-1 综合后的 RTL 图

在 Quartus 中建立波形文件，仿真结果如图 24-28 所示。

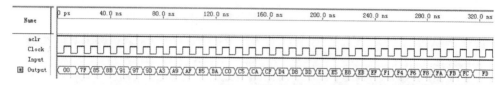

图 24-28   例 24-1 的功能仿真结果

14. 配置引脚后下载验证

按图 24-29 所示参数配置引脚，按图 2-17 所示方法设置 nCEO 引脚为常规引脚，然后嵌入逻辑分析仪并编译。

	Node Name	Direction	Location	I/O Bank	VREF Group
	aclr	Input	PIN_18	1	B1_N2
	altera_reserved_tck	Input			
	altera_reserved_tdi	Input			
	altera_reserved_tdo	Output			
	altera_reserved_tms	Input			
	Clock	Input	PIN_152	6	B6_N3
	Input	Input	PIN_21	1	B1_N3
	Output[7]	Output	PIN_146	5	B5_N0
	Output[6]	Output	PIN_145	5	B5_N0
	Output[5]	Output	PIN_144	5	B5_N0
	Output[4]	Output	PIN_143	5	B5_N0
	Output[3]	Output	PIN_162	6	B6_N3
	Output[2]	Output	PIN_161	6	B6_N3
	Output[1]	Output	PIN_160	6	B6_N3
	Output[0]	Output	PIN_159	6	B6_N3

图 24-29   例 24-1 引脚配置

下载完成后，接适当的时钟并设置 Input 和 aclr 为高电平，用逻辑分析仪测量的结果如图 24-30 所示，接 DAC 后用示波器看到的结果如图 24-31 所示。

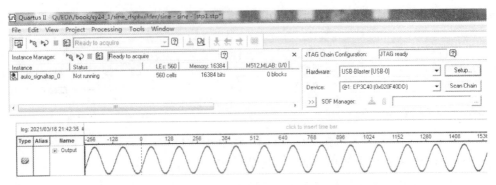

图 24-30　例 24-1 在嵌入式逻辑分析仪看到的结果

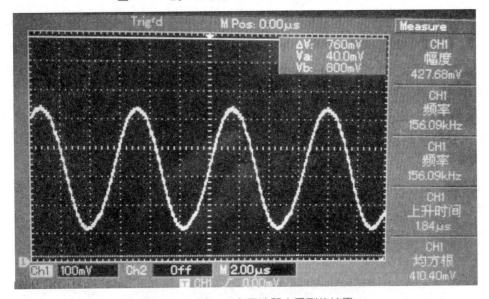

图 24-31　例 24-1 在示波器中看到的结果

24.3　项目实践练习

练习例 24-1。

24.4　项目设计性作业

为例 24-1 增加锯齿波,可选择输出正弦或锯齿波。

24.5　项目知识要点

(1)DSP Builder。

(2)在 Matlab 中设置工作目录。

(3)建立模型。

(4)模块参数设置。

(5)模型文件的仿真和下载验证。

24.6　项目拓展训练

总结使用 DSP Builder 进行设计的流程。

项目 25 字符型 LCD 控制电路设计

25.1 教学目的

(1)学习 LCM1602 模块的原理。

(2)学习液晶显示驱动控制器 HD44780 的使用方法。

(3)学习使用存储器实现对 LCM1602 的显示控制。

25.2 字符型 LCD 显示控制电路的 Verilog 设计

一、字符型 LCM1602

1. LCM1602 模块的引脚

液晶显示模块(LCM)是指由液晶显示器(LCD)、控制与驱动、印制电路板(PCB)、连接件和背光源等装配构成的液晶显示组件。LCM1602 模块常见的引脚如图 25-1 所示。

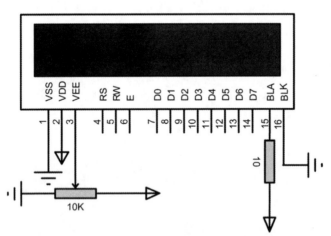

VSS:电源地信号引脚。   VDD:电源信号引脚。   D0~D7:数据总线引脚。

BLA:背光电源引脚。   BLK:背光电源地引脚。

VEE:液晶对比度调节引脚,接 0~5 V 以调节液晶的显示对比度。

RS:寄存器选择引脚。RS=1 时为数据寄存器;RS=0 时为指令寄存器。

RW:读写选择引脚。RW=1 时,选择读操作;RW=0 时,选择写操作。

E:读写操作使能引脚。下降沿时,数据被写入 1602 液晶;E=1 时,对 1602 液晶进行读数据操作。

图 25-1 LCM1602 常用连接图

2. 字符型液晶的显示驱动控制器

字符型液晶 LCM1602 最常用的显示驱动控制器是 HD44780 或其兼容品,与扩展类液晶显示驱动器如 HD44100 连接在一起可以驱动 16 像素×400 像素的液晶屏,可在屏上显示 7×5 或 10×5 点阵字符。由于每个字符均为 5 列,因此最多能显示 80 个字符,可设置成 1 行或 2 行显示,如设置为 2 行显示,则每行显示 40 个字符。

HD44780U 的内部结构框架如图 25-2 所示。行驱动(common signal driver)产生 16 行液晶屏的驱动信号。列驱动(segment signal driver)产生 40 列(前 8 个字符)液晶屏的驱动信号,其余字符的列驱动由串行列显示数据输出端 D 和扩展驱动器完成。M 为交流驱动控制端。V1～V5 为行和列分时段的驱动电压值。CL1 为列数据锁存时钟信号输出端。CL2 为列数据位移时钟信号输出端。OSC1 和 OSC2 为晶体振荡器时钟的输入和输出端。

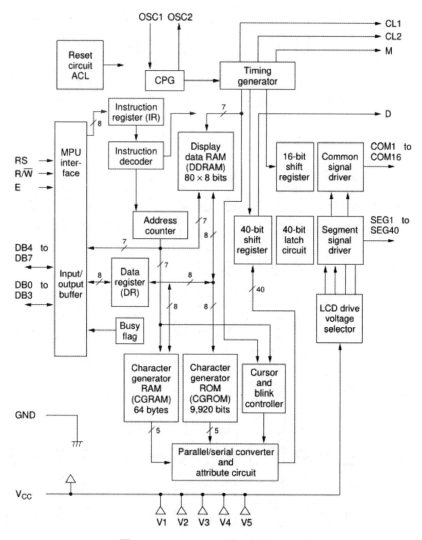

图 25-2　HD44780U 的内部原理框图

　　时序发生器(timing generator)负责产生内部使用的各种时序控制信号。光标闪烁控制电路(cursor and blink controller)负责产生光标,控制字符闪烁。HD44780U 拥有 80×8 bit(80 B)的双倍速率随机存储器(DDRAM)。DDRAM 用于存储当前所要显示字符的字符代码。其中 80 B 的位置与显示屏上要显示字符的位置一一对应,也就是说可以显示 80 个字符,但 1602(2 行,每行显示 16 个字符)只用到其中 32 个字符,即 00H～0FH(第 1 行)和 40H～4FH(第 2 行)。HD44780U 的字符发生器(character generator)负责将 DDRAM 字符代码变成屏幕上显示的字符点阵。HD44780U 内置 2 种字符发生器,一种是 CGROM,另一种是 CGRAM。CGROM 内部已经固化字模库,由显存中的字符代码在字模库中找到对应的字模,然后送出字模给驱动器,屏幕上即显示相应的字符。A02 型 ROM 字符代码和屏幕显示字符对应关系如图 25-3 所示。

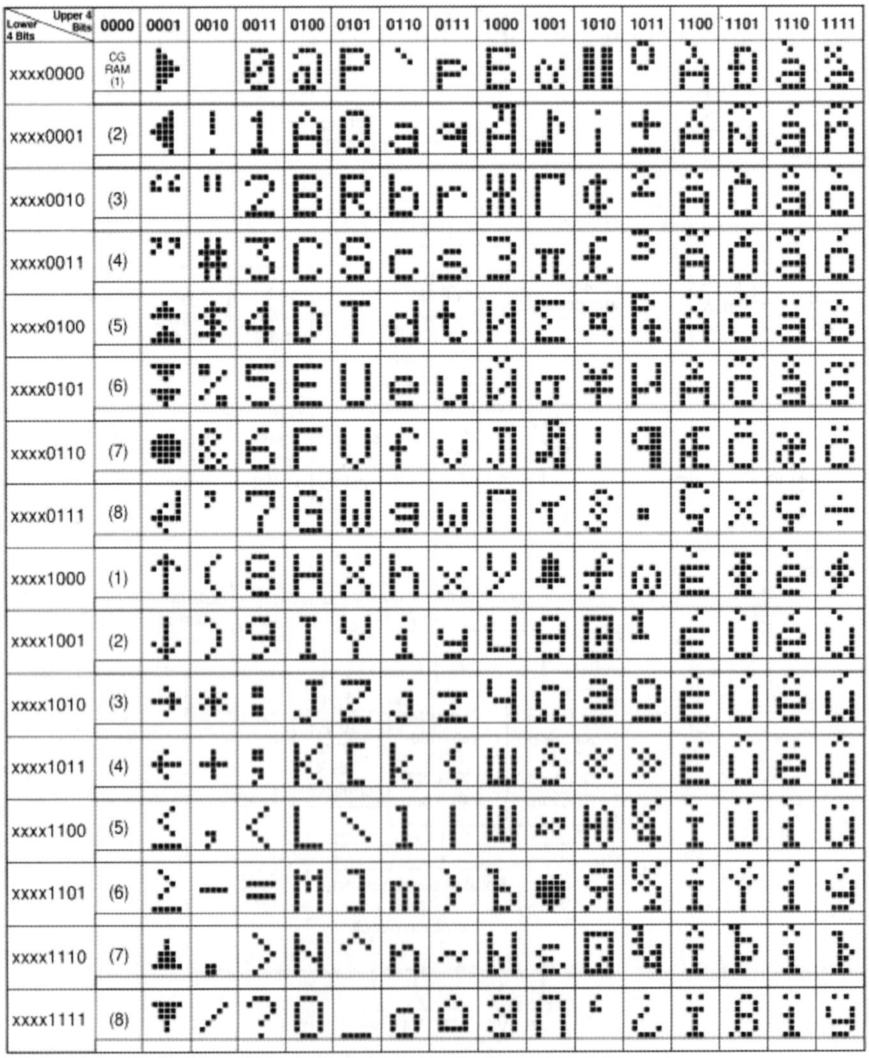

图 25-3　HD44780U(A02 型 ROM)字符代码

一个字符代码由 8 位组成,图 25-3 第一行中的代码为字符代码的高 4 位,第一列代码中 xxxx 用第一行对应列的代码替换,如显示 0 则送 30H 到显存,1 对应字符代码为 31H。图 25-3 中字符代码 00H～0FH 是用户自定义字符的代码,其中字符代码 00H 与 08H 在屏幕上显示的是同一字符。同样,字符代码 01H 与 09H 显示的也是同一字符。以此类推,用户最多能自定义 8 个字符。CGRAM 用于保存用户自定义的字模,一共有 64 B 的空间,地址为 00H～3FH,每个字节空间的高 3 位不用,它可以生成 8 个 5×8 点阵或 4 个 5×11 点阵的自定义字符。如果构造的是 5×8 点阵,则每 8 B 组成一个字符的字模;如果构造的是 5×11 点阵,则每 16 B 组成一个字符的字模,但有 5 B 未用到。用户自定义字符代码与 CGRAM 中字模数据存储地址的对应关系如表 25-1 所示。

表 25-1　用户自定义字符代码与 CGRAM 中字模数据存储地址的关系

5×8 点阵字符		5×11 点阵字符	
字符代码	字模存储地址	字符代码	字模存储地址
00H(08H)	00H～07H	00H(08H)	00H～0FH
01H(09H)	08H～0FH	01H(09H)	10H～1FH
02H(0AH)	10H～17H	02H(0AH)	20H～2FH
03H(0BH)	18H～1FH	03H(0BH)	30H～3FH
04H(0CH)	20H～27H		
05H(0DH)	28H～2FH		
06H(0EH)	30H～37H		
07H(0FH)	38H～3FH		

【例 25-1】　用 5×8 点阵构造汉字"年""月"和"日",其字符代码分别为 00H(08H)、01H(09H)和 02H(0AH)。

表 25-2　年、月、日 5×8 点阵字模在 CGRAM 中的存储情况

单元地址	单元数据	屏的显示效果	单元地址	单元数据	屏的显示效果	单元地址	单元数据	屏的显示效果
00H	08H	□■□□□	08H	0FH	□■■■■	10H	0FH	□■■■■
01H	0FH	□■■■■	09H	09H	□■□□■	11H	09H	□■□□■
02H	12H	■□□■□	0AH	0FH	□■■■■	12H	09H	□■□□■
03H	0FH	□■■■■	0BH	09H	□■□□■	13H	0FH	□■■■■
04H	0AH	□■□■□	0CH	0FH	□■■■■	14H	09H	□■□□■
05H	1FH	■■■■■	0DH	09H	□■□□■	15H	09H	□■□□■
06H	02H	□□□■□	0EH	13H	■□□■■	16H	0FH	□■■■■
07H	02H	□□□■□	0FH	00H	□□□□□	17H	00H	□□□□□

地址计数器(AC)的值由用户在指令中输入,它是 DDRAM 和 CGRAM 共用的地址计数器,指示当前 DDRAM 或 CGRAM 的地址。AC 可以设置为自动加 1 或减 1 的方式,这样对 DDRAM 和 CGRAM 读写一次后 AC 值会自动加 1 或减 1。

与微机接口的有指令寄存器(IR)、数据寄存器(DR)、I/O 缓冲器和"忙"标志(BF)等。"忙"标志 BF 触发器的状态表示控制器当前是否可以接收微处理发来的数据,因此在给控制器送数据之前一般先要检测"忙"标志 BF 触发器的状态,以确保送出的数据能被控制器接收。表 25-3 是寄存器读写、BF 读写与 RS 和 R/$\overline{\text{W}}$的关系。

表 25-3　寄存器的读写选择

RS	R/$\overline{\text{W}}$	操作
0	0	写寄存器 IR
0	1	读忙标志(DB7)和地址记数值(DB0－DB6)
1	0	写寄存器 DR(DR 写到 DDRAM 或 CGRAM)
1	1	读寄存器 DR(从 DDRAM 或 CGRAM 读数据到 DR)

HD44780U 的读写时序如图 25-4 和图 25-5 所示,相关参数及要求如表25-4 和表 25-5 所示。

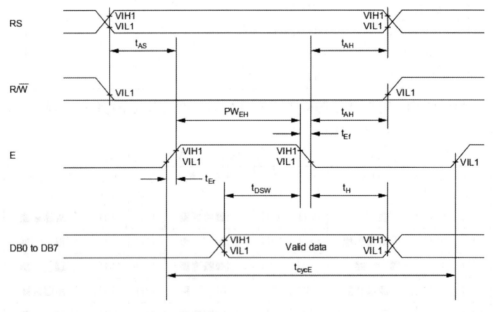

图 25-4　HD44780U 写时序

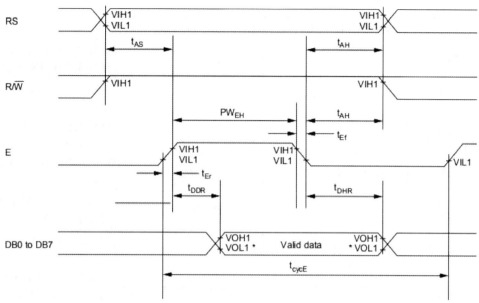

Note: * VOL1 is assumed to be 0.8 V at 2 MHz operation.

图 25-5　HD44780U 读时序

表 25-4　写操作的时间要求

名称	符号	最短时间/ns	最长时间/ns
enable cycle time	t_{cycE}	500	—
enable pulse width(high level)	PW_{EH}	230	—
enable rise/fall time	t_{Er} , t_{Ef}	—	20
address set-up time(RS,R/W to E)	t_{AS}	40	—
address hold time	t_{AH}	10	—
data set-up time	t_{DSW}	80	—
data hold time	t_H	10	—

表 25-5　读操作的时间要求

名称	符号	最短时间/ns	最长时间/ns
enable cycle time	t_{cycE}	500	—
enable pulse width(high level)	PW_{EH}	230	—
enable rise/fall time	t_{Er} , t_{Ef}	—	20
address set-up time(RS,R/W to E)	t_{AS}	40	—
address hold time	t_{AH}	10	—
data delay time	t_{DDR}	—	160
data hold time	t_{DHR}	5	—

HD44780U 的指令如表 25-6 所示。

表 25-6   HD44780U 指令表

指令	RS	R/$\overline{W}$	D7	D6	D5	D4	D3	D2	D1	D0	功能
清屏	0	0	0	0	0	0	0	0	0	1	清除整个显示,设置显存 DDRAM 的地址为 0
归 home 位	0	0	0	0	0	0	0	0	1	—	设置显存 DDRAM 的地址为 0
输入模式选择	0	0	0	0	0	0	0	1	I/D	S	设置光标移动方向和显示移动
显示开关	0	0	0	0	0	0	1	D	C	B	控制画面、光标和闪烁的开关
光标或画面移动	0	0	0	0	0	1	S/C	R/L	—	—	显示内容不变,只是移动光标或画面
功能设置	0	0	0	0	1	DL	N	F	—	—	设置接口数据宽度、显示行数和字体
设置 CGRAM 地址	0	0	0	1	ACG	ACG	ACG	ACG	ACG	ACG	在发送和接收数据前设置 CGRAM 地址
设置 DDRAM 地址	0	0	1	ADD	ADD	ADD	ADD	ADD	ADD	ADD	在发送和接收数据前设置 DDRAM 地址
读忙标志和地址	0	1	BF	AC	AC	AC	AC	AC	AC	AC	读忙标志和当前地址计数器 AC 的值
写数据	1	0	数据								写数据到 DDRAM 或 CGRAM
读数据	1	1	数据								从 DDRAM 或 CGRAM 读数据

I/D=1:增加;I/D=0:减少。S=1:允许滚动。

D=1:开显示。C=1:光标显示。B=1:闪烁显示启用。

S/C=1:显示移动;S/C=0:光标移动。R/L=1:向右移;R/L=0:向左移。

DL=1:8 位数宽度;DL=0:4 位数据宽度。N=1:2 行;N=0:1 行。F=1:5×10 字体;F=0:5×8 字体。

ACG:CGRAM 地址值。

ADD:DDRAM 地址值。

BF=1:内部操作;BF=0:可接收指令。

AC:地址计数器的值。

3. LCM1602 的初始化流程

(1)模块上电后要等 40 ms 以上,内部控制器的电压才能达到正常值。

(2)设置数据的位宽,设置完成后等待一段时间才能生效。

(3)设置相关参数,完成初始化。

(4)打开显示。

二、应用举例

【例 25-2】 使用 LCM1602 显示日期。

```verilog
module LCD1602(clock,data,reset,E,wren,q);
    inputclock,reset,wren;
    input[9:0]  data;
    output  E;
    output[9:0]  q;
    reg  [5:0]  address;
    wire ena;
    always @(posedge clock or negedge reset)
       begin
          if (! reset)   address <=6'h0;
          else if (ena)   address <=address+1'b1;
       end
    assign ena=((address<63)&&reset)? 1:0;
    assign E=ena&(~clock);
    wire [9:0]  sub_wire0;
    wire [9:0]  q=sub_wire0[9:0];
    altsyncramaltsyncram_component(
          .wren_a(wren),
          .clock0(clock),
          .address_a(address),
          .data_a(data),
          .q_a(sub_wire0),
          .aclr0(1'b0),
          .aclr1(1'b0),
          .address_b(1'b1),
          .addressstall_a(1'b0),
          .addressstall_b(1'b0),
          .byteena_a(1'b1),
          .byteena_b(1'b1),
          .clock1(1'b1),
          .clocken0(1'b1),
          .clocken1(1'b1),
          .clocken2(1'b1),
          .clocken3(1'b1),
          .data_b(1'b1),
```

```
        . eccstatus(),
        . q_b(),
        . rden_a(1'b1),
        . rden_b(1'b1),
        . wren_b(1'b0));
    defparam
        altsyncram_component. clock_enable_input_a="BYPASS",
        altsyncram_component. clock_enable_output_a="BYPASS",
        altsyncram_component. init_file="LCDRAM. mif",
        altsyncram_component. intended_device_family="Cyclone III",
        altsyncram_component. lpm_hint="ENABLE_RUNTIME_MOD=NO",
        altsyncram_component. lpm_type="altsyncram",
        altsyncram_component. numwords_a=64,
        altsyncram_component. operation_mode="SINGLE_PORT",
        altsyncram_component. outdata_aclr_a="NONE",
        altsyncram_component. outdata_reg_a="UNREGISTERED",
        altsyncram_component. power_up_uninitialized="FALSE",
        altsyncram_component. read_during_write_mode_port_a="DONT_CARE",
        altsyncram_component. widthad_a=6,
        altsyncram_component. width_a=10,
        altsyncram_component. width_byteena_a=1;
    endmodule
```

本例使用存储器存储要向 LCM1602 写的指令和数据序列,每个存储器单元的位宽为 10 位,数据排列顺序与表 25-6 相同,即低 8 位用于存储 D7～D0 的值,最高 2 位用于存储 RS 和 R/$\overline{\text{W}}$ 的值,存储器的初始化文件 LCDRAM. mif 的具体内容及含义如表 25-7 所示。

表 25-7　存储器初始化文件 LCDRAM. mif 的内容及含义

初始化文件内容	含义
WIDTH=10;	定义存储单元宽度为 10 位
DEPTH=64;	定义 64 个存储单元
ADDRESS_RADIX=UNS;	地址使用无符号的十进制数表示
DATA_RADIX=HEX;	单元数据使用十六进制数表示
CONTENT BEGIN	
0　:　03X;	指令:设置数据宽度为 8 位
1　:　038;	指令:设置 2 行显示,字模为 5×8
2　:　006;	指令:AC 为加 1 计数,禁止画面滚动
3　:　040;	指令:设置 CGRAM 地址为 0,准备写
4　:　208;	数据:向 CGRAM 的 0 单元写入 08H
5　:　20F;	数据:向 CGRAM 的 1 单元写入 0FH
6　:　212;	数据:向 CGRAM 的 2 单元写入 12H

初始化文件内容	含义
7 : 20F;	数据:向 CGRAM 的 3 单元写入 0FH
8 : 20A;	数据:向 CGRAM 的 4 单元写入 0AH
9 : 21F;	数据:向 CGRAM 的 5 单元写入 1FH
[10..11] : 202;	数据:向 CGRAM 的 6、7 单元写入 02H
12 : 20F;	数据:向 CGRAM 的 8 单元写入 0FH
13 : 209;	数据:向 CGRAM 的 9 单元写入 09H
14 : 20F;	数据:向 CGRAM 的 10 单元写入 0FH
15 : 209;	数据:向 CGRAM 的 11 单元写入 09H
16 : 20F;	数据:向 CGRAM 的 12 单元写入 0FH
17 : 209;	数据:向 CGRAM 的 13 单元写入 09H
18 : 213;	数据:向 CGRAM 的 14 单元写入 13H
19 : 200;	数据:向 CGRAM 的 15 单元写入 00H
20 : 20F;	数据:向 CGRAM 的 16 单元写入 0FH
[21..22] : 209;	数据:向 CGRAM 的 17、18 单元写入 09H
23 : 20F;	数据:向 CGRAM 的 19 单元写入 0FH
[24..25] : 209;	数据:向 CGRAM 的 20、21 单元写入 09H
26 : 20F;	数据:向 CGRAM 的 22 单元写入 0FH
27 : 200;	数据:向 CGRAM 的 23 单元写入 00H
28 : 080;	指令:设置 DDRAM 地址为 0,准备写第一行的 16 个字符
29 : 00F;	指令:打开显示,光标闪烁
[30..31] : 220;	数据:向 DDRAM 的 0、1 单元写入 20H(显示"空格")
32 : 232;	数据:向 DDRAM 的 2 单元写入 32H(显示数字"2")
33 : 230;	数据:向 DDRAM 的 3 单元写入 30H(显示数字"0")
34 : 232;	数据:向 DDRAM 的 4 单元写入 32H(显示数字"2")
35 : 231;	数据:向 DDRAM 的 5 单元写入 31H(显示数字"1")
36 : 200;	数据:向 DDRAM 的 6 单元写入 00H(显示"年")
37 : 230;	数据:向 DDRAM 的 7 单元写入 30H(显示数字"0")
38 : 233;	数据:向 DDRAM 的 8 单元写入 33H(显示数字"3")
39 : 201;	数据:向 DDRAM 的 9 单元写入 01H(显示"月")
40 : 232;	数据:向 DDRAM 的 10 单元写入 32H(显示数字"2")
41 : 235;	数据:向 DDRAM 的 11 单元写入 35H(显示数字"5")
42 : 202;	数据:向 DDRAM 的 12 单元写入 02H(显示"日")
[43..45] : 220;	数据:向 DDRAM 的 13、14、15 单元写入 20H(显示"空格")
46 : 0C0;	指令:设置 DDRAM 地址为 40,准备写第二行的 16 个字符
[47..49] : 277;	数据:向 DDRAM 的 40、41、42 单元写入 77H(显示"w")
50 : 22E;	数据:向 DDRAM 的 43 单元写入 2EH(显示".")
51 : 261;	数据:向 DDRAM 的 44 单元写入 61H(显示"a")
52 : 268;	数据:向 DDRAM 的 45 单元写入 68H(显示"h")
53 : 273;	数据:向 DDRAM 的 46 单元写入 73H(显示"s")
54 : 274;	数据:向 DDRAM 的 47 单元写入 74H(显示"t")
55 : 275;	数据:向 DDRAM 的 48 单元写入 75H(显示"u")
56 : 22E;	数据:向 DDRAM 的 49 单元写入 2EH(显示".")
57 : 265;	数据:向 DDRAM 的 50 单元写入 65H(显示"e")
58 : 264;	数据:向 DDRAM 的 51 单元写入 64H(显示"d")
59 : 275;	数据:向 DDRAM 的 52 单元写入 75H(显示"u")

续表

初始化文件内容	含义
60 : 22E;	数据：向 DDRAM 的 53 单元写入 2EH（显示"."）
61 : 263;	数据：向 DDRAM 的 54 单元写入 63H（显示"c"）
62 : 26E;	数据：向 DDRAM 的 55 单元写入 6EH（显示"n"）
63 : 220;	数据：向 DDRAM 的 56 单元写入 1FH（用于填满存储器）
END;	

在时钟的上升沿从存储器取数据送 LCM1602，E 在时钟的下降沿拉高而在下一个时钟信号的上升沿再拉低，具体仿真结果如图 25-6 所示，这样在时钟频率不高的情况能满足图 25-4 和图 25-5 的时序要求。

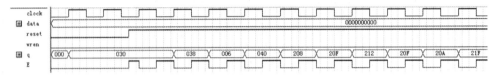

图 25-6 例 25-2 仿真结果

使用 EP3C40Q240C8N 实验箱验证，引脚配置如图 25-7 所示。

		Node Name	Direction	Location
1		E	Output	PIN_87
2		clock	Input	PIN_152
3		data[9]	Input	PIN_37
4		data[8]	Input	PIN_22
5		data[7]	Input	PIN_55
6		data[6]	Input	PIN_52
7		data[5]	Input	PIN_51
8		data[4]	Input	PIN_50
9		data[3]	Input	PIN_49
10		data[2]	Input	PIN_46
11		data[1]	Input	PIN_45
12		data[0]	Input	PIN_44
13		q[9]	Output	PIN_83
14		q[8]	Output	PIN_84
15		q[7]	Output	PIN_103
16		q[6]	Output	PIN_100
17		q[5]	Output	PIN_99
18		q[4]	Output	PIN_98
19		q[3]	Output	PIN_95
20		q[2]	Output	PIN_94
21		q[1]	Output	PIN_93
22		q[0]	Output	PIN_88
23		reset	Input	PIN_43
24		wren	Input	PIN_41

图 25-7 例 25-2 引脚配置

配置完成后重新编译,断电条件下接上 LCM1602 后下载,下载后复位键置高电平,其他键均为低电平,这时会显示如图 25-8 所示结果。

图 25-8　例 25-2 下载验证结果

25.3　项目实践练习

练习例 25-2。

25.4　项目设计性作业

参考例 25-2,自行设计一个能定时刷新显示的 LCM1602 接口电路。

25.5　项目知识要点

(1)LCM1602 模块和显示驱动控制器。
(2)HD44780 的读写时序。
(3)HD44780 的指令。
(4)HD44780 的 DDRAM 和 CRRAM 读写。

25.6　项目拓展训练

设计一个计数器,要求使用 LCM1602 模块显示计数结果。

项目 26　点阵型 LCD 控制电路设计

26.1　教学目的

(1)学习点阵型 LCM 的原理。

(2)学习 KS0108 控制器的使用方法。

(3)学习使用状态机控制点阵型 LCD12864 的显示。

26.2　点阵型 LCD 控制电路的 Verilog 设计

一、设计中用到的原理

1. LCM12864 结构组成

点阵型液晶驱动控制器类型比较多,常用于 LCM12864(有 64 行、128 列的点阵)的有东芝(Toshiba)公司的 T6963C,夏普(Sharp)公司的 SED1565 和三星(Samsung)公司的 KS0108 等。下面以 KS0108 为例阐述这种显示控制器的使用方法。

Samsung 公司的 KS0108 是一种列驱动控制器,每块可驱动 64 列,需要相应的行驱动控制器 KS0107 协同工作才能完成对屏幕像素的显示控制。要实现对屏幕上 128 像素×64 像素的控制,需要 1 块 KS0107 负责 64 行的驱动控制,需要 2 块 KS0108 级联负责 128 列的驱动控制。

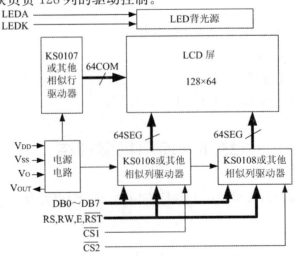

图 26-1　常见点阵型液晶显示器结构图

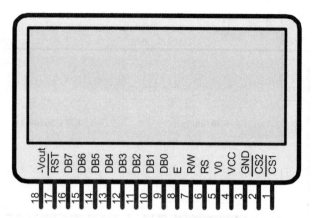

GND:电源地信号。　　　　　　　　　　VCC:电源引脚+5 V。

D0~D7:数据总线引脚。　　　　　　　　BLA:背光电源引脚。

Vout:内部负电压输出端,常与 VCC 接可调电位器的固定端,用于调节对比度。

VO:屏对比度调节引脚,接可调电位器的调节端,改变输入电压调节对比度。

RS:指令数据选择引脚。RS=1 时为数据;RS=0 时为指令。

RW:读写选择引脚。RW=1 时,选择读操作;RW=0 时,选择写操作。

$\overline{\text{RST}}$:复位引脚,低电平有效。

$\overline{\text{CS1}}$,$\overline{\text{CS2}}$:列驱动器使能引脚,片选使能。

E:读写操作使能引脚,E=1 时可读写液晶,在 E 的下降沿时生效。

图 26-2　常见点阵型液晶显示模块的引脚及功能

2. 指令

KS0108 的指令共 7 条,如表 26-1 所示。

表 26-1　KS0108 指令表

指令	RS	R/$\overline{\text{W}}$	DB7	DB6	DB5	DB4	DB3	DB2	DB1	DB0	功能
显示开关	0	0	0	0	1	1	1	1	1	0/1	DB0 为 0 关显示,1 开显示
设置地址	0	0	0	1	\multicolumn{6}{c}{Y 地址(0~63)}					设置列地址计数器的值
设置页 (x 地址)	0	0	1	0	1	1	1	\multicolumn{3}{c}{页(0~7)}			设置页地址计数器的值
显示开始行	0	0	1	1	\multicolumn{6}{c}{显示开始行(0~63)}					指定顶层开始行的显示内容
状态读	0	1	BUSY	0	ON/ OFF	RESET	0	0	0	0	BUSY 位为 1 表示忙;ON/ OFF 位为 0 表示显示开; RESET 位为 1 表示复位状态
写数据	1	0	\multicolumn{8}{c}{数据}								写数据到 DDRAM,写完后 Y 地址自动增加 1
读数据	1	1	\multicolumn{8}{c}{数据}								从 DDRAM 读数据到总线上

3. 显存与屏幕像素的对应关系

每块 KS0108 内部含有 4096(64×64)bit 的显存,128 像素×64 像素与 2 块 KS0108 显存的对应关系如图 26-3 所示。显存中的内容就是屏幕上显示的内容,若在显存对应位置存储 1,则在屏幕对应点显示一个点。由图中的对应关系可知,写进 KS0108 的每一个字节的数据被放在每一页的一列中,而且低位在上,高位在下。每页对应屏幕上 8 行。

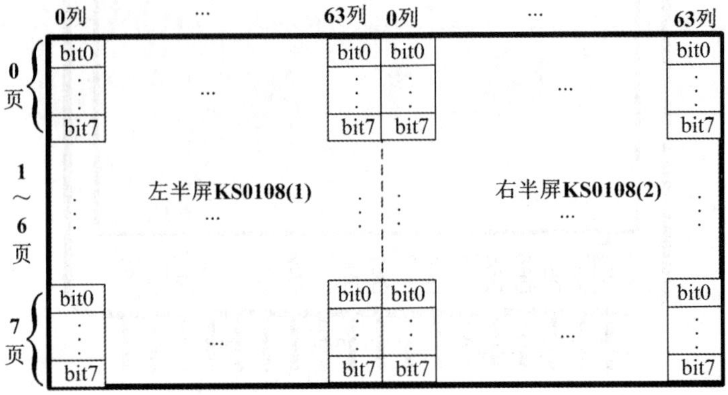

图 26-3   128 像素×64 像素与驱动器、页、列及数据位的关系

4. 读写时序

KS0108 的读写采用 6800 时序,具体时序如图 25-4 和图 25-5 所示。

二、应用实例

【例 26-1】   使用 LCM12864 显示图形。

1. 设计思路

使用状态机设计,共设 7 个工作状态:S0,打开液晶显示;S1,设置显示起始行;S2,设置数据要写的页;S3,设置数据要写的列;S4,写数据到左边屏;S5,写数据到右边屏;S6,液晶写完成。

本例中未考虑读液晶状态和液晶数据的状态,如果要增加这 2 个状态,需要设置与液晶数据端连接的端口为双向端口。各状态之间的转化关系如图 26-4 所示。

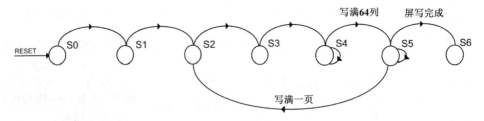

图 26-4   例 26-1 的状态转化关系

本例采用 ROM(1024×8)存储屏幕初始化的显示数据,即使用 1024 个存储单元,每个存储单元 8 位宽度,每个存储单元存放每页上每列的 8 行数据,数据位与像素的关系如图 26-3 所示。ROM 中的数据,可以先用画图软件建一个 128×64 的位图(BMP),通过一些取模程序取得图像的数据,然后再按图 15-5 的方法生成存储器初始化 HEX 文件。

2. 写时序

从图 25-4 的写时序图中可以看出，在 E 变高电平前需要把数据放在数据线上，E 为高电平要维持一段时间，E 变低电平后数据也要保持一段时间。设整个电路的输入时钟为 CLK，数据读写时钟为 CLKM，数据使能为 E，可以采用图 26-5 所示方法得到 CLKM 和 E，即为了实现这一时序，采用对输入的时钟分频得到数据的读写信号和 E 信号。CLK 四分频得到 CLKM，即在第三个 CLK 时钟的上升沿 CLKM 变低电平，在第五个 CLK 的上升沿变回高电平。E 在第三个 CLK 的上升沿变高电平，在第四个 CLK 的上升沿变回低电平。要写的数据在 CLKM 的上升沿时放数据线，两个 CLK 时钟后将 E 拉高，E 在高电平维持一个 CLK 时钟后变低电平，数据维持到下一个 CLKM 的上升沿。

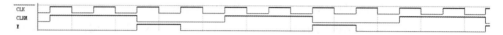

图 26-5　CLK、CLKM 和 E 的时序关系

3. 设计代码

```
module   LCD12864(CLK,RESET,DB,CS1,CS2,E,RW,RS)；
    input CLK,RESET；
    output [7:0]   DB；
    reg [7:0]   DB；
    output CS1,CS2,E,RW,RS；
    reg CS1,CS2,RW,RS；
    reg [2:0]   PAGE；
    reg [9:0]   AD_RAM；
    parameter S0=3'b000,S1=3'b001,S2=3'b010,S3=3'b011；
    parameter S4=3'b100,S5=3'b101,S6=3'b110；
    reg[6:0]   C_ST,N_ST；
    ( * synthesis,keep * )   wire CLKM；
    reg [1:0]   CNT；
    always @(posedge CLK or negedge RESET)
        begin
            if(! RESET)   CNT <=2'h0；
            else CNT <=CNT+1'b1；
        end
    assign E=(CNT==2) ? 1:0；
    assign CLKM=((CNT<2)&&RESET)? 1:0；
    always @(posedge CLKM or negedge RESET)
        begin
            if(! RESET)   C_ST <=S0；
```

```verilog
                else   C_ST <= N_ST;
            end
    always @( * )
        begin
        case (C_ST)
                S0: N_ST <= S1;
                S1: N_ST <= S2;
                S2: N_ST <= S3;
                S3: N_ST <= S4;
                S4: if((AD_RAM+1'b1)%64==0)   N_ST <= S5;
                    else   N_ST <= S4;
                S5: if(AD_RAM==1023)   N_ST <= S6;
                    else if ((AD_RAM+1'b1)%128==0)   N_ST <= S2;
                    else N_ST <= S5;
                S6: N_ST <= S6;
                default: N_ST <= S6;
        endcase
        end
    always @( * )
    begin
        case(C_ST)
            S0: begin CS1 <= 1'b1; CS2 <= 1'b1; RS <= 1'b0; RW <= 1'b0; DB <= 8'h3F; end
            S1: begin CS1 <= 1'b1; CS2 <= 1'b1; RS <= 1'b0; RW <= 1'b0; DB <= 8'hC0; end
            S2: begin
                    CS1 <= 1'b1; CS2 <= 1'b1; RS <= 1'b0; RW <= 1'b0;
                    if(AD_RAM<127)DB <= 8'hB8;
                    else DB <= 8'hB8+PAGE;
                end
            S3: begin CS1 <= 1'b1; CS2 <= 1'b1; RS <= 1'b0; RW <= 1'b0; DB <= 8'h40; end
            S4: begin CS1 <= 1'b0; CS2 <= 1'b1; RS <= 1'b1; RW <= 1'b0; DB <= q; end
            S5: begin CS1 <= 1'b1; CS2 <= 1'b0; RS <= 1'b1; RW <= 1'b0; DB <= q; end
            S6: begin CS1 <= 1'b1; CS2 <= 1'b0; RS <= 1'b0; RW <= 1'b1; end
            default: begin CS1 <= 1'b1; CS2 <= 1'b0; RS <= 1'b0; RW <= 1'b1; end
        endcase
        end
    always @(posedge CLKM or negedge RESET)
        begin
            if (! RESET)   AD_RAM=10'h0;
```

```
        else if((C_ST==S4)||(C_ST==S5))   AD_RAM=AD_RAM+1'b1;
        else AD_RAM=AD_RAM;
      end
  always @( * )
    begin
      if(AD_RAM<127)PAGE<=0;
      else if((AD_RAM>=127)&&(AD_RAM<255))   PAGE<=1;
      else if((AD_RAM>=255)&&(AD_RAM<383))   PAGE<=2;
      else if((AD_RAM>=383)&&(AD_RAM<511))   PAGE<=3;
      else if((AD_RAM>=511)&&(AD_RAM<639))   PAGE<=4;
      else if((AD_RAM>=639)&&(AD_RAM<767))   PAGE<=5;
      else if((AD_RAM>=767)&&(AD_RAM<895))   PAGE<=6;
      else if(AD_RAM>=895)   PAGE<=7;
      else if(AD_RAM==1023)   PAGE<=0;
      else PAGE<=PAGE;
    end
  wire [7:0]  q;
M12864   M12864_inst(. address((AD_RAM-1'b1)),. clock(CLKM),. q(q));
endmodule
```

代码中的 M12864 是利用参数宏生成的 ROM，AD_RAM 为存储器地址，利用计数器产生。存储器每送出一个数据到液晶屏，AD_RAM 增加 1，利用 AD_RAM 的值判断控制器及页，在换页时暂停 AD_RAM 的计数，换页后重新设置列地址为 0，这时 AD_RAM 继续计数直到写满一屏时结束。

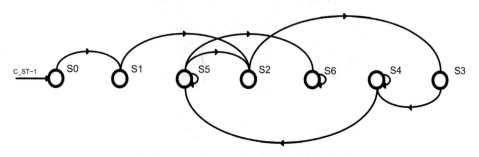

图 26-6　例 26-1 综合后的状态转化图

4. 仿真验证

例 26-1 仿真验证结果如图 26-7～图 26-9 所示。其中，图 26-7 展示了开始时段的运行结果，图 26-8 展示了整个过程的状态转化关系及页的变化等情况，图 26-9 展示了换页时的时序、指令及状态等。

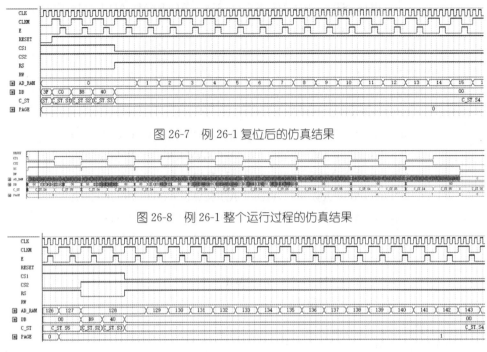

图 26-7　例 26-1 复位后的仿真结果

图 26-8　例 26-1 整个运行过程的仿真结果

图 26-9　例 26-1 换页时的仿真结果

5. 引脚配置

CLK 与 RESET 可自由选配，其余引脚需要与实验设备上图形液晶模块接口一一对应，本例采用 EP3C40Q240C8N 实验箱，引脚配置如 26-10 所示。

Node Name	Direction	Location
CLK	Input	PIN_152
CS1	Output	PIN_103
CS2	Output	PIN_100
DB[7]	Output	PIN_99
DB[6]	Output	PIN_98
DB[5]	Output	PIN_95
DB[4]	Output	PIN_94
DB[3]	Output	PIN_93
DB[2]	Output	PIN_88
DB[1]	Output	PIN_87
DB[0]	Output	PIN_84
E	Output	PIN_83
RESET	Input	PIN_43
RS	Output	PIN_81
RW	Output	PIN_82

图 26-10　例 26-1 的引脚配置

6. 下载

重新编译，仪器断电后连接好 LCD12864 模块，下载后结果如图 26-11 所示。

图 26-11   例 26-1 下载后的效果

26.3   项目实践练习

练习例 26-1 的内容。

26.4   项目设计性作业

在例 26-1 中加入清屏功能,能实现清屏与图像交替显示。

26.5   项目知识要点

(1)图像液晶显示控制器 KS0107 和 KS0108。
(2)LCM12864 屏像素点的排列。

26.6   项目拓展训练

在 LCM12864 上显示一移动画面。

项目 27 VGA 接口电路设计

27.1 教学目的

(1)学习 VGA 标准。
(2)学习设计 VGA 工作时序电路。
(3)使用 VGA 显示图像。

27.2 VGA 接口电路的 Verilog 设计

一、设计中用到的原理

1. VGA 接口简介

视频图形阵列(VGA)是国际商业机器(IBM)于 1987 年提出的一个使用模拟信号的电脑显示标准接口。电脑显示器的 VGA 接口从阴极射线管(CRT)显示器开始一直沿用至今。VGA 接口的外形像一个字母 D,因此 VGA 接口还被称为 D-Sub 接口,接口共有 15 针,分成 3 排,每排 5 个,引脚编号及名称如图 27-1 所示。与显示控制关系比较密切是图中英文标注的引脚,其中 R、G、B 分别代表要输入的模拟红基色、模拟绿基色和模拟蓝基色,HSYNC 引脚输入行同步控制数字信号,VSYNC 引脚输入场同步控制数字信号。

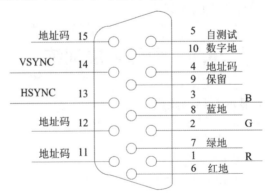

图 27-1 VGA 接口定义

2. VGA 的工作时序

VGA 的工业标准:屏幕像素为 640×480,时钟频率为 25.175 MHz,行频为

31469 Hz,场频为 59.94 Hz。场频是指显示器的垂直扫描频率,即显示图像的刷新频率。也就是说,VGA 屏上的每个像素点每秒刷新 59.94 次。VGA 采用以行为单位的逐点寻址扫描方式,每行扫描均从左边开始到右边结束,行频是指每秒扫描的行数。扫描完所有行(525 行)后完成一场,随后进入下一场,扫描顺序如图 27-2 所示。

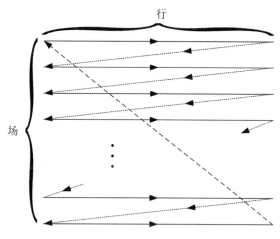

图 27-2　VGA 的逐点扫描顺序

对 CRT 显示器而言,电子枪发射出的电子束从屏幕的左边开始向右扫描(行正程),一行扫完后电子束需从屏幕右边移回左边(行逆程),以便接着扫描下一行。电子束行逆程回到左边时需要对电子束消隐,以防有电子束到达屏幕形成亮点对正常的图像起干扰作用,即行逆程时必须加行消隐信号,以使逆程中电子束不打在屏幕上。同样,完成所有行扫描完之后,电子束需要从右下角回到左上角,此期间须加场消隐信号,防止产生电子束干扰图像的正常显示。VGA 显示与消隐的关系如图 27-3 所示。液晶屏成像原理与 CRT 不同,所以从原理上讲不需要加行和场消隐信号,但 VGA 接口规定了这种消隐信号,因此使用 VGA 接口的液晶屏也需要加上这 2 种消隐信号。

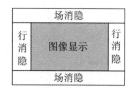

图 27-3　VGA 显示与消隐的关系

VGA 行扫描时序如图 27-4 所示。从图 27-4 可以看出,每写一行数据时,行同步信号(HS)先变低电平,维持 Ta(96 个时钟周期)时间段后变高电平,HS 变高电平等 Tb(40 个时钟周期)时间段后可以开始传送数据,屏幕正式接收显示数据还要再等待 Tc(8 个时钟周期)时间段,传送 640 个点的像素后需要等待 Te(8 个时钟周期)和 Tf(8 个时钟周期)时间段才结束一行的传输。

图 27-4　VGA 行扫描时序

VGA 标准的时钟频率为 25.175 MHz，即每个像素寻址时间（一个时钟周期）T_y 为 $1/25.175\ \mu s$。由图 27-4 可知，扫描每行需要的时间 T_H 为：

$$T_H = Ta + Tb + Tc + Td + Te + Tf$$
$$= (96+40+8+640+8+8)T_y = 800T_y = 800/25.175\ \mu s = 31.778\ \mu s \quad (27-1)$$

VGA 场扫描时序与行比较类似，如图 27-5 所示，不过图中时间段的度量单位为 HS 的周期 T_H。扫描完每场需要的时间 T_v 为：

$$T_v = Ta' + Tb' + Tc' + Td' + Te' + Tf'$$
$$= (2+25+8+480+8+2)T_H = 525T_H = 525 \times 31.778\ \mu s = 16.683\ ms \quad (27-2)$$

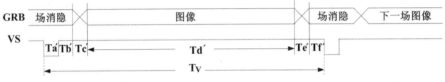

图 27-5　VGA 场扫描时序

3. VGA 与 FPGA 的接口

FPGA 输出的 RGB 为数字信号，而 VGA 接口要求为模拟信号，一般情况下需要采用专用的数模转换芯片，如 ADV7123。有时为了使连接电路简单，FPGA接收发器（如 74HC245）后直接使用电阻网络接 VGA 接口，图 27-6 是这种连接方法的示意图。若 FPGA 送出 6 位宽度的绿色信号，经收发器隔离和增压后通过电阻网络转换化变成 VGA 接口的模拟 G，如选 R 为 0.5 kΩ，那么收发器后的 6 个电阻值分别为 0.5 kΩ、1 kΩ、2 kΩ、4 kΩ、8 kΩ 和 16 kΩ。更简单的方法是收发器接一个电阻后直接连 VGA 的 RGB 接口，但这种接法只能显示 8 种颜色。

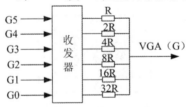

图 27-6　VGA 场扫描时序

二、应用实例

【例 27-1】　通过 FPGA 控制在 VGA 接口的显示器上显示一幅图片。

1. 设计思路

(1)25.175 MHz 的 VGA 时钟通过锁相环对输入的 20 MHz 时钟倍频得到。

(2)通过参数模块调用设计一个 ROM,用于存储要显示的图像数据。设计时要查看实验设备电路图,确定设备每个像素使用的位数,从而确定设计中存储器的位宽。本例存储器使用 3 位宽度,每位代表一种基色。注意:用菜单"Tools→MegaWizard Plug-In Manager"设计存储器器时,系统能设置的数量有限制,生成后需要修改有关参数。本例把生成文件中"address"改为 19 位,"numwords_a"的值改为 307200(640×480),"widthad_a"的值改 19,具体如下:

input[18:0]　address;

altsyncram_component. numwords_a=307200,

altsyncram_component. widthad_a=19,

修改完成后保存文件,在打开该文件的前提下生成可调用的原理图模块。

存储器初始化文件若使用 Quartus 软件建立也有大小限制,这里借助一些专用 MIF 文件生成软件把图片转成存储器的初始化文件。先用画图软件生成一幅640×480 的位图,然后利用位图转 MIF 文件的软件生成 3 位色的存储器初始化文件。

(3)设计一控制模块用于产生存储器的地址、HS 和 VS 控制信号。

以上 3 个模块分别设计并验证成功后生成原理图模块,然后按图 27-7 所示连接各原理图模块。

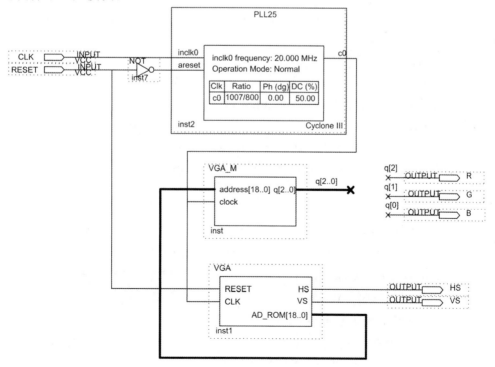

图 27-7　例 27-1 的顶层设计

2. 控制模块的代码

```
module VGA(RESET,CLK,HS,VS,AD_ROM);
    input CLK;  //时钟频率 25.175 MHz
    output HS,VS;  //行同步,场同步
    output[18:0]  AD_ROM;//ROM 地址
    input RESET;        //复位信号,低电平复位
    reg [18:0]  CLK_CNT;  //计数场的时钟
    reg HS,VS;
    reg [18:0]  AD_M;
    always @(posedge CLK or negedge RESET)
        begin
                if(! RESET)   CLK_CNT <=19'd0;
                else if(CLK_CNT<19'd420000)   CLK_CNT <=CLK_CNT+1'b1;
            //小于 1 场时每次加 1,525×800=420000
                else   CLK_CNT <=19'd0;
        end
        //场同步
    always @(posedge CLK or negedge RESET)
        begin
                if(! RESET)   VS <=1'b0;
                else if(CLK_CNT<19'd1600)   VS <=1'b0;   //小于 2x800
                else   VS <=1'b1;
        end
        //行同步
    always @(posedge CLK or negedge RESET)
        begin
                if(! RESET)   HS <=1'b0;
                else if((CLK_CNT%800)<19'd96)   HS <=1'b0;
                else   HS <=1'b1;
        end
        //存储器地址计数使能信号
    wire HDB_EN=((((CLK_CNT%800)<144)||((CLK_CNT%800)>=784))? 0:1;
    wire VDB_EN=((CLK_CNT<35 * 800)||(CLK_CNT>=515 * 800))? 0:1;
    assign AD_ROM=AD_M;
    always @(posedge CLK or negedge RESET)
            begin
                if(! RESET)   AD_M <=19'd0;
                else if(HDB_EN&&VDB_EN)   AD_M <=AD_M+1'b1;
```

$$\text{else if(CLK\_CNT} < 19'\text{d}420000) \quad \text{AD\_M} <= \text{AD\_M};$$

$$\text{else AD\_M} <= 0;$$

end

endmodule

3. 仿真验证

加上锁相环后仿真很慢,因此这里仅对控制模块功能进行仿真验证,如图 27-8～图 27-10 所示。

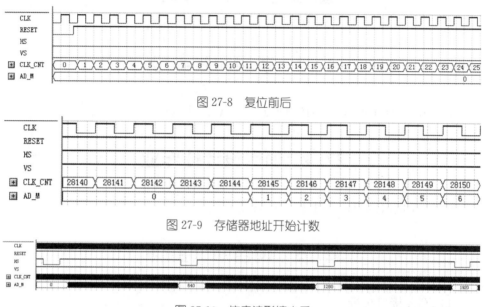

图 27-8　复位前后

图 27-9　存储器地址开始计数

图 27-10　仿真波形缩小后

4. 下载验证

使用 EP3C40Q240C8N 实验箱配置引脚,引脚配置如图 27-11 中所示,配置完成重新编译。

		Node Name	Direction	Location
1		B	Output	PIN_184
2		CLK	Input	PIN_152
3		G	Output	PIN_185
4		HS	Output	PIN_183
5		R	Output	PIN_186
6		RESET	Input	PIN_43
7		VS	Output	PIN_176

图 27-11　例 27-1 引脚配置

在断电的情况下连接好实验线路,检查无误后通电下载,下载后看到的效果(显示画面由存储器内容决定)如图 27-12 所示。

图 27-12 例 27-1 下载后看到的效果

27.3 项目实践练习

练习例 27-1(主要任务是仿真验证 VGA 的时序)。

27.4 项目设计性作业

在 VGA 接口的显示器上显示一移动直线。

27.5 项目知识要点

(1)VGA 接口标准。
(2)VGA 时序。
(3)大容量存储器的设计。

27.6 项目拓展训练

在 VGA 接口的显示器上显示一移动画面。

附　录

附录 1　EDA 技术课程设计性大作业指导

一、目的

通过综合性、设计性的项目设计实践,培养学生综合运用理论知识解决复杂工程技术问题的能力,查阅图书资料和阅读各种工具书的能力,以及撰写设计报告的能力。

二、参考题目

题目 1:交通灯信号控制器的设计

题目 2:数字频率计的设计

题目 3:多功能电子钟电路的设计

题目 4:信号发生器的设计

题目 5:空调系统控制器的设计

题目 6:数控分频器的设计

题目 7:序列检测器的设计

题目 8:带有偶校验位的数据发生器设计

题目 9:竞赛抢答器的设计

题目 10:拔河游戏机的设计

题目 11:彩灯控制器的设计

题目 12:洗衣机控制器的设计

题目 13:出租车计价器的设计

题目 14:音乐播放器的设计

题目 15:十进制硬件乘法器的设计

题目 16:篮球比赛电子记分牌设计

题目 17:模拟停车场管理系统的设计

题目 18:矩阵键盘键信号检测电路设计

题目 19:UART 接口数据发送模块设计

题目 20:UART 接口数据接收模块设计

题目 21：多按键状态识别系统设计

题目 22：加减乘除计算器的设计

题目 23：电风扇控制器的设计

题目 24：电子密码锁设计

题目 25：VGA 显示 RGB 彩条信号

题目 26：简单微处理器设计

题目 27：直流电机综合测控系统设计

题目 28：SPWM 脉宽调制控制系统设计

题目 29：LCD1602 接口控制器的设计

题目 30：LCD128×64 接口控制器的设计

题目 31：TFT-LCD 接口电路设计

题目 32：VGA 图形显示电路设计

题目 33：8 位单片机设计

题目 34：高速数据采集系统设计

题目 35：五功能智能逻辑笔设计

题目 36：数字彩色液晶显示控制电路设计

题目 37：串行 ADC/DAC 控制电路设计

题目 38：AM 幅度调制信号发生器设计

题目 39：电子琴设计

题目 40：PS2 键盘控制模型电子电路设计

题目 41：查表式硬件运算器设计

题目 42：数字温度计的设计

三、内容

(1)子模块设计。

(2)整机系统设计。

(3)仿真验证。

(4)在实验装置上进行硬件测试。

(5)提交一份完整的设计报告，内容包括设计原理(含主要关键技术的分析、解决思路和方案比较等)、子模块设计、系统设计、仿真分析、硬件测试、调试过程、设计总结和参考文献等。

四、设计步骤

(1)查阅和收集设计资料。

（2）方案选择。

（3）具体设计思路。

（4）各子模块设计。

（5）子模块功能验证，包括仿真验证和下载验证。

（6）连接子模块组建系统，并对整个系统进行仿真验证。

（7）利用实验设备下载验证。

（8）下载验证成功向指导老师申请答辩，并等待检验评定。

（9）撰写设计报告并上交。

五、考核标准

评价分为优秀、良好、中等、及格、不及格 5 个等级。结合作业完成情况，根据设计方案选择的合理性、子模块功能是否实现、仿真验证效果、硬件测试、答辩、设计报告质量等情况综合评定。

附录 2　英文缩写对照表

缩写	英文名称	中文名称
AC	address counter	地址计数器
ADC	analog to digital converter	模数转换器
AHDL	Altera hardware description language	Altera 硬件描述语言
AS 模式	active serial configuration mode	主动串行模式
BCD	binary-coded decimal	二进制编码的十进制
BF	busy flag	"忙"标志
BMP	bit map	位图
CGRAM	character generation RAM	字符发生器 RAM
CGROM	character generation ROM	字符发生器 ROM
CLK	clock	时钟
CMOS	complementary metal oxide semiconductor	互补金属氧化物半导体
CP	clock pulse	时钟脉冲
CPLD	complex programming logic device	复杂可编程逻辑器件
CRT	cathode ray tube	阴极射线管
DDRAM	display data RAM	显示数据存储器
DR	data register	数据寄存器
DSP	digital signal processing	数字信号处理
EDA	electronic design automation	电子设计自动化
EDIF	electronic design interchange format	电子设计交换格式
EEPROM	electrically-erasable programmable read-only memory	电擦除可编程只读存储器
EOC	end of conversion	转换结束
EPCS	erasable programmable configurable serial	串行存储器
FIFO	first in first out	先进先出
FPGA	field programmable gate array	现场可编程门阵列
FSM	finite state machine	有限状态机
HDL	hardware description language	硬件描述语言
HS	horizontal synchronizing signal	行同步信号
HVL	high-level verification language	高层级验证语言
IDE	integrated development environment	集成开发环境
IP 核	intellectual property core	知识产权核
IR	instruction register	指令寄存器

续表

缩写	英文名称	中文名称
JTAG	Joint Test Action Group	联合测试工作组
LCD	liquid crystal display	液晶显示器
LCM	liquid crystal display module	液晶显示模块
LPM	Library of Parameterized Modules	参数化模块库
LUT	look-up table	查找表
LVDS	low voltage differential signal	低电压差动信号
MCLK	master clock	主时钟
PCB	printed-circuit board	印制电路板
PCI	protocol control information	协议控制信息
PLD	programmable logic device	可编程逻辑器件
PLL	phase locked loop	锁相环
PS 模式	passive serial configuration mode	被动串行模式
RAM	random access memory	随机存储器
ROM	read-only memory	只读存储器
RTL	register transfer level	寄存器传输级
SOPC	system on programmable chip	可编程片上系统
SRAM	static random access memory	静态随机存储器
TCK	test clock	测试时钟
TDI	test data input	测试数据输入
TDO	test data output	测试数据输出
TMS	test mode selection	测试模式选择
UDP	user defined primitive	用户定义原语
USB	universal serial bus	通用串行总线
VGA	video graphic array	视频图形阵列
VHDL	very-high-speed integrated circuit hardware description language	超高速集成电路硬件描述语言

参考文献

［1］黄继业，潘松. EDA 技术实用教学：Verilog HDL 版［M］. 6 版. 北京：科学出版社，2018.

［2］IEEE Computer Society. IEEE Standard Verilog ® Hardware Description Language：IEEE Std 1364－2001［Z］. New York：The Institute of Electrical and Electronics Engineers，Inc. ，2001.

［3］IEEE Computer Society. 1364. 1 IEEE Standard for Verilog® Register Transfer Level Synthesis：IEEE Std 1364. 1［Z］. New York：The Institute of Electrical and Electronics Engineers，Inc. ，2002.

［4］云创工作室. Verilog HDL 程序设计与实践［M］. 北京：人民邮电出版社，2009.